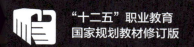

"十二五"职业教育
国家规划教材修订版

现代

技术

（第4版）

主　编｜隋秀凛

夏晓峰

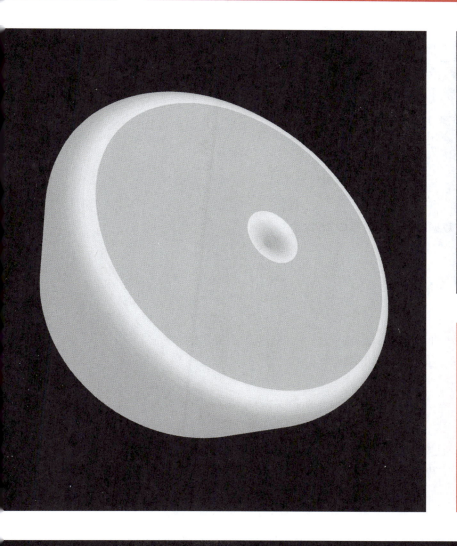

高等教育出版社·北京

U0501633

内容提要

本书是"十二五"职业教育国家规划教材修订版。

本书是在第3版的基础上，根据当前高等职业教育应用型人才和高端技能型人才培养的要求修订而成的。

全书共分7章，包括：绪论，特种加工，精密加工和超精密加工，计算机辅助设计与制造技术，工业机器人，柔性制造技术，现代制造系统。每章后附有思考题与习题。

本书较系统全面地对现代制造技术进行了介绍，内容新颖实用，理论联系实际，与产业紧密联系，突出当前应用型人才和高端技能型人才培养教育的特点，强调实用性和应用性。

本书可作为高等职业院校、本科层次职业院校和应用型本科院校等相关专业的教学用书，也可供有关教师以及工程技术人员参考。授课教师如需要本书配套的教学课件资源，可发送邮件至邮箱 gzjx@pub.hep.cn 索取。

图书在版编目（CIP）数据

现代制造技术／隋秀凛，夏晓峰主编 . --4 版 . --
北京：高等教育出版社，2021.7
ISBN 978-7-04-055554-7

Ⅰ.①现… Ⅱ.①隋… ②夏… Ⅲ.①机械制造工艺
－高等职业教育－教材 Ⅳ.①TH16

中国版本图书馆CIP数据核字(2021)第023992号

策划编辑　张值胜　　责任编辑　张值胜　　封面设计　张志奇　　版式设计　张　杰
插图绘制　邓　超　　责任校对　胡美萍　　责任印制　赵义民

出版发行	高等教育出版社	网　　址	http://www.hep.edu.cn
社　　址	北京市西城区德外大街4号		http://www.hep.com.cn
邮政编码	100120	网上订购	http://www.hepmall.com.cn
印　　刷	三河市春园印刷有限公司		http://www.hepmall.com
开　　本	787mm×1092mm　1/16		http://www.hepmall.cn
印　　张	15.5	版　　次	2003年8月第1版
字　　数	410千字		2021年7月第4版
购书热线	010-58581118	印　　次	2021年7月第1次印刷
咨询电话	400-810-0598	定　　价	38.80元

本书如有缺页、倒页、脱页等质量问题，请到所购图书销售部门联系调换
版权所有　侵权必究
物料号　55554-00

▮▮▮ 第 4 版前言

本书是"十二五"职业教育国家规划教材修订版，是根据当前高等职业教育发展对人才培养与教材建设的新要求在第 3 版的基础上修订而成的。

当前，随着微电子、计算机、通信、网络、信息、自动化等科学技术的迅猛发展和在制造领域中的广泛渗透、应用和衍生，使制造业的面貌发生了深刻的变化，极大地拓展了制造活动的深度和广度，促使制造业日益向着高度智能化、集成化、网络化的方向发展，并不断涌现出新的制造模式，现代制造技术的内涵也随着它的发展而不断地变化。目前，随着全球市场的日趋成熟，国际间的经济贸易交往与合作更加频繁和紧密，竞争愈来愈激烈，对于制造业来说，未来竞争的核心将是新产品和制造技术的竞争。

本书第 1 版被评为普通高等教育"十五"国家级规划教材、第 2 版被评为普通高等教育"十一五"国家级规划教材，第 3 版被评为"十二五"职业教育国家规划教材。在保持原书特点的同时，此次修订对原书的部分内容进行调整、删减、充实和更新，使之更加符合当前人才培养模式转变及教学改革的需要，教材内容新颖实用，与产业紧密联系，注重应用型人才和高端技能型人才的培养规律。全书对现代制造技术进行了较全面的介绍，在内容的安排上力求反映新概念、新技术及新方法，保持教材的先进性；在对基础理论及基本技术的阐述的同时，注意理论联系实际，强调实用性、针对性、强化工程意识，培养学生的工程实践能力；既着眼于先进技术及其未来的发展，同时也注重我国当前的国情；在行文叙述方面力求由浅入深，循序渐进，注意培养学生的自学能力和拓展知识能力。

全书共分 7 章，在第 1 章绪论中介绍现代制造技术的内涵、体系结构、分类及其发展趋势等；第 2 章特种加工中介绍特种加工的工艺特点及分类，分别介绍电火化加工、电解加工、超声加工、激光加工、电子束加工、离子束加工等加工方法的基本原理、基本设备、主要特点及适用范围；第 3 章精密加工和超精密加工中介绍精密切削加工，精密磨削加工，珩磨、超精研、研磨和超精密磨料加工，以及纳米级加工——原子、分子加工单位的加工方法，并介绍了精密圆柱齿轮的加工方法；第 4 章计算机辅助设计与制造技术中首先介绍计算机辅助设计与制造系统的工作过程及组成，然后分别介绍计算机辅助设计（CAD）技术、计算机辅助工艺过程设计、计算机辅助制造（CAM）技术及 CAD/ CAM 集成技术；第 5 章工业机器人中主要介绍工业机器人的机械结构、工业机器人的控制与驱动、工业机器人的编程语言及工业机器人的应用；第 6 章柔性制造技术中主要介绍 FMS 的自动加工系统、物料输送与储存系统、刀具管理系统、控制系统及信息流支持系统，并介绍 FMS 的设计与实施要点及步骤；第 7 章现代制造系统中介绍计算机集成制造、虚拟制造、敏捷制造与并行工程、智能制造与精益生产、反求设计与增材制造、网络化制造、绿色制造及生物制造等现代制造系统。

本书由哈尔滨理工大学隋秀凛及长春汽车工业高等专科学校夏晓峰担任主编，由吉林省经济管理干部学院杨春华及哈尔滨理工大学王亚萍担任副主编。各章分工如下：本书的第 1、5、6 章由隋秀凛编写，第 2 章由夏晓峰编写，第 3 章由中国第一汽车集团公司教育培训中心李绍红、黑龙江建筑职业技术学院段铁民编写，第 4 章由王亚萍编写，第 7 章由杨春华编写。全书由隋秀凛统稿。

本书由哈尔滨理工大学司乃钧教授及哈尔滨工业大学王刚教授担任主审，他们对书稿进行了全面、认真的审查，并提出许多宝贵意见，在此向他们表示衷心的感谢。

　　本书在编写过程中得到各兄弟院校及相关企业的大力支持和热情帮助，部分研究生参与了资料收集整理和插图绘制工作，在此也向他们表示感谢。

　　由于编者水平所限，书中不足、漏误之处在所难免，敬请读者批评指正。

编　者

2021 年 2 月

Ⅲ 第一版前言

本书是普通高等教育"十五"国家级规划教材。

进入 21 世纪之际，随着微电子、计算机、通信、网络、信息、自动化等科学技术的迅猛发展和在制造领域中的广泛渗透、应用和衍生，使制造业的面貌发生了深刻的变化，极大地拓展了制造活动的深度和广度，促使制造业日益向着高度自动化、智能化、集成化和网络化的方向发展，不断涌现出新的制造模式，现代制造技术的内涵也随着它的发展而不断变化。目前，随着全球市场的逐渐形成，国际间的经济贸易交往与合作更加频繁和紧密，竞争愈来愈激烈，对于制造业来说，竞争的核心将是新产品和现代先进制造技术的竞争。

本书对现代制造技术进行了较全面的介绍，在内容的安排上力求反映新概念、新技术及新方法，保持教材的先进性；在对基础理论及基本技术进行阐述的同时，注意理论联系实际，强调实用性、针对性，强化工程意识，培养学生的工程实践能力；既着眼于先进技术及其未来的发展，同时也注重我国当前的国情；在行文叙述方面力求由浅入深，循序渐进，注意培养学生的自学能力和拓展知识能力。

全书共 7 章，内容包括：现代制造技术的内涵、体系结构及分类；特种加工技术、精密加工和超精密加工技术；计算机辅助设计与制造技术；柔性制造技术；现代制造系统；典型现代制造系统实例。每章后附有思考题与习题。

本书由哈尔滨理工大学隋秀凛统稿并担任主编。各章分工如下：第 1、4、5 章由隋秀凛编写，第 2、7 章由长春汽车工业高等专科学校夏晓峰编写，第 3 章由长春汽车工业高等专科学校赵长明编写，第 6 章由南京工程学院邵秋萍编写。

哈尔滨工业大学王刚教授对书稿进行了全面、认真的审查，编者对此表示衷心的感谢。

本书在编写过程中得到各兄弟院校的大力支持和热情帮助，在此也表示感谢。

由于编者水平所限，书中不足、漏误之处在所难免，敬请读者批评指正。

编　者

2003 年 3 月

目录

第1章 绪　论

1.1 制造业、生产系统和制造系统

1.1.1 制造的含义

制造是人类按照所需目的，运用主观掌握的知识和技能，借助于手工或客观可以利用的物质工具，采用有效的方法，将原材料转化成最终物质产品，并投放市场的全过程，包括市场分析、产品开发、产品设计、选材和工艺设计、生产加工、生产组织与计划管理、质量保证、营销、售后服务等产品寿命周期内一系列相关的活动和工作。

1.1.2 制造业的基本概念

制造业是指按市场要求通过制造过程将制造资源转化为产品和服务的所有实体或企业机构的总称。制造资源包括物料、能源、设备、工具、资金、技术、信息和人力等。

制造业涉及国民经济的许多部门，已成为国民经济的支柱产业。它一方面直接创造价值，成为社会财富的主要创造者和国民经济收入的重要来源；另一方面，它为国民经济各部门的科学进步及发展提供先进的工作方式和装备。制造业直接体现了一个国家的生产力水平，是区别发展中国家和发达国家的重要因素，制造业在世界发达国家的国民经济中占有重要份额。制造业不仅是高新技术的载体，也是高新技术发展的动力，它是一个国家经济发展的基石，也是增强国家竞争力的基础。因此，无论是发达国家、新兴工业国家还是发展中国家，都将制造业的发展作为提高竞争力、振兴国家经济的战略手段，我国也将制造业作为经济发展的战略重点。

1.1.3 生产系统的基本概念

将整个机械制造业作为分析研究对象，若要实现最有效的生产和经营，不仅要考虑物料、能源、设备、工具、设计、加工、装配、储运等各种因素，而且还必须把技术情报、经营管理、劳动力调配、资源和能源的利用、环境保护、市场动态、经济政策、社会问题乃至国际因素等作为更重要的要素来考虑，这就是以上述要素构成的企业的生产系统。

所谓生产系统，是指在正常情况下支持单位日常业务运作的信息系统。它包括生产数据、生产数据处理系统和生产网络。一个企业的生产系统一般都具有创新、质量、柔性、继承性、自我完善、环境保护等功能。生产系统在经过一段时间的运转以后，需要改进完善，而改进一般包括产品的改进、加工方法的改进、操作方法的改进、生产组织方式的改进等。

1.1.4 制造系统的基本概念

制造系统是制造过程及其所涉及的硬件、软件和人员所组成的一个将制造资源转变为产品或半成品的输入/输出系统，它涉及产品生命周期（包括市场分析、产品设计、工艺规划、加工过程、装配、运输、产品销售、售后服务及回收处理等）的全过程或部分环节。其中，硬件包括厂房、生产设备、工具、刀具、

计算机及网络等；软件包括制造理论、制造技术（制造工艺和制造方法等）、管理方法、制造信息及其有关的软件系统等；制造资源包括狭义制造资源和广义制造资源；狭义制造资源主要指物能资源，包括原材料、坯件、半成品、能源等；广义制造资源还包括硬件、软件、人员等。

制造系统一般包括机械加工系统、物料的储运系统、检验系统以及计划调度等辅助系统。制造系统是将毛坯、刀具、夹具、量具和其他辅助物料作为原材料输入，经过存储、运输、加工、检验等环节，最后作为机械加工的成品或半成品输出。它接受上级系统下达的生产计划和技术要求，通过自身的计划调度系统合理分配各个加工单元的任务，适时地调整和调度各加工单元的负荷，使各个加工工艺系统能够协调有序地工作，以取得整个系统最佳的生产效率。

1.2　机械制造技术的发展

1.2.1　传统制造业及其技术的发展

机械制造业自 18 世纪初工业革命形成以来，经历了一个漫长的发展过程。19 世纪末 20 世纪初，随着自动机床、自动线的相继问世以及产品部件化、部件标准化的科学思想的提出，掀起了制造业革命的新浪潮。20 世纪中期，电子技术和计算机技术的迅猛发展及其在制造领域所产生的强大的辐射效应，更是极大地促进了制造模式的演变和产品设计与制造工艺的紧密结合，也推动了制造系统的发展和管理方式的变革。同时，制造技术的新发展也为现代制造科学的形成创造了条件。制造技术的发展主要经历了以下三个发展阶段：

1. 用机器代替手工，从作坊形成工厂

20 世纪初，各种用机器代替手工的金属切削加工工艺方法陆续形成，近代制造技术已成体系，但是使用机器的生产方式是作坊式的单件生产。

2. 从单件生产方式发展到大量生产方式

20 世纪 50 年代，工业技术的革命和创新使传统制造业及大工业体系也随之建立和逐渐成熟。　近代传统制造工业技术体系逐步形成，其特点是以机械 – 电力技术为核心的各类技术相互结合和依存。

3. 柔性化、集成化、智能化和网络化的现代制造技术

20 世纪 80 年代以来所产生的现代制造技术沿着 4 个方面发展：传统制造技术的革新、拓展；精密工程；非传统加工方法；制造系统的柔性化、集成化、智能化和网络化。

由于传统制造是以机械 – 电力技术为核心的各类技术相互结合和依存的制造工业技术体系，其支撑技术的发展决定了传统制造业的生产和技术有如下特点：

1）单件小作坊式生产加高度的个人制造技巧，与大量的机械化刚性规模生产线并存，再加上细化的专业分工与一体化的组织生产模式。

2）制造技术的界限分明及其专业的相互独立。

3）制造技术一般仅指加工制造的工艺方法，即制造全过程中某一段环节的技术方法。

4）制造技术一般只能控制生产过程中的物质流和能量流。

5）制造技术与制造生产管理分离。

1.2.2 现代制造及其技术的发展

随着现代科学技术的进步，特别是微电子技术和计算机技术的发展，使机械制造技术增加了新的内涵。自然科学的进步促进了新技术的发展和传统技术的革新、发展及完善，产生了新兴材料技术、新切削加工技术、大型发电和传输技术、核能技术、微电子技术、自动化技术、激光技术、生物技术和系统工程技术等。20 世纪中叶以来，随着微电子、计算机、通信、网络、信息、自动化等科学技术的迅猛发展，掀起了以信息技术为核心的"第三次浪潮"，正推动着人类进入工业经济时代最鼎盛的时期，正是这些高新科学技术在制造领域中的广泛渗透、应用和衍生，推动着制造业的深刻变革，极大地拓展了制造活动的深度和广度，促使制造业日益向着高度自动化、智能化、集成化和网络化的方向蓬勃发展。

另外，计算机正在将制造业带入信息时代。计算机长期以来在商业和管理方面得到了广泛的应用，它正在作为一种新的工具进入工厂，而且它如同蒸汽机在 300 多年前使制造业发生改变那样，正在使制造业发生着变革。尽管基本的金属切削过程不太可能发生根本性的改变，但是它们的组织形式和控制方式必将发生改变。将来，计算机可能是一个企业生存的基本条件，现今的许多企业将被生产能力更高的企业组合所取代，这些企业组合是一些能生产高质量产品和高生产率的工厂，它们能以高生产率的方式生产 100% 合格产品。

现代制造及其技术的形成和发展特点是：

1）在生产规模上：少品种大批量→单件小批量→多品种变批量。

2）生产方式上：劳动密集型→设备密集型→信息密集型→知识密集型。

3）制造设备的发展过程：手工→机械化→单机自动化→刚性自动线→柔性自动线→智能自动化。

4）在制造技术和工艺方法上，其特征表现为：重视必不可少的辅助工序，如加工前、后处理；重视工艺装备，使制造技术成为集工艺方法、工艺装备和工艺材料为一体的成套技术；重视物流、检验、包装及储藏，使制造技术成为覆盖加工全过程的综合技术，不断发展优质、高效、低耗的工艺及加工方法，以取代落后工艺；不断吸收微电子、计算机和自动化等高新技术成果，形成 CAD、CAM、CAPP、CAT、CAE、NC、CNC、MIS、FMS、CIMS、IMT、IMS 等一系列现代制造技术，并实现上述技术的局部或系统集成，形成从单机到自动生产线等不同档次的自动化制造系统。

5）引入工业工程和并行工程概念，强调系统化及其技术和管理的集成，将技术和管理有机地结合在一起，引入先进的管理模式，使制造技术及制造过程成为覆盖整个产品生命周期，包含物质流、能量流和信息流的系统工程。自 20 世纪以来，制造业发展的总趋势是走向制造服务一体化的和谐制造。

1.3 现代制造技术的内涵及技术构成

1.3.1 现代制造技术的定义

现代制造技术是为了适应时代要求提高竞争能力，对制造技术不断优化及推陈出新而形成的。现代制造技术是传统制造技术不断吸收机械、电子、信息（计算机、通信、控制理论、人工智能等）、材料、能源及现代管理等技术成果，将其综合应用于产品设计、制造、检测、管理、售后服务等机械制造全过程，实现优质、高效、低耗、清洁、灵活生产，取得理想技术经济效果的制造技术的总称。

1.3.2 现代制造技术的内涵及技术构成

现代制造技术是一个多层次的技术群，其内涵和层次及其技术构成如图 1-1 所示。

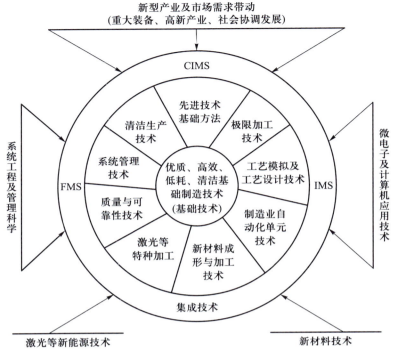

图 1-1
现代制造技术的内涵、层次及其技术构成示意图

1. 基础技术

第一层次是优质、高效、低耗、少或无污染基础制造技术。这些基础技术主要有精密下料、精密成形、精密加工、精密测量、毛坯强韧化、少无氧化热处理、气体保护焊及埋弧焊、功能性防护涂层等。

2. 新型单元技术

第二层次是新型的现代制造单元技术。这是在市场需求及新兴产业的带动下，制造技术与电子、信息、新材料、新能源、环境科学、系统工程、现代管理等高新技术结合而形成的崭新的制造技术，如制造业自动化单元技术、极限加工技术、新材料成形与加工技术、激光与高密度能源加工技术、工艺模拟及设计优化技术等。

3. 集成技术

第三层次是现代制造集成技术。这是应用信息、计算机和系统管理技术对上述两个层次的技术局部或系统集成而形成的现代制造技术的高级阶段。如柔性制造系统（FMS）、计算机集成制造系统（CIMS）、智能制造系统（IMS）等。

1.4 现代制造技术的体系结构及分类

1.4.1 现代制造技术的体系结构

现代制造技术所涉及的学科较多，所包含的技术内容较为广泛。1994 年，美国联邦科学、工程和技术协调委员会将现代制造技术分为三个技术群：主技术群、支撑技术群和制造技术环境。这三个技术群体相互联系、相互促进，组成一个完整的体系，每个部分均不可缺少，否则就很难发挥预期的整体功能效益。

图 1-2 所示为现代制造技术的体系结构。

```
┌─────────────────────────────────────────────────────────────────┐
│                          主技术群                                  │
│  ┌──────────────────────────┐  ┌──────────────────────────────┐   │
│  │ 面向制造的设计技术群：      │  │ 制造工艺技术群：               │   │
│  │ ①产品、工艺设计            │  │ ①材料生产工艺                 │   │
│  │  ·计算机辅助设计           │  │ ②加工工艺                     │   │
│  │  ·工艺过程建模和仿真       │  │ ③连接与装配                   │   │
│  │  ·工艺规程设计             │  │ ④测试和检验                   │   │
│  │  ·系统工程集成             │  │ ⑤环保技术                     │   │
│  │  ·工作环境设计             │  │ ⑥维修技术                     │   │
│  │ ②快速成形技术              │  │ ⑦其他                         │   │
│  │ ③并行工程                  │  │                               │   │
│  └──────────────────────────┘  └──────────────────────────────┘   │
│  ┌──────────────────────────────────────────────────────────┐     │
│  │ 支撑技术群：              ②标准和框架                        │    │
│  │ ①信息技术                   ·数据标准    ·产品定义和标准      │    │
│  │  ·接口和通信  ·大数据       ·工艺标准    ·检验标准           │    │
│  │  ·集成框架    ·软件工程     ·接口框架                        │    │
│  │  ·人工智能    ·决策支持   ③机床和工具技术                    │    │
│  │                          ④传感器和控制技术                   │    │
│  └──────────────────────────────────────────────────────────┘     │
│   制造技术环境：                                                    │
│   ①质量管理                                                        │
│   ②用户/供应商交互作用    ④全国监督和基准评测                       │
│   ③工作人员培训和教育     ⑤技术获取和利用                          │
└─────────────────────────────────────────────────────────────────┘
```

图 1-2
现代制造技术的体系结构

1.4.2 现代制造技术的分类

根据现代制造技术的功能和研究对象，可将现代制造技术归纳为以下几个方面。

1. 现代设计技术

产品设计是制造业的灵魂。现代设计必须是面向市场、面向用户的设计。现代设计技术是根据产品功能要求，应用现代技术和科学知识，制定方案并使方案付诸实施的技术。现代设计技术包含如下内容：

（1）计算机辅助设计技术　通过计算机实现辅助设计，如有限元设计、优化设计、计算机辅助设计、反求工程技术、CAD/CAM 一体化技术、工程数据库技术等。

（2）性能优良设计基础技术　提高性能优良设计的基础设计，如可靠性设计、产品动态分析和设计、可维护性及安全设计、疲劳设计、健壮设计、耐环境设计、维修性设计和维修性保障设计、测试性设计、人机工程设计等。

（3）竞争优势创建技术　面向市场，提高竞争优势的创建技术，如快速响应设计、智能设计、仿真与虚拟设计、工业设计、价值工程设计、模块化设计等。

（4）全寿命周期设计　通盘考虑产品整个生命周期的设计技术，如并行设计、面向制造的设计、全寿命周期设计等。

（5）可持续发展产品设计　主要有绿色设计等。

（6）设计试验技术　如产品可靠性试验、产品环保性能试验与控制、仿真试验与虚拟试验等。

2. 现代制造工艺技术

现代制造工艺技术包括精密和超精密加工、精密成形与特种加工技术等几个方面。

（1）精密、超精密加工技术　指对工件表面材料进行去除，使工件的尺寸、表面性能达到产品设计要求所采取的技术措施。根据加工的尺寸精度和表面粗糙度，可大致分为精密加工、超精密加工和微细加工三个不同的档次：

精密加工：精度为 3～0.3 μm，表面粗糙度 Ra 值为 0.3～0.03 μm；

超精密加工：精度为 0.3～0.03 μm，表面粗糙度 Ra 值为 0.03～0.005 μm 或称亚微米加工；

微细加工：精度高于 0.03 μm，表面粗糙度 Ra 值小于 0.005 μm。

（2）精密成形制造技术　指从制造工件的毛坯、从接近零件形状（near net shape process）向直接制成工件即精密成形或称净成形的方向发展。包括精密凝聚成形技术、精密塑性加工技术、粉末材料构件精密成形技术、精密热加工技术及其复合成形技术等。改性技术主要包括热处理及表面工程各项技术。主要发展趋势是通过各种新型精密热处理和复合处理达到零件组织性能精确、形状尺寸精密以及获得各种特殊性能要求的表面（涂）层，同时大大减少能耗及完全消除对环境的污染。

（3）特种加工技术　指那些不属于常规加工范畴的加工，如高能束流（电子束、离子束、激光束）加工、电加工（电解和电火花加工）、超声波加工、高压水加工以及多种能源的组合加工。

3. 制造自动化技术

制造自动化是指用机电设备、工具取代或放大人的体力，甚至取代和延伸人的部分智力，自动完成特定的作业，包括物料的储存、运输、加工、装配和检验等各个生产环节的自动化。制造自动化技术涉及数控技术、工业机器人技术和柔性制造技术，是机械制造业最重要的基础技术之一。

（1）数控技术　包括数控装置、进给系统和主轴系统、数控机床的程序编制。

（2）工业机器人　包括机器人操作机、机器人控制系统、机器人传感器、机器人生产线总体控制。

（3）柔性制造系统（FMS）　包括 FMS 的加工系统、FMS 的物流系统、FMS 的调度与控制、FMS 的故障诊断。

（4）自动检测及信号识别技术　包括自动检测（CAT）、信号识别系统、数据获取、数据处理、特征提取和识别。

（5）过程设备工况监测与控制　包括过程监视控制系统、在线反馈质量控制。

4. 先进生产制造模式和制造系统

先进生产制造模式和制造系统是面向企业生产全过程，是将现代信息技术与生产技术相结合的一种新思想、新哲理，其功能覆盖企业的市场预测、产品设计、加工制造、信息与资源管理直到产品销售和售后服务等各项活动，是制造业的综合自动化的新模式。

（1）先进制造生产模式　包括计算机集成制造系统（CIMS）、敏捷制造系统（AMS）、智能制造系统（IMS）以及精益生产（LP）、并行工程（CE）等先进的生产组织管理和控制方法。

（2）集成管理技术　包括并行工程、MRP 与 JIT（just in time）的集成———生产组织方法、基于作业的成本管理（ABC）、现代质量保证体系、现代管理信息系统、生产率工程、制造资源的快速有效集成。

（3）生产组织方法　包括虚拟公司理论与组织、企业组织结构的变革、以人为本的团队建设、企业重组工程。上述现代制造技术的主要内容将在本书的相关章节中论述。

1.5　现代制造技术的发展趋势

在新的世纪里，随着电子信息等高新技术的发展以及市场需求个性化与多样化，现代制造技术正向精密化、柔性化、网络化、虚拟化、智能化、清洁化、集成化、全球化的方向发展。当前现代制造技术的发展趋势大致有以下几个方面：

1. 多学科集合发展

现代制造技术是传统制造技术、信息技术、自动化技术与先进的管理科学的结合。它不是若干独立学科的先进技术的简单组合和累加，而是按照新的生产组织和管理哲理建立起来的现代制造体系，该体系力求做到：正确的信息和物料在正确的时间以正确的方式流向正确的地点，通过正确的人或设备对信息和物料进行正确的处理或决策，以达到最大限度地满足用户的要求并获得最大的市场占有率和经济效益。先进制造体系要实现自身的先进性，保证"时、空、人、物、信息、处理及决策"的正确性，就离不开先进的信息技术、自动化技术和先进的管理科学，并且要将这些技术和科学应用于制造工程之中，形成一个有机的完整体系。

2. 新技术动态发展

由于现代制造技术本身是针对一定的应用目标、不断吸收各种高新技术逐渐形成、不断发展的新技术，因而其内涵不是绝对的和一成不变的。反映在不同的时期，先进制造技术有其自身的特点；反映在不同的国家或地区，先进制造技术也有其本身重点发展的目标和内容，通过重点内容的发展以实现这个国家或地区制造技术的跨越式发展。

3. 信息化

信息化是新世纪制造技术发展的生长点，21 世纪是信息的时代，信息技术正在以人们想象不到的速度向前发展。信息技术也在不断加强向制造技术注入和融合，促进着制造技术的不断发展。可以说，现代制造技术的形成与发展，无不与信息技术的应用与注入有关。它使制造技术的技术含量提高，使传统制造技术发生质的变化。可以说，信息技术改变了当代制造业的面貌。信息技术对制造技术发展的作用目前已占第一位，在 21 世纪对现代制造技术的各方面发展将起到更重要的作用。

信息技术促进设计技术的现代化，加工制造的精密化、快速化，自动化技术的柔性化、智能化，整个制造过程的网络化、全球化。各种先进生产模式的发展，如 CIMS、并行工程、敏捷制造、虚拟企业与虚拟制造，也无不以信息技术的发展为支撑。

4. 灵捷化

灵捷化主要指的是由生产到市场销售之间的准备时间大幅度缩短，促使制造企业的机制可以实现灵活转向。在未来社会经济的发展过程中，现代制造企业提高生产与经营的灵活性是至关重要的。

5. 绿色化

绿色化的发展模式是近年来提出的新理念，也是在环境保护的基础上形成的现代发展理念。在现代制造业的生产过程中，必定会产生资源浪费、废物排放的问题，从而也就会导致环境污染问题的日益严重，所以必须采取措施来改善这些问题。现代制造技术的绿色化发展主要包括以下几个方面：第一，现代制造技术的使用使所产生的废弃物逐渐减少，以此来实现保护环境的目的；第二，现代制造技术能够实现对不可再生资源的循环利用；第三，对于现代制造业产生的废弃产品可以实现回收处理之后的再次利用。

6. 现代制造技术与生物医学相结合

目前这种结合虽然与信息 – 制造的融合相比，从广度和深度上还较逊色，但生物与信息技术在现代制造技术领域内的重要作用必将并驾齐驱。今后以制造技术为核心，将信息、生物和制造三方面融合起来必然是制造领域的主流技术。

7. 现代制造技术向超精微细领域扩展

微型机械、纳米量测、微米 / 纳米加工制造的发展使制造工程科学的内容和范围进一步扩大，要求用更新、更广的知识来解决这一领域的新课题。

8. 虚拟现实技术的广泛应用

虚拟现实技术（virtual reality technology）主要包括虚拟制造技术和虚拟企业两个部分。虚拟制造技术是以计算机支持的仿真技术为前提，对设计、加工、装配、维护等，经过统一建模形成虚拟的环境、虚拟的过程、虚拟的产品。虚拟制造技术将从根本上改变设计、试制、修改设计、组织生产的传统制造模式。在产品真正制造出来之前，首先在虚拟制造环境中生成软产品原型（soft prototype）代替传统的硬样品（hard prototype）进行试验，通过仿真，及时发现产品设计和工艺过程中可能出现的错误和缺陷，进行产品性能和工艺的优化，从而保证产品质量，缩短产品的设计与制造周期，降低产品的开发成本，提高系统快速响应市场变化的能力。虚拟企业是为了快速响应某一市场需求，通过信息高速公路，将产品涉及的不同企业临时组建成为一个没有围墙、超越空间约束、靠计算机网络联系、统一指挥的合作经济实体。企业在这样的组织形态下运作，具有完整的功能产业，如生产、营销、设计、财务等功能，但在企业内部却没有执行这些功能的组织。即企业仅保留企业中最关键的功能，在有限的资源下，其他的功能无法兼顾达到足以竞争的要求，所以将其虚拟化，以各种方式借用外力来进行整合，进而创造企业本身的竞争优势。

9. 制造及服务全球化

现代制造技术的竞争正在导致制造业在全球范围内的重新分布和组合，新的制造模式将不断出现，更加强调实现优质、高效、低耗、清洁、灵活的生产。随着制造产品、市场的国际化及全球通信网络的建立，国际竞争与协作氛围的形成，21 世纪制造业国际化是发展的必然趋势。它包含：制造企业在世界范围内的重组与集成；制造技术信息和知识的协调、合作与共享；全球制造的体系结构；制造产品及市场的分布及协调等。

服务化是 21 世纪制造业发展的新模式。今天的制造业正向服务业演变，工业经济时代的以产品为中心的大批量生产模式正转向以顾客为中心的单件小批量或大规模定制生产模式，网上制造服务风起云涌，所有这一切都显示了制造业的服务化趋向，这是工业经济迈向知识经济的必然。为了面对严酷的全球竞争，未来的制造企业必须面向全球分布，通过网络将工厂、供应商、销售商和服务中心连接起来，为全球顾客提供每周 7 天、每天 24 h 的服务。

10. 可持续发展

所谓可持续发展，并不仅仅是一个经济层面的理念，而是能够融入现代制造业生产过程中的一种先进理念。长期以来，工业制造资源都是影响社会经济发展的重要因素之一，所以，在现代制造业的生产过程中，必须要充分考虑环境问题以及资源的可持续发展问题。此外，因为在传统的工业生产制造过程中，已经对自然生态环境造成了严重的污染，并且引发了雾霾、全球变暖等多种环境问题，对人们的身体健康与生产生活产生了严重影响。在这种情况下，必须要对现代制造技术进行进一步的优化与创新，加强对可持续制造技术的应用，以此来减少现代制造技术对环境所造成的污染。

思考题与习题

1. 说明生产系统和制造系统的基本概念。

2. 现代制造技术是在什么样的背景之下产生与发展起来的？

3. 现代制造技术的内涵及技术构成是什么？

4. 说明现代制造技术的体系结构。

5. 根据现代制造技术的功能和研究对象，现代制造技术可如何分类？

6. 综述现代制造技术的发展趋势。

第2章　特种加工

2.1　特种加工概述

特种加工（nontraditional machining）是相对于一切传统的加工方法而言的。亦称"非传统加工"或"现代加工方法"，泛指用电能、热能、光能、电化学能、化学能、声能及特殊机械能等能量达到去除或增加材料的加工方法，使材料能够被去除、镀覆，或材料发生变形和性能的改变。

随着工业生产的发展和科学技术的进步，具有高熔点、高硬度、高强度、高韧性的新型材料不断涌现，而且结构复杂和工艺要求特殊的机械零件也越来越多。这样，仅仅采用传统的机械加工方法来加工这些零件，就会感到十分困难，甚至无法加工。特种加工是指那些不属于传统加工工艺范畴的加工方法，它不同于使用刀具、磨具等直接利用机械能切除多余材料的传统加工方法。特种加工是近几十年发展起来的新工艺，是对传统加工工艺方法的重要补充与发展，仍在继续研究开发和改进。它直接利用电能、热能、声能、光能、化学能和电化学能，有时也结合机械能对工件进行加工。特种加工的种类很多，主要包括电火花加工、电解加工、电解磨削加工、超声波加工、激光加工、离子束加工、电子束加工等。目前，特种加工不仅有系列化的先进设备，而且广泛用于机械制造的各个部门，已成为机械制造中必不可少的重要加工方法。

2.1.1　特种加工的产生和发展

传统的机械加工有很悠久的历史，它对人类的生产和物质文明的进步起了极大的作用。例如18世纪70年代就发明了蒸汽机，但苦于制造不出高精度的蒸汽机汽缸，无法推广应用。直到有人创造出和改进了汽缸镗床，解决了蒸汽机主要部件的加工工艺，才使蒸汽机获得了广泛应用，引起世界性的第一次产业革命。到第二次世界大战以前，在这段长达100多年都靠机械切削加工（包括磨削加工）的漫长年代里，并没有产生对特种加工的迫切要求，也没有发展特种加工的条件。人们的思想一直仍局限在自古以来传统的用机械能量和切削力的方法来去除多余金属，以达到加工要求的经验中。

直到1943年，苏联拉扎林柯夫妇研究火花放电时开关触点遭受腐蚀损坏的现象和原因，发现电火花的瞬间高温可使局部的金属熔化、汽化而被蚀除掉，由此开创和发明了电火花加工方法，用铜丝在淬火钢上加工出小孔。自那时起，人们便可用软的工具加工任何硬度的金属材料，首次摆脱了传统的切削加工方法，直接利用电能和热能来去除金属，获得"以柔克刚"的效果。

进入20世纪50年代以来，随着生产的发展和科学实验的需要，很多工业部门，尤其是国防工业部门要求尖端科学技术向高精度、高速度、高温、高压、大功率、小型化等方向发展，所使用的材料越来越难加工，零件形状越来越复杂，表面精度、表面粗糙度和某些特殊要求也越来越高。这些要求依靠传统的切削加工方法是很难实现的，甚至无法实现，人们相继探索研究新的加工方法，特种加工就是在这种前提下产生和发展起来的。特种加工的出现还在于它具有切削加工所不具有的特点。

切削加工的特点：一是靠刀具材料比工件更硬；二是靠机械能把工件上多余的材料切除。但是，当工件材料越来越硬，加工表面越来越复杂时，切削加工就限制了生产率或影响了工件加工质量。于是，人们探索用软的工具加工硬的材料，不仅用机械能而且还采用电、化学、光、声等能量来进行加工，到目前为止，已经找到了多类这种加工方法，统称为特种加工。它们与切削加工的不同点是：

1）不是主要依靠机械能，而是主要利用其他能量（如电、化学、光、声、热等）去除金属材料。

2）工具硬度可以低于被加工材料的硬度。

3）加工过程中工具和工件之间不存在显著的机械切削力。

2.1.2　特种加工的分类

按能量来源和作用原理特种加工分类如下表：

能量来源	加工方式
电、热	电火花加工、电子束加工、等离子束加工
电、机械	离子束加工
电化学	电解加工
电化学、机械	电解磨削、阳极机械磨削
声、机械	超声波加工
光、热	激光加工
化学	化学加工
液流	液流加工
流体、机械	磨料流动加工、磨料喷射加工

特种加工在其发展过程中也形成了某些过渡性的工艺，它们具有特种加工和常规机械加工的双重特点，是介于二者之间的加工方法。例如，在切削过程中引入超声振动或低频振动切削；在切削过程中通过低电压、大电流的导电切削；加热切削以及低温切削等。这些加工方法是在切削加工的基础上发展起来的，目的是改善切削的条件，基本上还属于切削加工。

在特种加工范围内还有一些属于改善表面粗糙程度或表面性能的工艺，前者如电解抛光（图2-1）、化学抛光、离子束抛光等，后者如电火花表面强化、镀覆、刻字、电子束曝光、离子束注入掺杂等。

随着半导体大规模集成电路生产发展的需要，上述提到的电子束、离子束加工，就是近年来提出的超微量加工及所谓原子、分子单位的加工方法。

此外，还有一些不属于尺寸加工的特种加工，如液体中放电成形加工、电磁成形加工、爆炸成形加工及放电烧结等。

图2-1
电解抛光

本章主要讲述电火花加工、电解加工（电解磨削）、超声波加工、激光加工、电子束加工、等离子体加工等加工方法的基本原理、基本设备、主要特点及适用范围。

2.1.3　特种加工的工艺特点

由于上述各种特种加工工艺的特点以及逐渐广泛地应用，引起了机械制造工艺技术领域内的许多变革，如对工艺路线的安排、新产品的试制过程、产品零件设计的结构、简化加工工艺、变革新产品设计及零件结构工艺性等产生了一系列的影响。

（1）加工方法与加工对象的机械性能无关，有些加工方法，如激光加工、电火花加工、等离子体加工、电化学加工等，是利用热能、化学能、电化学能等，这些加工方法与工件的硬度、强度等机械性能无关，故可加工各种硬、软、脆、热敏、耐腐蚀、高熔点、高强度、特殊性能的金属和非金属材料。

（2）可实现非接触加工，不一定需要工具，有的虽然使用工具，但与工件不接触，因此，工件不承受大的作用力，工具硬度可低于工件硬度，故使刚性极低元件及弹性元件得以加工。

（3）可实现高精度微细加工，工作表面质量高，有些特种加工，如超声、电化学、水喷射、磨料流等，加工余量都是微细进行，故不仅可加工尺寸微小的孔或狭缝，还能获得高精度、极低粗糙度的加工表面。

（4）不存在加工中的机械应变或大面积的热应变，可获得较低的表面粗糙度，其热应力、残余应力、冷作硬化等均比较小，尺寸稳定性好。

（5）两种或两种以上的不同类型的能量可相互组合形成新的复合加工，其综合加工效果明显，且便于推广使用。

（6）特种加工对简化加工工艺、变革新产品的设计及零件结构工艺性等产生积极的影响。

2.1.4 各种特种加工技术经济指标对比

各种特种加工方法的出现不但解决了许多难题，而且也为从事机械制造的工程技术人员提供了更多改善工艺措施的途径。表 2-1 分别列举和对比了各种特种加工方法的工具损耗率、材料去除率、可达到的尺寸精度、可达到的表面粗糙度及主要适用范围。必须注意的是，在不同的国家、地区，由于技术水平、工件材质、设备和加工条件等的不同，这类指标会有较大的出入。

表 2-1 常用特种加工方法的综合比较

加工方法	可加工材料	工具损耗率 / % 最低 / 平均	材料去除率 / (mm³ / min) 平均 / 最高	可达到的尺寸精度 / mm 平均 / 最高	可达到的表面粗糙度 Ra / μm 平均 / 最高	主要适用范围
电火花加工	任何导电的金属材料，如硬质合金、耐热钢、不锈钢、淬火钢、钛合金等	0.1/10	30/3 000	0.03/0.003	10/0.04	从数微米的孔、槽到数米的超大型模具、工件等。如圆孔、方孔、异形孔、深孔、微孔、弯孔、螺纹孔以及冲模、锻模、压铸模、塑料模、拉丝模。还可刻字、表面强化、涂覆加工
电火花线切割加工		较小（可补偿）	20/200 (mm²/min)	0.02/0.002	5/0.32	切割各种冲模、塑料模、粉末冶金模等二维及三维直纹面组成的模具及零件。可直接切割各种样板、磁钢及硅钢片冲片模。也常用于钼、钨、半导体材料或贵重金属的切割
电解加工		不损耗	100/10 000	0.1/0.1	1.25/0.16	从细小零件到 1 t 重的超大型工件及模具。如仪表微型小轴、涡轮叶片、炮管膛线、螺旋花键孔、各种异形孔、锻造模、铸造模以及抛光、去毛刺等

续表

加工方法	可加工材料	工具损耗率 / % 最低 / 平均	材料去除率 / (mm³ / min) 平均 / 最高	可达到的尺寸精度 / mm 平均 / 最高	可达到的表面粗糙度 Ra / μm 平均 / 最高	主要适用范围
电解磨削	任何导电的金属材料，如硬质合金、耐热钢、不锈钢、淬火钢、钛合金等	1/50	1/100	0.02/0.001	1.25/0.04	硬质合金等难加工材料的磨削。如硬质合金刀具、量具、轧辊、小孔深孔、细长杆磨削以及超精光整研磨、珩磨
超声波加工	任何脆性的材料					加工、切割脆硬材料。如玻璃、石英、宝石、金刚石、半导体单晶锗、硅等。可加工型孔、型腔、小孔、深孔和切割等
激光加工	任何材料	不损耗（三束加工，没有成形的工具）	瞬时去除率很高，受功率限制，平均去除率不高	0.01/0.001	10/1.25	精密加工小孔、窄缝及成形切割、刻蚀。如金刚石拉丝模、钟表宝石轴承、化纤喷丝机丝头、镍、不锈钢板上打小孔、切割钢板、石棉、纺织品、纸张，还可进行焊接、热处理
电子束加工						在各种难加工材料上打微孔、切缝蚀刻以及焊接等，现常用于制造中、大规模集成电路、微电子器件
离子束加工			很低	0.01 μm	/0.01	对零件表面进行超精密、超微量加工、抛光、刻蚀、掺杂、镀覆等

2.2 电火花加工

电火花加工是 20 世纪 40 年代开始研究并逐步应用于生产的一种利用电、热能进行加工的方法。

2.2.1 电火花加工（EDM）的基本原理与特点

1. 电火花加工的基本原理

电火花加工的原理是基于工具电极与工件电极（正极与负极）之间脉冲性火花放电时的电腐蚀现象来对工件进行加工的，通过加工以达到一定形状、尺寸和表面粗糙度要求。

电火花加工机床如图 2-2 所示。电火花加工的原理和过程介绍如下。

进行电火花加工时，工具电极和工件分别接在脉冲电源的两极，并浸入工作液中，或将工作液充入放电间隙。通过间隙自动

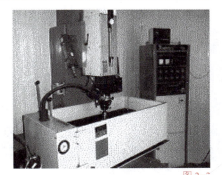

图 2-2
电火花加工机

13

控制系统控制工具电极向工件的进给，当两电极间的间隙达到一定距离时，在两电极上施加的脉冲电压将工作液击穿，产生火花放电。在放电的微细通道中瞬时集中大量的热能，温度可高达 10000℃以上，电压也有急剧变化，从而使这一点工作表面局部微量的金属材料立刻熔化、汽化，并爆炸式地飞溅到工作液中，迅速冷凝，形成固体的金属微粒被工作液带走。这时在工件表面上便留下一个微小的凹坑痕迹，放电过程实现短暂停歇，两电极间的工作液恢复绝缘状态。

然后，下一个脉冲电压又在两电极相对接近的另一点处击穿，产生火花放电，重复上述过程。这样，虽然每个脉冲放电蚀除的金属量极少，但因每秒有成千上万次脉冲放电过程，就能蚀除较多的金属，从而具有一定的生产率。在保持工具电极与工件之间恒定放电间隙的条件下，一边蚀除工件金属，一边使工具电极不断地向工件进给，最后便在工件上加工出与工具电极形状相对应的形状来。因此，只要改变工具电极的形状和工具电极与工件之间的相对运动方式，就能加工出各种复杂的型面。工具电极常用导电性良好、熔点较高、易加工的耐电蚀材料，如铜、石墨、铜钨合金和钼等。在加工过程中，工具电极也有损耗，但小于工件金属的蚀除量，甚至接近于无损耗。

工作液作为放电介质，在加工过程中还起着冷却、排屑等作用。常用的工作液是黏度较低、闪点较高、性能稳定的介质，如煤油、去离子水和乳化液等。

要将电腐蚀现象用于金属材料的尺寸加工，必须具备以下条件：

1）放电点必须有足够的火花放电强度，即局部集中的电流密度须高达 $10^2 \sim 10^6$ A/cm^2，以使局部金属熔化和汽化。

2）放电是短时间的脉冲放电。放电的持续时间为 $10^{-7} \sim 10^{-3}$ s。由于放电持续时间短促，放电时所产生的热量将来不及传散到电极材料内部，以保证良好的加工精度和表面质量。

3）先后两次脉冲放电之间，要有足够的停歇时间使极间介电液充分消电离，恢复其介电性能，以保证每次放电不在同一点重复进行，避免发生局部烧伤现象。

4）工具与工件之间始终维持一定的间隙（数微米至数百微米）。

5）极间充有一定的液体介质，并使脉冲放电产生的电蚀产物及时扩散、排出，使重复性脉冲放电顺利进行。

上述问题的综合解决，是通过图 2-3 所示的电火花加工设备来实现的。

实际上，电火花加工的物理过程是非常短暂而又复杂的，每次脉冲放电腐蚀都是电动力、电磁力、热动力以及流体动力等综合作用的过程，并可大致分为介质击穿和通道形成、能量转换和传递、电极材料的抛出、极间介质消电离等几个阶段。

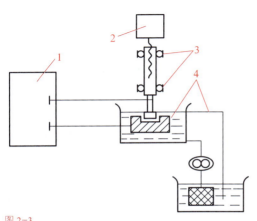

图 2-3
电火花加工设备示意图
1—脉冲电源；2—放电间隙自动调节器；
3—机床本体；4—工作液及其循环系统

2. 电火花加工的特点

电火花加工是利用脉冲放电时的电腐蚀现象来进行尺寸加工的，它与机械加工相比，有如下特点：

1）能加工普通切削加工方法难以切削的材料和形状复杂的工件；

2）加工时无切削力；

3）不产生毛刺和刀痕沟纹等缺陷；

4）工具电极材料无须比工件材料硬；

5）直接使用电能加工，便于实现自动化；

6）加工后表面产生变质层，在某些应用中须进一步去除；

7）工作液的净化和加工中产生的烟雾污染处理比较麻烦。

电火花加工的主要用途是：① 加工具有复杂形状的型孔和型腔的模具和零件；② 加工各种硬、脆材料如硬质合金和淬火钢等；③ 加工深细孔、异型孔、深槽、窄缝和切割薄片等；④ 加工各种成形刀具、样板和螺纹环规等工具和量具。

3. 电火花加工适应性

电火花加工的适应性有以下 3 个方面：

1）无论硬、脆、软、耐热材料，只要导电就行；

2）适用于小孔、薄壁、窄槽、复杂截面；

3）同一台电火花加工机床上，只需要修改参数即可完成粗、半精、精加工。

电火花加工可用于电火花型腔加工、电火花穿孔、磨削、铣削、镗削、表面强化、电火花线切割等，如图 2-4 所示。

4. 电火花加工特性

（1）电火花加工速度与表面质量　模具在电火花机加工时一般会采用粗、中、精分挡加工方式。粗加工时采用大功率、低损耗，而中、精加工时电极相对损耗大，但一般情况下中、精加工的余量较少，因此电极损耗也极小，可以通过加工尺寸的控制进行补偿，或在不影响精度要求时予以忽略。

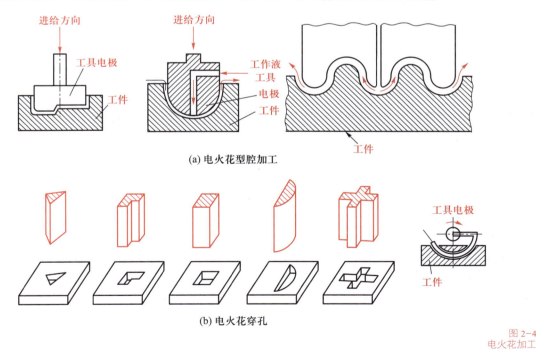

(a) 电火花型腔加工

(b) 电火花穿孔

图 2-4
电火花加工

（2）电火花炭渣与排渣　电火花机加工在产生炭渣和排除炭渣相互平衡的条件下才能顺利进行。实际往往以牺牲加工速度去排除炭渣，例如在中、精加工时采用高电压、大休止脉波等。另一个影响炭渣排除的原因是加工面形状复杂，使排屑路径不畅通。需要尽可能地提供良好的炭渣排除条件，并对症地采取一些方法来有效处理。

（3）电火花加工时工件与电极的相互损耗 电火花机放电脉波时间长，有利于降低电极损耗。电火花机在粗加工时一般采用长放电脉波和大电流放电，加工速度快且电极损耗小。在精加工时，小电流放电时必须减少放电脉波时间，这样不仅加大了电极损耗，也大幅度降低了加工速度。

5. 加工方式的分类

按照工具电极的形式及其与工件之间相对运动的特征，可将电火花加工方式分为五类：

1）利用成形工具电极相对工件作简单进给运动的电火花成形加工；

2）利用轴向移动的金属丝作工具电极，工件按所需形状和尺寸作轨迹运动，以切割导电材料的电火花线切割加工；

3）利用金属丝或成形导电磨轮作工具电极，进行小孔磨削或成形磨削的电火花磨削；

4）用于加工螺纹环规、螺纹塞规、齿轮等的电火花共轭回转加工；

5）小孔加工、刻印、表面合金化、表面强化等其他种类的加工。

2.2.2 电火花加工的基本规律

1. 影响材料放电腐蚀的主要因素

电火花加工的核心问题是放电腐蚀，它直接影响生产率，还影响生产成本和产品质量。在电火花加工过程中，不仅工件被蚀除，工具电极也同样被蚀除，但程度不一样，即使两极的材料相同，例如钢加工钢，正、负电极的电蚀量也是不等的。这种因正、负极性不同而电蚀量不一样的现象叫极性效应。它是影响放电腐蚀的重要因素。一般来说，在短脉冲精加工时，常把工件接脉冲电源正端，工具电极接负端，即所谓"正极性"加工，而长脉冲粗加工则采用"负极性"加工，生产中常用不同的电极材料来提高其极性效应，以保证在较高生产率条件下工具电极损耗较少。表2-2所列为常用电极材料及其选择。

表2-2 常用电极材料的选择

材料	磨损比	金属切除率	制造难易程度	成本	用途
紫铜	低	高（对粗加工）	容易，能喷涂	高	可用于所有金属
黄铜	高	高（仅对精加工）	容易	低	可用于所有金属
钨	最低	低	困难	高	仅用于钻小孔
钨铜合金	低	低	困难	高	用于较精密工件
铸铁	低	低	容易	低	仅用于少数材料
钢	高	低	容易	低	仅用于光整加工
锌基合金	高	高（对粗加工）	容易模铸	低	能用于所有金属
石墨铜	低	高	很脆弱，困难	高	能用于所有金属

除极性效应外，影响放电腐蚀的因素还有电参数、金属材料的热学常数、工作液等。其中，电参数是影响工件电蚀量（当然也影响工具电极损耗），即生产率的重要因素。提高脉冲频率和增加单个脉冲能量都可较显著地增大加工速度，即增加电蚀量。提高脉冲频率主要靠缩小脉冲停歇时间和压窄脉冲宽度，但若频率过高，脉冲停歇时间过短，会使加工区工作液来不及消电离、排除电蚀物及气泡来恢复其介电性能，以致形成破坏性的稳定电弧放电，使电火花加工不能正常进行。增加单个脉冲能量主要靠加大脉冲电流和增大脉冲宽度。值得注意的是，尽管此时可以提高加工速度，但同时会使表面粗糙度值增大和降低加工精度，因此一般只用于粗加工或半精加工的场合。

2. 影响加工精度的主要因素

就电火花加工工艺而言，影响加工精度的主要因素有放电间隙大小及其一致性、工具电极的损耗及其稳定性等因素。

工具电极和工件表面之间必须经常保持一定的合理间隙。若间隙过小，则很容易形成短路接触而不产生火花放电；若间隙过大，则对加工精度有较大影响，太大时甚至不能击穿介质。电火花机床必须有工具电极自动进给调节装置。放电间隙尤其对复杂形状的加工表面影响较大，因其棱角部位电场强度分布不均。间隙越大，对复杂形状的加工表面影响越严重。为减小加工误差，应采用较弱小的加工规准（加工规准即工艺参数，如电规准中电压、电流、脉宽、脉间等），缩小放电间隙，这样不但能提高仿形精度，而且放电间隙愈小，可能产生的间隙变化量也愈小。另外，还必须通过修正工具电极的尺寸或其他补偿措施来尽可能使加工过程稳定，保证间隙的一致性，一般精加工时放电间隙只有 0.01 mm（单面），而粗加工时则可达0.5 mm。

工具电极的损耗对尺寸精度和形状精度都有影响。电火花穿孔加工时，电极可以贯穿型孔补偿电极的损耗，而型腔加工时则无法采用这一方法，精密型腔加工时可采用更换电极的方法。"二次放电"也是影响电火花加工形状精度的重要因素，这是指已加工表面上由于电蚀产物等的介入而再次进行的非正常放电。它集中表现在加工深度方向产生斜度（图 2-5）和加工棱角边变钝等方面。

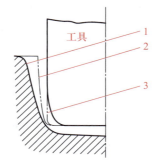

图 2-5
电火花加工时的加工斜度
1—实际工件轮廓线；
2—电极有损耗而不考虑二次放电时的工件轮廓线；
3—电极无损耗时工具轮廓线

电火花加工的表面和机械加工的表面不同，它是由无数小坑和光滑的硬凸边所组成的，特别有利于保存润滑油。与机械加工相比，在相同的表面粗糙度和润滑情况下，表面的润滑性能和耐磨损性能均比机械加工的好。对电火花加工的表面粗糙度影响最大的是单个脉冲能量，因为脉冲能量大时，每次放电蚀除量大，放电凹坑既大又深，使表面粗糙度值变大。电火花加工的表面粗糙度值和加工速度之间存在着很大的矛盾，如从 $Ra2.5$ μm 提高到 $Ra1.25$ μm 时，加工速度下降十多倍。工件材料对加工表面也有影响，熔点高的材料（如硬质合金）在相同能量下加工的表面粗糙度值要比熔点低的材料（如钢）小，当然加工速度会相应下降。另外，精加工时，工具电极的表面粗糙度也将影响加工工件的表面粗糙度，如石墨电极很难得到非常光滑的表面，因此用它作工具电极时所加工工件的表面粗糙度值较大。

工作介质是产生放电的基本条件，目前主要采用液体介质。它形成火花击穿放电通道，对放电通道产生压缩作用，并在放电结束后迅速恢复间隙的绝缘状态，帮助电蚀产物的抛出和排除，并使工具、工件冷却。因此，作为电火花加工用的液体介质应具有高的介电强度，而且一旦达到击穿电压时应在尽可能短的时间内完成电击穿，放电过后应能迅速使火花间隙消除电离，同时还应具备较好的流动性、冷却效果和经济性。目前广泛使用的是轻质碳氢化合物油类、变压器油、液状石蜡、煤油、蒸馏水等。表 2-3 列举了在加工钢时，采用黄铜为工具时的几种液体介质的性能比较。

表 2-3　几种液体介质的性能比较

液体介质	加工效率（去除的金属材料）/. (cm³/min)	磨损比[①]	液体介质	加工效率（去除的金属材料）/ (cm³/min)	磨损比
碳氢化合物油	39.0	2.8	自来水	57.7	4.1

续表

液体介质	加工效率（去除的金属材料）/（cm³/min）	磨损比①	液体介质	加工效率（去除的金属材料）/（cm³/min）	磨损比
蒸馏水	54.6	2.7	四乙二醇	102.9	6.8

① 磨损比 = $\dfrac{单位时间内工件材料切除掉的体积}{单位时间内电极材料所消耗的体积}$。

2.2.3 电火花加工的基本设备

电火花加工在特种加工中是比较成熟的工艺，主要用于加工各种高硬度的材料（如硬质合金和淬火钢等）和复杂形状的模具、零件，以及切割、开槽和去除折断在工件孔内的工具（如钻头和丝锥）等。在民用、国防部门和科学研究中已经获得广泛应用，并有许多工厂专门从事生产制造。电火花加工工艺及设备的类型较多，通常分为电火花成形机床、电火花线切割机床和电火花磨削机床，以及各种专门用途的电火花加工机床，如加工小孔、螺纹环规和异型孔等的电火花加工机床。其中应用最广、数量最多的是电火花成形机床和电火花线切割机床。

1. 电火花成形机床

电火花成形机床是电火花加工机床的主要品种，根据机床结构分为龙门式、滑枕式、悬臂式、框形立柱式和台式，此外还可根据加工精度分为普通、精密和高精度电火花成形机床。

电火花成形机床一般由机体、脉冲电源、自动控制系统、工作液循环过滤系统和自动进给调节系统等几部分组成。

（1）机床机体　机床机体主要包括主轴头、床身、立柱、工作台及工作液槽几部分。按机床型号的大小和机床的整体布局可采用如图 2-6 所示结构，图 2-6a 为分离式；图 2-6b 为整体式，油箱与电源箱放入机床内部成为整体。一般分离式较多。床身和立柱是机床的主要基础件，要有足够的刚度，足够的床身工作面与立柱导轨面之间的垂直度，还应保证机床工作精度能持久不变，这就要求导轨具有良好的耐磨性和材料内应力的充分消除。机床作纵、横向移动的工作台一般都带有坐标装置，常用的是靠刻度手轮来调整位置的丝杠、螺母装置。随着机床加工精度的提高，可采用光学坐标读数装置、磁尺数显等装置。

(a) 分离式　　　　　　　　(b) 整体式

图 2-6
电火花成形机床

近年来，由于工艺水平的提高及计算机、数控技术的发展，已生产有三坐标伺服控制、主轴和工作台回转运动并加三向伺服控制的五坐标数控电火花机床，机床还带有工具电极库，可以自动更换工具电极，机床的坐标位移精度为 2 μm。

（2）**主轴头** 主轴头是电火花成形机床中最关键的部件，是自动调节系统中的执行机构，对加工工艺指标的影响极大。对主轴头的要求是：结构简单、传动链短、传动间隙小、热变形小、具有足够的精度和刚度，以适应自动调节系统的惯性小、灵敏度高、能承受一定负载的要求。主轴头主要由进给系统、导向防扭机构、电极装夹及其调节装置组成。我国目前生产的电火花成形机床大多采用液压主轴头。

（3）**工具电极夹具** 工具电极的装夹及其调节装置的形式很多，常用的有十字铰链式和球面铰链式。十字铰链式电极夹具如图 2-7 所示，工具电极装在电极装夹标准套 1 内。电极对工作台的垂直度通过四个调节螺钉 7 来调节。

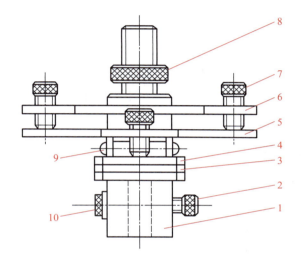

图 2-7
十字铰链式电极夹具结构图
1—电极装夹标准套；2—紧固螺钉；3—绝缘板；4—下底板；5—十字板；
6—上板；7—调节螺钉；8—锁紧螺母；9—圆柱销；10—导线固定螺钉

（4）**脉冲电源** 其作用是提供电火花加工的能量，有弛张式、闸流管式、电子管式、可控硅式和晶体管式脉冲电源，以晶体管式脉冲电源使用最广。

（5）**自动控制系统** 由自动调节器和自适应控制装置组成。自动调节器及其执行机构用于电火花加工过程中维持一定的放电间隙，保证加工过程正常、稳定地进行。自适应控制装置主要对间隙状态变化的各种参数进行单参数或多参数的自适应调节，以实现最佳的加工状态。

（6）**工作液循环过滤系统** 它是实现电火花加工必不可少的组成部分，一般采用煤油、变压器油等作为工作液。工作液循环过滤系统由储液箱、过滤器、泵和控制阀等部件组成。放电间隙中的电蚀产物除了靠自然扩散、定期抬刀以及使工具电极附加振动等排除外，常采用强迫循环的办法加以排除，以免间隙中电蚀产物过多，引起已加工过的侧表面间"二次放电"，影响加工精度，此外也可带走一部分热量。图 2-8 为工作液强迫循环的两种方式，图 2-8a、图 2-8b 为冲油式，较易实现，排屑能力强，一般常采用，但电蚀产物仍通过已加工区，稍影响加工精密；图 2-8c、图 2-8d 为抽油式，在加工过程中，分解出来的气体（H_2，C_2H_2 等）易积聚在抽油回路的死角处，遇电火花引燃会爆炸"放炮"，因此一般用得较少，但在要求小间隙、精加工时也有使用。

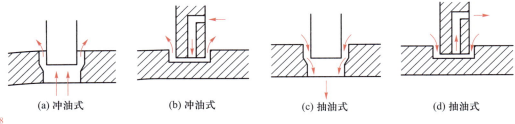

(a) 冲油式　　　(b) 冲油式　　　(c) 抽油式　　　(d) 抽油式

图 2-8
工作液的循环方式

为了不使工作液越用越脏，影响加工性能，必须加以净化或过滤。其具体方法有：

1）自然沉淀法。速度太慢，周期太长，只用于单件小用量加工。

2）介质过滤法。常用黄沙、木屑、棉纱头、过滤纸、硅藻土、活性炭等为过滤介质，各有优缺点，对于中小型工件、加工用量不大的情况，一般都能满足过滤要求，可就地取材，因地制宜。其中以过滤纸效率较高，性能较好，已有专用纸过滤装置生产。

3）此外还有高压静电过滤、离心过滤等，技术比较复杂，采用较少。

目前生产上应用的循环过滤系统形式很多，图 2-9 所示为常用的循环过滤系统的一种方式，它可以冲油，也可以抽油，由阀Ⅰ和阀Ⅱ来控制。冲油时，液压泵 1 把工作液打入过滤器 2，然后经管道（3）到阀Ⅰ，工作液分两路：一路经管道（5）到工作液槽 4 的侧面孔；另一路经管道（6）到阀Ⅱ再经管道（7）进入油杯 5。冲油时的流量和油压靠阀Ⅰ和阀Ⅱ来调节。抽油时，转动阀Ⅰ和阀Ⅱ，使进入过滤器的工作液分两路：一路经管道（3）、阀Ⅰ进入管道（5）至工作液槽 4 的侧面孔；另一路经管道（4）、阀Ⅰ进入管道（9）经射流管 7 及管道（10）进入储油箱 8。由射流管的"射流"作用将工作液从工作台油杯 5 中抽出，经管道（7）、阀Ⅱ、管道（8）到射流管 7 进入储油箱 8。转动阀Ⅰ和阀Ⅱ还可以停油和放油。

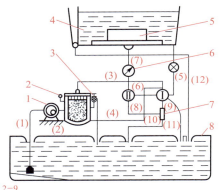

图 2-9
工作液循环过滤系统
1—液压泵；2—过滤器；3—溢流阀；4—工作液槽；
5—油杯；6—压力表；7—射流管；8—储油箱

2. 电火花线切割机床

电火花线切割加工是电火花加工的一个分支，是一种直接利用电能和热能进行加工的工艺方法，它用一根移动的导线（电极丝）作为工具电极对工件进行切割，故称线切割加工。线切割加工中，工件和电极丝的相对运动是由数字控制实现的，故又称为数控电火花线切割加工，简称线切割加工。电火花线切割机床有如下三种分类方式。

① 按走丝速度分：可分为慢速走丝方式和高速走丝方式线切割机床。

② 按加工特点分：可分为大、中、小型以及普通直壁切割型与锥度切割型线切割机床。

③ 按脉冲电源形式分：可分为 RC 电源、晶体管电源、分组脉冲电源及自适应控制电源线切割机床。

电火花线切割机床也由机床机体、脉冲电源、控制系统和工作液循环系统等几部分组成。

（1）机床机体　机床机体由运丝机构，丝架，上、下拖板和床身几部分组成。尽管有靠模仿形、光电跟踪、数字程序控制等多种控制形式，但最后都是依靠机械部分的运动来实现对工件的加工。因此，机床精度会直接影响工件的加工质量。

　　电火花线切割机床按走丝方式分为快速走丝（8～10 m/s）和慢速走丝（0.01～0.1 m/s）两大类。快速走丝数控电火花线切割设备外观如图2-10所示。该设备采用的绕丝机构是单滚筒式，它的结构简单、维护方便，因而应用广泛；其缺点是绕丝长度小、电动机正反转动频繁、电极丝张力不可调。采用双滚筒式能克服上述缺点，但结构复杂，应用较少。快速走丝的主要优点是排屑容易，加工速度较高；主要缺点是加工精度的提高和表面粗糙度的改善都比较困难。我国主要生产的是快速走丝机床，近年来也再不断开展慢速走丝电火花线切割机床的研制和生产。

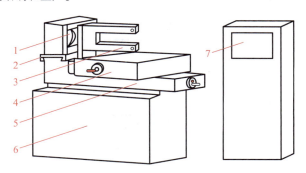

图 2-10
快速走丝数控电火花线切割设备
1—储丝筒；2—走丝溜板；3—丝架；4—纵向滑板；5—横向滑板；6—床身；7—控制箱

　　表2-4为常见的快速和慢速走丝的电火花线切割加工的工艺指标对比情况。

表 2-4　电火花线切割工艺指标

项目 走丝 方式	最大切割速度 / （mm²/min）	工件表面粗糙度为 Ra 2.5 μm 时的切割 速度 /（mm²/min）	工件最佳表面 粗糙度 Ra/μm	加工精度 / mm			最大切 割厚度 /mm	最小切 缝宽度 /mm	最小圆 角半径 /mm
				圆度	直线度	尺寸			
快速	260	80	1.25～2.5 个别达 0.45	0.01 (ϕ20)	0.005/40	0.01	黄铜 610 紫铜 560	—	—
慢速	218	40	0.8～0.32	0.004 (ϕ15)	0.002 5 /120	0.003	450	0.035	0.10

　　床身用以支承和固定坐标工作台、绕丝机构等，一般采用箱式结构，应有足够的刚度和强度。

　　电火花线切割机床最终都是通过坐标工作台与丝架的相对运动来完成对零件加工的，坐标工作台应具有很高的坐标精度和运动精度，而且要求运动灵敏、轻巧，一般都采用"十"字拖板、滚动导轨，传动丝杠和螺母之间必须消除间隙，以保证拖板的运动精度和灵敏度。

　　（2）工作液系统　　电火花线切割对工作液的要求是：要有一定的绝缘性能、较好的消电离能力和灭弧能力、渗透性好、生产率高、稳定性好、对电极丝寿命的影响小，还应有较好的洗涤性能、防腐蚀性能、润滑性能、对人体无害、价格便宜、使用安全等。工作液最早采用煤油，由于煤油介电性能转强、加工效率较低，现已很少采用。对快速走丝机床，因走丝速度快，能自动排除短路现象，广泛采用介电性能较低的乳化油水溶液。慢速走丝机床则大多采用去离子水。

　　由于线切割切缝很窄，顺利地排除电蚀产物是极重要的问题。工作液的循环与过滤装置是不可缺少的部分，其作用是充分、连续地向加工区供给清洁的工作液，及时从加工区域中排除电蚀产物，对电极丝和工件进行冷却，以保持脉冲放电过程能稳定而顺利地进行。循环装置一般由工作液泵、液箱、过滤器、管道和流量控制阀等组成，如图 2-11 所示。

（3）控制系统　电火花线切割机床的控制系统主要是指切割轨迹的控制、切带锥度工件的多维控制系统，此外还有走丝机构的控制、脉冲电参数的控制以及其他辅助控制电路等。

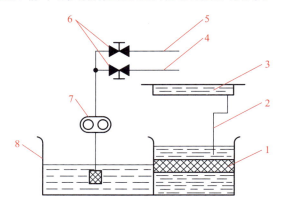

图 2-11
工作液循环过滤装置
1—过滤器；2—回液管；3—工作台；4—下丝臂进液管；5—上丝臂进液管；6—流量控制阀；7—工作液泵；8—工作液箱

控制系统是进行线切割加工的重要环节。控制系统的稳定性、可靠性、控制精度、自动化程度都直接影响加工工艺指标和工人的劳动强度。

切割轨迹控制系统的作用是在电火花切割加工过程中，按加工形状和尺寸要求自动控制电极丝相对工件的运动轨迹和进给速度，来实现对工件的加工。当控制系统使电极丝相对于工件按一定轨迹运动时，同时还应该实现进给速度的自动控制，它是根据放电间隙大小与放电状态自动控制的，使进给速度与工件材料的蚀除速度相平衡，以维持正常的稳定切割加工。

切割轨迹控制系统经历过靠模仿形控制、光电跟踪仿形控制，现在已普遍采用数字程序控制，并已经发展到微型计算机直接控制阶段。

数字程序控制电火花线切割的控制原理是把图样上工件的形状和尺寸编制成程序信号，输给计算机，转换成电脉冲信号控制步进电机，由步进电机带动精密丝杠，使工件在垂直于电极丝的平面内作成形运动。图 2-12 所示为数字程序控制过程方框图。

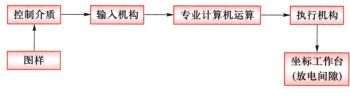

图 2-12
数字程序控制过程方框图

数字程序控制方式与靠模仿形和光电跟踪仿形控制不同，它无需制作精密的模板或描绘精确的放大图，而是根据图样尺寸要求用专用计算机进行直接控制加工。因此，只要计算机的运算控制精度比较高，就可以加工出高精度的零件，而且生产准备时间短，机床占地面积少。目前的数控系统大多是开环系统，故要求机床的传动进给系统具有较高的精度。

2.2.4　电火花成形加工工艺

电火花成形加工主要包括穿孔加工和型腔加工两大类。

1. 穿孔加工

冲模加工是电火花穿孔加工的典型应用。一副冲模的主要零件是冲头和凹模。冲头可用成形磨削等一系列机械加工方法加工。凹模用传统的机械加工方法加工比较困难，而采用电火花加工则有一系列优点：不受材料硬度限制而可以对淬火后的碳素钢或合金钢模具进行加工，也可加工硬质合金模具；可以得到均匀的配合间隙和所需的落料斜度，从而提高冲压件质量和模具使用寿命；对复杂的凹模，可以不用镶拼结构，从而大大节约设计和制造工时，提高凹模的强度。尽管由于电火花线切割工艺的发展，现在大多采用线切割加工冲模，但对一些配合精度、表面粗糙度、刀口斜度等要求高的冲模，仍然采用电火花穿孔加工。

（1）工艺方法　用电火花穿孔加工凹模有较多的工艺方法，在实际中应根据加工对象、技术要求等因素灵活地选择。穿孔加工的具体方法简介如下。

1）间接法。间接法是指在模具电火花加工中，凸模与加工凹模用的电极分开制造，首先根据凹模尺寸设计电极，然后制造电极，进行凹模加工，再根据间隙要求来配制凸模。图 2-13 为间接法加工凹模的过程。

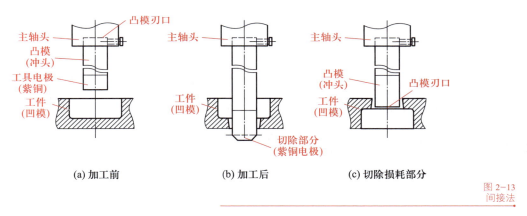

（a）加工前　　　　（b）加工后　　　　（c）切除损耗部分

图 2-13
间接法

间接法的优点是：

① 可以自由选择电极材料，电加工性能好。

② 因为凸模是根据凹模另外进行配制，所以凸模和凹模的配合间隙与放电间隙无关。

间接法的缺点是：电极与凸模分开制造，难以保证配合间隙均匀。

2）直接法。直接法适合于加工冲模，是指将凸模长度适当增加，先作为电极加工凹模，然后将端部损耗的部分去除而直接成为凸模（具体过程如图 2-14 所示）。直接法加工的凹模与凸模的配合间隙靠调节脉冲参数、控制放电间隙来保证。

直接法的优点是：

① 可以获得均匀的配合间隙、模具质量高；

② 无须另外制作电极；

③ 无须修配工作，生产率较高。

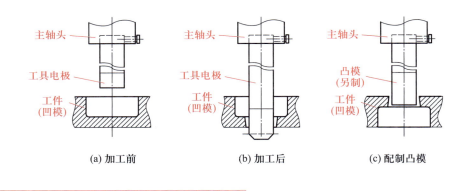

(a) 加工前　　　　　　(b) 加工后　　　　　　(c) 配制凸模

图 2-14
直接法

直接法的缺点是：

① 电极材料不能自由选择，工具电极和工件都是磁性材料，易产生磁性，电蚀下来的金属屑可能被吸附在电极放电间隙的磁场中而形成不稳定的二次放电，使加工过程很不稳定，故电火花加工性能较差。

② 电极和冲头连在一起，尺寸较长，磨削时较困难。

3）混合法。混合法也适用于加工冲模，是指将电火花加工性能良好的电极材料与冲头材料黏结在一起，共同用线切割或磨削成形，然后用电火花加工性能好的一端作为加工端，将工件反置固定，用"反打正用"的方法实行加工。这种方法不仅可以确保材料性能良好，加工端的电火花加工工艺性能，还可以达到与直接法相同的加工效果（图 2-15）。

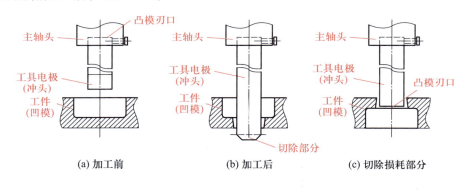

(a) 加工前　　　　　　(b) 加工后　　　　　　(c) 切除损耗部分

图 2-15
混合法

混合法的特点是：

① 可以自由选择电极材料，电加工性能好。

② 无须另外制作电极。

③ 无须修配工作，生产率较高。

④ 电极一定要黏结在冲头的非刃口端。

4）阶梯工具电极加工法。阶梯工具电极加工法在冷冲模具电火花成形加工中极为普遍，其应用有两种：

① 无预留孔或加工余量较大时，可以将工具电极制作为阶梯状，将工具电极分为两段，即缩小了尺寸的粗加工段和保持凸模尺寸的精加工段。粗加工时，采用工具电极相对损耗小、加工速度高的电规准加工，粗加工段加工完成后只剩下较小的加工余量（图 2-16a）。精加工段即凸模段，可采用类似于直接法的方法进行加工，以达到凸凹模配合的技术要求（图 2-16b）。

② 在加工小间隙、无间隙的冷冲模具时，配合间隙小于电火花加工最小的放电间隙，用凸模作为精加工段是不能实现的，可将凸模加长后，再加工或腐蚀成阶梯状，使阶梯的精加工段与凸模有均匀的尺寸差，通过加工规准对放电间隙尺寸的控制，使加工后符合凸、凹模配合的技术要求（图2-16c）。

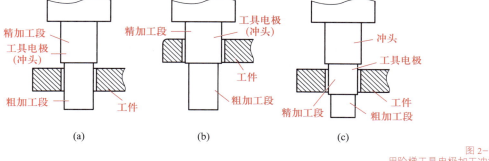

图2-16
用阶梯工具电极加工冲模

除此以外，可根据模具或工件不同的尺寸特点和尺寸，要求采用双阶梯或多阶梯工具电极。阶梯形的工具电极可以由直柄形的工具电极用"王水"酸洗、腐蚀而成。机床操作人员应根据模具工件的技术要求和电火花加工的工艺知识，灵活运用阶梯工具电极的技术，充分发挥电火花加工工艺的潜力，完善其工艺技术。

（2）工具电极　当采用直接配合法时，为了使冲头和工具电极能同时用砂轮磨削，工具电极的材料就只能是钢或铸铁。用铸铁电极时的电火花穿孔加工过程比较稳定，生产率高，成本低。钢电极加工后的凹槽表面粗糙度值低，而且制造时可把工具电极和冲头做成整体。因此，应当根据具体情况来选用。当采用其他两种达到配合间隙要求的方法时，可用紫铜作为工具电极的材料，而对精度要求高的冲模，则可用铜钨或银钨电极。

工具电极的尺寸精度和表面粗糙度通常应比凹模高一级，一般精度不低于7级，表面粗糙度不低于Ra 0.8 μm，平直度和平行度在100 mm长度上不超过0.01 mm。设计工具电极时，应考虑到当它与主轴连接后，其重心应位于主轴中心线上。这对于较重的电极尤为重要，否则附加的偏心矩易使电极轴线偏斜，影响模具的加工精度。

（3）电规准的确定与转换　电规准对工艺指标的影响很大。电规准主要根据工艺试验和生产实践经验来确定。由于冲模的尺寸精度和表面粗糙度要求高，配合间隙小，故都采用单个能量小的窄脉冲加工。但还可细分为粗、精两种规准，每一种又可分为几挡。粗规准加工的任务是蚀除大量材料后留最少的精加工余量。对它的要求是生产率高，工具电极损耗小，转换精规准之前的表面粗糙度不低于Ra 6.3 μm。精规准用来最终保证模具所要求的配合间隙、表面粗糙度、刃口斜度等质量指标，同时尽可能提高生产率。当采用晶体管高低压复合回路脉冲电源加工冲模，要求工件表面粗糙度达到Ra 0.8 μm以上并达到小间隙加工时，其工艺方法为：粗加工转入半精加工和精加工时，模具的单边留量为0.4～0.5 mm，半精加工时的工具电极的腐蚀高度为刃口高度的1.5倍，双边腐蚀量为0.1 mm，高压脉宽为5～10 μs，低压脉宽为10 μs；精规准加工时，用脉宽为2 μs的低压加工；最后改换用微精电路加工时，放电间隙并接电容，电容量由0.5 μF转为0.3 μF，只用高压回路，不用低压回路。

采用粗规准和精规准的正确配合，可以较好地解决电火花加工的质量和生产率间的矛盾。

2. 型腔加工

型腔模的电火花加工有其特定的工艺约束条件；型腔是盲孔，工具电极的损耗直接影响型腔的精度而无法通过进给补偿；工作液循环困难，蚀除产物排除条件差；金属去除量大；加工面积变化大等。

（1）工艺方法　由于以上特点，型腔模的电火花加工就不能只是用一个与型腔形状相对应的整体成形电极沿着型腔的深度方向进给。当前常用的型腔模电火花加工方法有以下四种：

1）单电极平动加工法。在这种加工方法中虽然只使用一个成形电极，但在粗加工后用机床附件"平动头"使工具电极在加工过程中相对工件做微小的平面平行运动，并通过调节平面平行运动的幅值实现对型腔模的精加工。由于尖角部位的电极损耗大，再加上平动时工具电极上每点都在作平移运动，因此用这一加工方法很难获得很小的棱角。在平面平动头的基础上，近年来还出现了立体（半球面）平动头，它可以同时在 X、Y、Z 三个坐标方向作微量的运动，使型腔模的侧面和底面的表面粗糙度值同时降低。

2）多次更换电极法，即用多个形状相同但尺寸各异的电极依次加工一个型腔。这时，粗加工用的工具电极尺寸必须按粗加工规准的放电间隙值和半精加工、精加工所需的加工余量相应地缩小或放大（按型腔的形状位置而定）。所需更换电极的数量根据型腔的精度要求而定。由于每次加工中因电极损耗、二次放电造成的侧壁斜度以及棱角过大等加工误差都在更换电极后的下一次加工时被去除了，因此型腔的加工精度取决于最后一个电极的加工结果，而最后精加工时由于余量小、加工规准弱、工具电极的损耗量小，因而可以达到很高的加工精度。但这种方法要求各种电极在形状和尺寸上都有很好的一致性，同时也要求工具电极在主轴上有很好的定位精度，从而提高了对工具电极和主轴的制造要求。

3）分解电极法。它是根据型腔的几何形状把工具电极分解成主电极和副电极，先用主电极加工出型腔的主要部分，再用副电极加工尖角、窄槽等部位。这样，在加工型腔的尖角、窄槽等微细部位时，可选用较小的加工规准，而在加工型腔的主要部分时，则可用较大的加工规准。这有利于提高生产率和得到较好的型腔表面质量，而且既简化电极制造工艺又便于修整电极。但是，在应用这种加工方法时必须很好地解决型腔各部位间的相对位置精度问题。

4）用指状电极接数控程序加工，即一个指状（圆柱）电极（其作用类似于仿形铣床的指状铣刀），使之在计算机控制下按所编程序进行运动，实现型面加工。这可省去复杂电极的制造，但加工条件恶化，而且必须使用价格昂贵的多坐标数控电火花加工机床。

（2）工具电极　目前，在型腔加工中应用较多的电极材料有紫铜和石墨两种。它们的共同特点是损耗小、生产效率高、加工稳定性好。两者相比，紫铜电极的尺寸精度较好，不会崩刃塌角，能制成薄片和其他复杂的形状，加工过程中不易拉弧烧伤，工件的表面粗糙度值低。石墨电极易于成形和修整，重量比较轻，但加工表面质量不如紫铜电极好，而且精加工时的损耗较大。铜钨、银钨电极的抗损耗性能非常好，但材料价格很贵，故仅在加工高精度的型腔模时才采用。

在型腔加工中常用的工具电极结构形式有整体式、镶拼式、组合式（即把几个电极装在一块固定板上）等几种，要根据工件上型腔的数量、尺寸、复杂程度和精度要求等来选定。型腔加工一般都是盲孔加工，排气、排屑都比较困难，因此往往要在工具电极上安排冲油孔或排气孔。应在拐角等难于排屑的部位安排冲油孔，在加工面积较大的部位和电极端部的凹入部位应开出排气孔。冲油孔和排气孔的直径一般为 $\phi1 \sim \phi2\ mm$，因为孔径太大在型腔上产生的残留部分就大，不易去除。

（3）加工规准的选择、转换和平动量的分配　在粗规准加工中，脉冲宽度一般大于 $400\ \mu s$，电流峰值也大。但要注意加工电流和加工面积之间的配合关系。用石墨加工钢时的最高电流密度为 $3 \sim 5\ A/cm^2$，用紫铜加工钢时可稍大些，但一般不超过 10 A/cm²。中规准加工时的脉冲宽度为 20～400 μs，峰值电流较小。精规准加工通常是指表面粗糙度在 Ra1.6 μm 以上的加工。精规准加工时的去除量很小，一般不超过 0.1～0.2 mm。这时所取的脉冲宽度小于 10～20μs，电流峰值也小。

在加工过程中，当加工表面刚好达到本挡规准应具有的表面粗糙度时，就应及时转换规准。因为这样既达到不断修光的目的，又可使每挡的金属蚀除量最小，从而得到尽可能高的加工速度和低的电极损耗。

当采用单电极加工时，中规准加工的平动量为总平动量的 75%～80 %，而只留很少余量用于精规准修光（粗加工时电极不平动）。

2.2.5　电火花加工实例

例 2.1　两个电极的精、粗加工（本例所用机床为 Sodick A3R，其控制电源为 Excellence XI）。

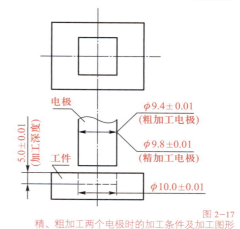

加工条件：

① 电极 / 工件材料：Cu/St45 钢；

② 加工件的表面粗糙度：Ra=7 μm；

③ 粗加工电极减寸量（即减小量）：0.3 mm/ 单侧；精加工电极减寸量：0.1 mm/ 单侧；

④ 加工深度：（5.0±0.01）mm；

⑤ 加工位置：工件中心。

精、粗加工两个电极时的加工条件及加工图形如图 2-17 所示，加工条件表如表 2-5 所列。

图 2-17
精、粗加工两个电极时的加工条件及加工图形

表 2-5　加工条件表

C 代码	ON	IP	HP	PP	Z 轴进给余量 / μm	摇动步距 / μm
C170	19	10	11	10	Z330	10
C140	16	05	51	10	Z180	140
C220	13	03	51	10	Z120	200
C120	14	03	51	10	Z100	0
C210	12	02	51	10	Z070	30
C320	08	02	51	10	Z046	54
C310	08	01	52	10	Z026	74

粗加工程序：

H0000=+00005000；

　/加工深度

G00　G90　G54XYZ1.0；

G24；

G01　C170　LN002　STEP010　Z330-H000　M04；

G01　C140　LN002　STEP140　Z180-H000　M04；

G01　C220　LN002　STEP200　Z120-H000　M04；

/以 C220 条件加工至距离底面 0.040 mm

M02；

读者可以参照上面的程序自己编写精加工程序，精加工的加工条件为 C120、C210、C320、C310。

例 2.2　图 2-18a 所示注射模镶块，材料为 40 Cr，硬度为 38～40 HRC，加工表面粗糙度 $Ra=0.8\ \mu m$，要求型腔侧面棱角清晰，圆角半径 $R<0.3\ mm$。

（1）方法选择　选用单电极平动法进行电火花成形加工，为保证侧面棱角清晰（$R<0.3\ mm$），其平动量应小，取 $\delta \leqslant 0.25\ mm$。

（2）工具电极

1）电极材料选用锻造过的紫铜，以保证电极加工质量以及加工表面粗糙度。

2）电极结构与尺寸如图 2-18b 所示。

① 电极水平尺寸单边缩放量取 $b = 0.25\ mm$，根据相关计算式可知，平动量 $\delta_0 = 0.25\ mm - \delta_{精} < 0.25\ mm$。

② 由于电极尺寸缩放量较小，用于基本成形的粗加工电规准参数不宜太大。根据工艺数据库的资料（或经验）可知，实际使用的粗加工参数会产生 1% 的电极损耗。因此，对应的型腔主体深度为 20 mm，而 $R7\ mm$ 搭子型腔的深度为 6 mm，其电极长度之差不是 14 mm，而是（20-6）mm×（1+1%）=14.14 mm。尽管精修时也有损耗，但由于两部分精修量一样，故不会影响二者深度之差。图 2-18b 所示电极结构，对其总长度无严格要求。

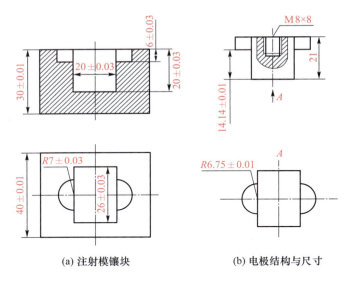

(a) 注射模镶块　　　　　　(b) 电极结构与尺寸

图 2-18
注射模镶块加工

（3）电极制造　电极可以用机械加工的方法制造，但因有两个半圆的搭子，一般都用线切割加工，主要工序如下：

① 备料；

② 刨削上、下面；

③ 画线；

④ 加工 M8×8 的螺孔；

⑤ 按水平尺寸用线切割加工；

⑥ 按图示方向前后转动 90°，用线切割加工两个半圆及主体部分长度；

⑦ 钳工修整。

（4）镶块坯料加工

① 按尺寸需要备料；

② 刨削六面体；

③ 热处理（调质）达 38～40 HRC；

④ 磨削镶块 6 个面。

（5）电极与镶块的装夹与定位

① 用 M8 的螺钉固定电极，并装夹在主轴头的夹具上。然而用千分表（或百分表）以电极上端面和侧面为基准，校正电极与工件表面的垂直度，并使其 X、Y 轴与工作台 X、Y 移动方向一致。

② 镶块一般用平口钳夹紧，并校正其 X、Y 轴，使其与工作台 X、Y 移动方向一致。

③ 定位，即保证电极与镶块的中心线完全重合。用数控电火花成形机床加工时，可利用机床自动找中心功能准确定位。

（6）电火花成形加工　所选用的电规准和平动量如表 2-6 所列。

表 2-6　电规准转换与平动量分配

序号	脉冲宽度 /μm	脉冲电流幅值 /A	平均加工电流 /A	表面粗糙度 /μm	单边平动量 /mm	端面进给量 /mm	备注
1	350	30	14	10	0	19.90	1. 型腔深度为 20 mm，考虑 1% 损耗，端面总进给量为 20.2 mm； 2. 型腔加工表面粗糙度为 0.6 μm； 3. 用 Z 轴数控电火花成形机床加工
2	210	18	8	7	0.1	0.12	
3	130	12	6	5	0.17	0.07	
4	70	9	4	3	0.21	0.05	
5	20	6	2	2	0.23	0.03	
6	6	3	1.5	1.3	0.245	0.02	
7	2	1	0.5	0.6	0.25	0.01	

2.3　电解加工和电解磨削

电解加工（ECM）又称电化学加工，是继电火花加工之后于 20 世纪 60 年代发展起来的一项工艺，目前已广泛应用于航空、汽车等制造工业和模具制造行业。

2.3.1　电解加工的基本原理与规律

电解加工是利用金属在电解液中可以产生阳极溶解的电化学原理来进行尺寸加工的。这种电化学现象在机械工业中早已被用来实现电抛光和电镀，电解加工是在电抛光基础上发展起来的。

图 2-19 为电解加工示意图。加工时工件 3 接直流电源 1 的正极，成形工具 2 接直流电源负极，两极之间电压一般为 5～25 V 的低电压，成形工具向工件作缓慢进给，使两极之间保持一定的间隙（0.1～1 mm），具有一定压力的电解液从间隙中高速（5～50 mm/s）流过，使两极间形成导电通道，并在电源电压下产生电流，这时阳极工件的金属被逐渐电解腐蚀，电解产物被电解液带走。

图 2-20 为电解加工原理图。电解加工刚开始时工件毛坯形状与工具形状是不同的，电极间隙不等（图2-20a），这样间隙小的地方电场强度高，电流密度大（即图中竖线密），电解液的流速也较高，因此金属溶

解速度也较快；反之，工具与工件距离较远处加工速度较慢，随着工具不断向工件进给，间隙大致相同，电流密度趋于一致时，工件阳极表面的形状就逐渐与阴极形状相近，这样便完成工件的电解加工。

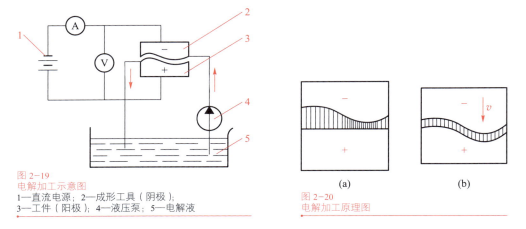

图 2-19
电解加工示意图
1—直流电源；2—成形工具（阴极）；
3—工件（阳极）；4—液压泵；5—电解液

图 2-20
电解加工原理图

电解液是电解加工的关键因素。电解液的种类、浓度、温度、压力及流速等直接影响电解过程，从而影响生产率和加工质量。其主要作用是：

1）作为导电介质传递电流；

2）在电场作用下进行电化学反应，使阳极溶解能顺利而有控制地进行；

3）及时带走电解产物及热量，起到更新与冷却作用。

高效的电解液应具有高的电导率，低黏度和高的比热容，较好的化学稳定性，并能阻止在工件表面上形成钝化膜，无腐蚀性和毒性，并且有较好的经济性。NaCl 水溶液是比较令人满意的一种。

2.3.2　电解加工的特点及应用

1. 电解加工的特点

1）加工范围广。电解加工能加工各种高强度、高硬度、高韧性的导电材料，如硬质合金、淬硬钢、不锈钢、耐热合金等难加工材料。

2）生产效率高。电解加工是特种加工中材料去除速度最快的方法之一，为电火花加工的 5～10 倍。

3）加工过程中无机械切削力和切削热，没有因为力与热给工件带来的变形，可以加工刚性差的薄壁零件，加工表面无残余应力和毛刺，能获得较小的表面粗糙度值（一般为 $Ra1.25～0.2\ \mu m$）和一定的加工精度（平均尺寸误差约 ±0.1 mm）。

4）加工过程中工具阴极理论上无损耗，可长期使用并保持其精度。

5）电解加工不需要复杂的成形运动就可加工复杂的空间曲面，而且不会像传统机械加工（如铣削）那样留下条纹痕迹。

6）电解加工不能加工非导电材料，较难加工窄缝、小孔及尖角。

7）对复杂加工表面的工具电极的设计和制造比较费事，不利于单件、小批生产。

8）虽然用电解加工制造出来的工件无应力，但其疲劳强度通常会降低 10%～20%，因此对疲劳强度要求较高的工件可用电解加工后的喷丸硬化来恢复强度。

9）电解加工附属设备较多，占地面积大，投资大，且设备易腐蚀和生锈，需采取一定的防护措施。

10）电解加工的加工缺陷主要有空蚀、产生亮点、加工精度低等。

2. 电解加工的应用

电解加工主要用于切削加工困难的领域，如难加工材料、形状复杂的表面、刚性较差的薄板等。常用的有电解穿孔、电解成形、电解去毛刺、电解切割、电解抛光、电解刻印等。图 2—21 列举了几种电解加工的应用。

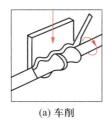
(a) 车削

(b) 薄板上钻型孔

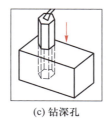
(c) 钻深孔

(d) 铣削

图 2—21
电解加工的应用

（1）电解穿孔　对于一些形状复杂、尺寸较小的型孔（四方、六方、椭圆、半圆等形状的通孔和盲孔）是很难采用机械加工方法得到的。但若采用电解加工则比较容易解决。因此，它已广泛应用于枪、炮管内孔和膛线（来复线）等的加工。型孔加工大多采用单面进给方式，为避免形成锥度，阴极（工具）侧面必须绝缘，一般用环氧树脂作为绝缘层与阴极侧面粘牢（图 2—22）。电解穿孔时工作液均匀进入工作区，使工件和工具都浸在电解液中。

（2）电解成形　电解加工可以使用成形阴极（工具）对复杂工件型腔一次成形，生产率高，表面粗糙度值小，但加工精度不如电火花加工高，它易受电场、流场、电解液状态及进给速度等影响，生产中常根据均匀间隙理论初步设计工具形状，然后通过多次实验修正以达到精度要求。目前多用于锻模型腔加工，尺寸精度可控制在 0.1～0.2 mm 的范围内。如汽车制造中的连杆（图 2—23）、曲轴、十字轴、凸轮等零件以及汽轮机叶片、链轮等加工。

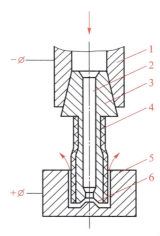

图 2—22
单面进给式型孔加工示意图
1—机床主轴套；2—进水孔；3—阴极主体；
4—绝缘层；5—工件；6—工作单面

（3）电解去毛刺　机械加工中去毛刺的工作量很大，尤其是去除硬而韧的金属毛刺，需占用很多人力。电解去毛刺可大大提高工效和节省费用，并可减少对已加工表面的损坏，因此广泛应用于汽车等大批量生产的行业。美国很早就已应用于真空管电极的去毛刺加工。电解去毛刺时，电极静止不动，把工件绝缘起来，仅让有毛刺部分露出，用与工件形状相应的工具把毛刺蚀除掉。去毛刺电压可较高些（如 70 V），这样，电极间隙可较大些，以防短路。可利用旋转工作台，既提高效率又可实现自动化，如图 2—24 所示。

2.3.3　电解磨削的基本原理

电解磨削（ECG）是电化学腐蚀与机械磨削作用相结合的一种复合加工方法，具有较高的加工精度和较小的表面粗糙度值，比机械磨削有较高的生产率。

电解磨削是一种特殊形式的电解加工，其工作原理如图 2—25 所示。磨削时工件接直流电的正极，电解磨轮（也称导电砂轮）接直流电的负极。两极间由电解磨轮中凸出的磨料保持一定的电解间隙（图 2—26），

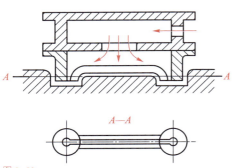

图 2-23
连杆型腔模的电解加工

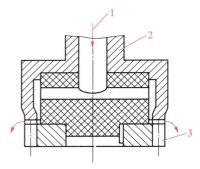

图 2-24
齿轮的电解去毛刺
1—电解液；2—阴极工具；3—齿轮工件

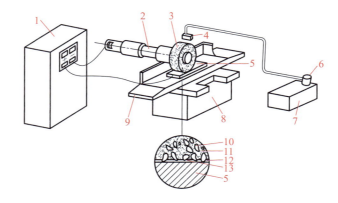

图 2-25
电解磨削原理图
1—直流电源；2—绝缘主轴；3—电解磨轮；4—电解液喷嘴；5—工件；6—电解液泵；7—电解液箱；
8—机床机体；9—工作台；10—磨料；11—结合剂；12—电解间隙；13—电解液

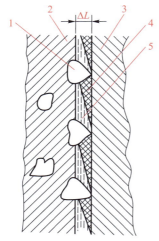

图 2-26 电解磨削加工过程示意图
1—磨粒；2—结合剂；3—工件；4—阳极薄膜；
5—电极间隙及电解液

并在电解间隙中注入一定量的电解液。接通直流电源后，工件（阳极）的金属表面发生电化学溶解，表面的金属原子将失去电子而变成离子溶解在电解液中；同时电解液中氧与金属离子化合而在工件表面生成一层极薄的氧化膜。这层氧化膜有较高的电阻，使阳极溶解过程减慢，这时通过高速旋转的磨轮将这层氧化膜不断刮除，并被电解液带走。由于阳极溶解和机械磨削共同交替作用的结果，使工件表面不断被蚀除并形成光滑的表面和达到一定的尺寸精度。

电解磨削过程中，金属主要是靠电化学阳极溶解作用腐蚀下来的，电解磨轮只起磨去电解产物阳极钝化膜和整平工件表面的作用。

电解磨削用的砂轮通常有两种：一种是不含磨料的导电砂轮，成形方便，可用车刀修整成各种复杂形状，但其磨削效率低，加工精度低，使用寿命短，故多用于成形磨削的粗加工。另一种是含磨料的导电砂轮，用石墨和金属粉末作导电基体，掺入刚玉和碳化硅料颗粒，磨料颗粒不仅可以防止磨削时发生短路（稳定地保持两极间的距离），并可机械地刮除工件的阳极薄膜和平整工件表面。因此，不仅生产率高，而且可达到很高的加工精度，常用于内外圆磨削和成形磨削的精加工。

2.3.4　电解磨削的特点及应用

与机械磨削相比较，电解磨削具有如下特点：

1）加工范围广、加工效率高。由于它主要是电解作用，只要选用合适的电解液和加工参数就可以用来加工任何高硬度与高韧性的金属材料，如硬质合金、耐热合金等。磨削硬质合金时，与普通的金刚石砂轮磨削相比较，加工效率要高 3～5 倍。

2）磨削的加工精度和表面质量较高，电解磨削加工中机械磨削力小，磨削热少，不会产生残余应力、变形、烧伤、裂纹和毛刺等缺陷。一般磨外圆时尺寸误差可控制到 0.01 mm，如用全深磨削在一次走刀中完成还可以提高精度等级，一般表面粗糙度可达 Ra0.16 μm。

3）砂轮损耗少，寿命长。与普通金刚石磨削相比较，电解磨削用的金刚石砂轮消耗速度仅为它们的 1/10～1/5，可显著降低成本。

4）加工刀具等尖锐刃口不易磨削的非常锋利。

5）机床辅助设备较多，一次性投资较高，同时设备易腐蚀和生锈，污染环境，需采取防护措施。

电解磨削由于集中了电解加工和机械磨削的优点，因此应用范围广，可用于内、外圆磨削，平面磨削，工具磨削，成形磨削，用于高强度、高硬度、热敏性和磁敏性等材料。与普通机械磨削相比，电解磨削碳化钨时，可节省约 75% 以上的砂轮费用和 50% 以上的加工费用，适用于难加工的小孔、深孔、薄壁件，如蜂窝器、薄壁管或外壳、注射针头等。

2.4　超声波加工

2.4.1　超声波加工的基本原理与特点

超声波加工（USM）也称超声加工，是利用工具端面作超声频振动，并通过悬浮液中的磨料加工脆硬材料的一种加工方法。加工原理如图 2-27 所示。加工时，在工具 2 和工件 1 之间加入液体（水或煤油）和磨料混合的悬浮液 3，并使工具以很小的力 F 轻轻压在工件上。超声换能器 6 产生 16 000 Hz 以上的超声频纵向振动，并借助于变幅杆把振幅放大到 0.05～0.1 mm，驱动工具端面作超声振动，迫使工作液中的悬浮磨粒以很大的速度和加速度不断撞击、抛磨被加工表面，把加工区的工件局部材料粉碎成很细的微粒，并从工件上撞击下来。虽然每次打击下来的材料很少，但由于每秒钟撞击的次数多达 16 000 次以上，所以仍有一定的加工速度。同时工作液受工具端面的超声振动作用而产生的高频、交变的液压冲击波和空化作用，将促使工作液钻入被加工材料的微裂缝及晶界内，加剧机械破坏作用，有助于提高去除材料的效果。此外，液压冲击波也能促使悬浮工作液在加工间隙中循环，使变钝了的磨粒不断更新。

由此可见，超声波加工是磨粒在超声振动作用下的机械撞击和抛磨作用以及空化作用的综合结果，其中磨粒的撞击作用是主要的。

既然超声波加工是基于高速撞击原理，因此愈是硬脆材料，受冲击破坏作用也愈大，而韧性材料则由于它的缓冲作用而难以加工。

超声波加工有如下特点：

1）适于加工各种硬脆材料，特别是不导电的非金属材料（如陶瓷、玻璃、金刚石等），扩大了模具材料的选用范围。

2）工具可用较软的材料做成较复杂的形状，不需要工具相对于工件作复杂的运动，机床结构简单，操作也方便。

3）由于去除加工材料是靠极细小磨粒的瞬时局部的撞击作用，故工件表面的宏观作用力很小，不会引起变形和烧伤，表面粗糙度也较好（$Ra1\sim0.1\ \mu m$），加工精度可达 $0.01\sim0.02\ mm$，而且可以加工薄壁、窄缝、低刚度工件。

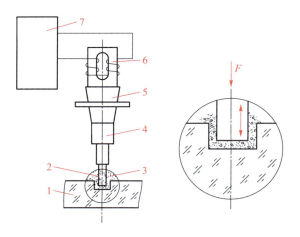

图 2-27
超声波加工原理示意图
1—工件；2—工具；3—磨料悬浮液；4、5—变幅杆；6—超声换能器；7—超声波发生器

2.4.2　超声波加工设备

超声波加工设备如图 2-28 所示。尽管不同设备的功率大小及结构形式各有不同，但一般都是由超声波发生器、超声振动系统（声学部件）、机床机体及磨料工作液循环系统等部分组成。

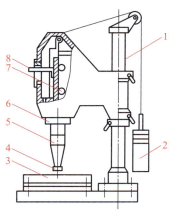

图 2-28
超声波加工设备（CSJ-2 型超声波加工机床）
1—支架；2—平衡重锤；3—工作台；4—工具；
5—振幅扩大棒；6—换能器；7—导轨；8—标尺

1. 超声波发生器

超声波发生器是将工频交流电转变为有一定功率输出的超声频交流电，为工具端面振动及去除被加工材料提供能量。其基本要求是输出功率和频率在一定范围内连续可调，并希望具有对共振频率自动跟踪和自动微调的功能。

超声波加工用的超声波发生器有电子管和晶体管两种类型。一类是电子管式的，不仅功率大，而且频率稳定，在大中型超声波加工设备中用得较多。另一类是晶体管式的，它体积小，能量损耗小，因而发展较快，逐步取代电子管。

2. 超声振动系统（声学部件）

声学部件的作用是把高频电能转换成机械振动，并以波的形式传递到工具端面。声学部件是超声波加工设备中的重要部件，主要由换能器、振幅扩大棒及工具组成。

换能器的作用是将高频电振荡转换成机械振动，目前实现这一目的是利用"压电效应"和"磁致伸缩效应"分别制成压电陶瓷换能器和磁致伸缩换能器。前者能量转换效率高，体积小；后者功率较大。

振幅扩大棒也称变幅杆。无论是压电陶瓷换能器还是磁致伸缩换能器，它们的伸缩变形量都是很小的，即使在共振的条件下，其振幅也只有 0.005～0.01 mm，不能直接用于加工。超声波加工需 0.01～0.1 mm 的振幅，因此必须通过一个上粗下细的杆子将振幅加以放大，此杆称为振幅扩大棒。它之所以能扩大振幅，是因为通过任一截面的能量是守恒的，因此截面愈小，功率密度愈大，而波的功率密度正比于振幅 A 的平方，因此振动的振幅也就愈大。

工具安装在振幅扩大棒的细小端。机械振动经振幅扩大棒放大之后即传给工具，而工具端面的振动将使磨粒和工作液以一定的能量冲击工件，并加工出一定的形状和尺寸。因而工具的形状和尺寸决定于被加工表面的形状和尺寸，二者只相差一个加工间隙。为减少工具损耗，宜选有一定弹性的 45 钢作工具材料。工具长度要考虑声学部分半个波长的共振条件。

3. 机床机体及磨料工作液

超声波加工机床一般比较简单，包括支撑声学部件的机架、工作台面以及使工具以一定压力作用在工件上的进给机构等，如图 2-28 所示。平衡重锤是用于调节加工压力的。

工作液一般为水，为了提高表面质量，也有用煤油的。磨料常用碳化硼、碳化硅或氧化铝。简单的机床，其磨料是靠人工输送和更换的。

2.4.3　超声波加工的基本工艺规律

1. 加工速度及其影响因素

加工速度是指单位时间内去除材料的多少，常用 g/min 或 mm³/min 表示。影响加工速度的主要因素有工具振幅与振动频率、工具对工件的进给压力、磨料的种类与粒度、磨料悬浮液的浓度、被加工材料等。

（1）工具的振幅与频率　提高振幅和振动频率可以提高加工速度，但过大的振幅和过高的频率会使工具和振幅扩大棒承受很大的内应力，降低其使用寿命。因此，一般振幅为 0.01～0.1 mm，频率在 16～25 kHz。实际加工时应调节到共振频率，以获得最大振幅。

（2）工具对工件的进给压力　加工时工具对工件应有一个适当的压力。压力过小时加工间隙大，磨粒撞击作用弱而降低生产率；过大的压力又会使间隙过小而不利于磨粒循环更新，也会降低生产率。

（3）磨料的种类与粒度　磨料的硬度高和颗粒大都有利于提高加工速度。使用时应根据加工工艺指标的要求及工件材料合理选用。

（4）磨料悬浮液的浓度　浓度低，加工速度也低；随着浓度增加，加工速度也增加。但浓度太高将不利于磨粒的循环和撞击运动而影响加工速度。

（5）被加工材料　被加工材料愈脆，加工速度愈快。如以玻璃的可加工性 100% 为标准，则石英为 50%，硬质合金为 2%～3%，淬火钢为 1%，而锗、硅半导体单晶为 200%～250%。

2. 加工精度及其影响因素

超声波加工精度主要包括尺寸精度、形状精度等。其影响因素除了机床精度外，主要有工具制造精度及磨损、磨料粒度、加工深度以及被加工材料性质等。一般尺寸精度可控制在 0.02～0.05 mm 范围内。

工具制造或安装有偏心或不对称时，加工将产生偏振，使加工精度降低。利用真空抽吸法或内冲法供给磨料悬浮液，可以提高加工精度，尤其能减少锥度；外浇法只适用于一般的超声波加工。加工深度增加，工具损耗也增加，使精度下降。当采用 240#～280# 磨料时（磨粒尺寸为 63～40 μm），精度可达 ±0.05 mm；采用 W28～W7 时（磨粒尺寸 28～5 μm），精度可达 ±0.02 mm 或更高。

加工圆孔时，形状误差主要是圆度和锥度误差。圆度误差的大小与工具横向振动大小和工具沿圆周磨损的不均匀程度有关。锥度大小与工具磨损和加工深度有关。采用工具或工件旋转的方法可以减少圆度误差。

3. 表面质量及其影响因素

超声波加工具有较好的表面质量，不会产生表面烧伤和表面变质层。

超声波加工的表面粗糙度值也较小，一般 Ra 值可达到 1～0.1 μm，取决于每粒磨料撞击工件表面后留下的凹痕大小，它与磨粒的直径、被加工材料性质、超声振幅以及工作液成分有关。当磨粒尺寸较小、工件材料硬度较大、超声振幅小时，则加工表面粗糙度将得到改善，但加工速度也随之下降。工作液的性能对表面粗糙度影响比较复杂，实践表明，用煤油或润滑油代替水可使表面粗糙度有所改善。

2.4.4 超声波加工的应用

超声波加工的生产率虽然比电火花加工和电化学加工等低，但其加工精度较高，表面粗糙度值较小，而且能加工半导体、非导体的硬脆材料，如玻璃、石英、陶瓷及金刚石等。即使是电火花加工后的一些淬火钢、硬质合金冲模、拉丝模和塑料模，最后也常用超声波抛磨和光整。

1. 型孔、型腔加工

超声波加工在模具制造行业可用于在脆硬材料上加工圆孔、型腔、型孔、套料及微细孔等（图 2-29）。

2. 切割加工

超声波切割可以加工单晶硅片、陶瓷模块。

3. 超声波抛磨

电火花成形加工及电火花线切割加工后的模具表面是硬脆的，经超声波抛磨以后，可以改善其表面粗糙度，一般 Ra 值可达 0.4～0.8 μm。

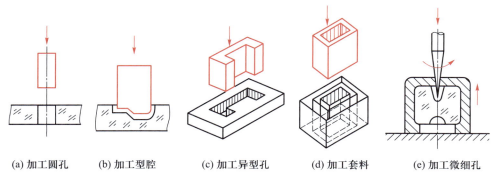

(a) 加工圆孔　　(b) 加工型腔　　(c) 加工异型孔　　(d) 加工套料　　(e) 加工微细孔

图 2-29
超声波加工的应用

2.5　激光加工

　　激光是 20 世纪以来继核能、计算机、半导体之后，人类的又一重大发明，被称为"最快的刀"、"最准的尺"、"最亮的光"。目前激光已不再属于特种加工工具，而成为一种较为通用的制造手段，也被誉为"未来制造系统的共同加工手段"。

2.5.1　激光加工的基本原理

1. 激光

　　物质由原子等微观粒子组成，而原子由一个带正电荷的原子核和若干个带负电荷的电子组成。原子核所带的正电荷与各电子所带的负电荷之和在数量上是相等的。各个电子围绕原子核作轨迹运动。电子的每一种运动状态对应着原子的一个内部能量值，原子的内能值一般是不连续的，称为原子的能级。原子的最低能级称为基态，能量比基态高的能级均称为激发态。光和物质的相互作用可归纳为光和原子的相互作用，这些作用会引起原子所处能级状态的变化。其过程有以下三种主要情况：光的自发发射、光的受激吸收和光的受激发射。

　　受激发射的光子与外来光子不但具有完全相同的发射方向和频率，而且位相和偏振态也完全相同。这样，受激发射过程就起到了增强入射光强度的作用。激光正是利用了受激发射的这一特性，实现了光放大的目的，它具有方向性强（几乎是一束平行准直的光束）、单色性好（光的频率单一）、亮度非常高（比太阳表面的亮度还高 10^{10} 倍）、能量高度集中、相干性好及闪光时间可以极短等特点。

2. 激光器

　　激光加工工艺由激光加工机完成。激光加工机通常由激光器、电源、光学系统和机械系统等组成。利用激光器（常用的有固体激光器和气体激光器）把电能转变为光能，产生所需的激光束，经光学系统聚焦后，照射在工件上进行加工。工件固定在三坐标精密工作台上，由数控系统控制和驱动，完成加工所需的进给运动。图 2-30 所示为红宝石激光器结构示意图。激光器一般有三个基本组成部分。

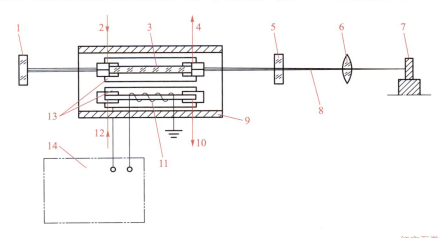

图 2-30
红宝石激光器结构示意图
1—全反射镜；2、12—冷却水入口；3—工作物质；4、10—冷却水出口；
5—部分反射镜；6—透镜；7—工件；8—激光束；9—聚光器；11—氙灯；
13—玻璃套管；14—电源（含电容组和触发器）

　　（1）工作物质　只有能实现粒子数反转的物质才能作为激光器的工作物质。并不是每种物质都能在外

37

界激励下实现粒子数反转的，主要看该物质是否具有合适的能级结构。在红宝石激光器中，其工作物质是一根红宝石晶体棒，棒的两端严格平行且垂直于棒轴。

（2）谐振腔　其主要作用是使工作物质所产生的受激发射能建立起稳定的振荡状态，从而实现光放大。它由两块反射镜（一块为全反射镜，另一块为部分反射镜）组成，各置于工作物质的一端，并与工作物质轴线垂直。激光从部分反射镜一端输出。

（3）激励能源　其作用是把工作物质中多于一半的原子从低能级激发到高能级上去，实现工作物质粒子数反转。其方法有电激发、光激发、热激发和化学激发等。红宝石激光器是以脉冲氙灯、电源及聚光器为激励能源，聚光器是椭圆柱形的，其内表面具有高反射率，脉冲氙灯和红宝石晶体棒处于它的两条焦线上。

自从 1960 年制成第一台激光器以来，激光器发展到今天已不下数百种，如按工作介质可分为固体、气体、液体、半导体和光纤激光器等；按工作方式可分为连续、脉冲、突变、超短脉冲激光器等。激光加工常用固体激光器。表 2-7 是按工作介质分类的情况。

表 2-7　激光器的种类

激光器	固体激光器	气体激光器	液体激光器	半导体激光器	光纤激光器
优点	功率大，体积小，使用方便	单色性、相干性、频率稳定性好，操作方便，波长丰富	价格低廉，制备简单，输出波长连续可调	不需外加激励源，适合于野外使用	光束质量好，散热特性好，效率高，结构简单紧凑，可靠性高
缺点	相干性和频率稳定性不够，能量转换效率低	输出功率低	激光特性易受环境温度影响，进入稳定工作状态时间长	目前功率较低，但有希望获得巨大功率	使用寿命相对较低
应用范围	工业加工、雷达、测距、制导、医疗、光谱分析、通信与科研等	应用最广泛，几乎遍及各行各业	医疗、农业和各种科学研究	测距、军事、科研等	通信、测距、信息存储与处理等
常用类型	红宝石激光器	氦氖激光器	染料激光器	氟氢激光器	脉冲光纤激光器

3. 激光加工的基本原理

激光加工就是利用激光器发射出来的具有高方向性和高亮度的激光，通过光学系统把激光束聚焦成一个极小的光斑（直径仅有几微米或几十微米），使光斑处获得极高的功率密度（$10^7 \sim 10^{11}$ W/cm^2），达到上万摄氏度的高温，从而能在很短的时间内使各种物质熔化和汽化，达到蚀除工件材料的目的。

激光加工是一个高温过程，就其机理而言，一般认为，当功率密度极高的激光照射在被加工表面时，光能被加工表面吸收并转换成热能，使照射斑点的局部区域迅速熔化甚至汽化蒸发，并形成小凹坑，同时也开始了热扩散，结果使斑点周围金属熔化，随着激光能量的继续吸收，凹坑中金属蒸气迅速膨胀，压力突然增加，熔融物被爆炸性地高速喷射出来。其喷射所产生的反冲压力又在工件内部形成一个方向性很强的冲击波。这样，工件材料就在高温熔融和冲击波作用下，蚀除了部分物质，从而打出一个具有一定锥度的小孔。

2.5.2　激光加工的基本规律

　　尽管激光是具有高方向性的近似平行光束，但它们仍具有一定的发散角（约为 10^{-3} rad），从而使得它经聚焦物镜聚集在焦面上后形成仍有一定直径的小斑点，且在小斑点其能量的分布是不均匀的，而是按贝赛尔函数分布（图 2-31）。在光斑中心处光强度 I_0 最大，相应功率密度最高，远离中心点的地方就逐渐减弱。而激光的波长和焦距直接影响光斑面积大小，即影响焦点中心处最大光强。同时，激光加工是一种热加工，加工过程中有热传导损失，因此，增大激光束的功率也是增大焦点中心强度的主要措施。可见，影响激光加工的因素主要有激光器的输出功率、焦距和焦点位置、光斑内能量分布及工件吸光特性等。

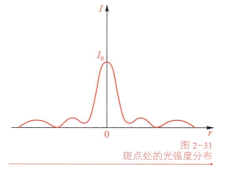

图 2-31
斑点处的光强度分布

　　激光的输出功率大、照射时间长时，工件所获得的激光能量也大。但当激光能量一定时，照射时间太长会使热散失增多，时间太短则因功率密度过高而使蚀除物质以高温气体喷出，这都会降低能量的使用效率，因此激光照射时间一般为几分之一毫秒到几毫秒。

　　激光束发散角越小，聚焦物镜焦距越短时，在焦面上可以获得更小的光斑及更高的功率密度。所以加工时，一般尽可能减小激光束发散角和采用短焦距（20 mm 左右）物镜，只有在一些特殊的情况下才选用较长的焦距。同时，焦点位置对于孔的形状和深度都有很大影响。当焦点位置很低时（图 2-32a），透过工件表面的光斑面积很大，这不仅会产生较大的喇叭口，而且因功率密度减小而影响加工深度，即增大了锥度。当焦点逐渐提高时（图 2-32a～c），孔深增加，但若太高时，同样会使工件表面上光斑很大而导致蚀除面积大，但深度浅（图 2-32d、e）。一般激光的实际焦点在工件的表面或略微低于工件表面为宜（图 2-32b、c）。

　　光斑内的能量分布状态也是影响激光加工的重要因素。能量分布以焦点为轴心越对称（图 2-33a），加工出的孔效果越好；越不对称，效果越差（图 2-33b）。光的强度分布与工作物质的光学均匀性及谐振腔调整精度直接相关。

　　用激光加工时，照射一次的加工深度仅为孔径的 5 倍左右，而且锥度较大，因此常用激光多次照射来扩大深度和减小锥度，而孔径几乎不变。但孔深并不与照射次数成正比，因孔加工到一定深度后，由于孔内壁的反射、透射以及激光的散射或吸收、抛出力减小、排屑困难等原因，使孔的前端功率密度不断减小，加工量逐渐减小，以致不能继续打下去。

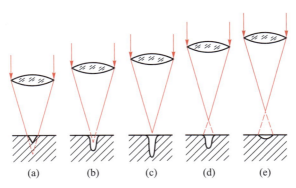

(a)　　　(b)　　　(c)　　　(d)　　　(e)

图 2-32
焦点位置对孔的形状和深度影响

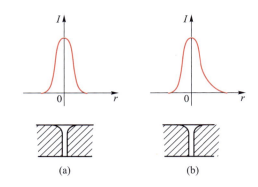

图 2-33
激光能量分布与孔加工质量

激光加工时其能量不可能全部被吸收，有相当部分将被反射或透射而散失掉，其吸收效率与工件材料的吸收光谱及激光波长有关。生产实际中，应按工件材料的吸收光谱的性能去合理选择激光器。对于高反射率和透射率的工件应在加工前作适当处理，如打毛或黑化，以增大其对激光的吸收效率。

2.5.3　激光加工的特点与应用

1. 激光加工的特点

1）激光功率密度大，工件吸收激光后温度迅速升高而熔化或汽化，即使熔点高、硬度大和质脆的材料（如陶瓷、金刚石等）也可用激光加工。

2）激光头与工件不接触，不存在加工工具磨损问题。

3）工件不受应力，不易污染。

4）可以对运动的工件或密封在玻璃壳内的材料加工。

5）激光束的发散角可小于 1 毫弧，光斑直径可小到微米量级，作用时间可以短到纳秒和皮秒，同时，大功率激光器的连续输出功率又可达千瓦至十千瓦量级，因此激光既适于精密微细加工，又适于大型材料加工。

6）激光束容易控制，易于与精密机械、精密测量技术和计算机技术相结合，实现加工的高度自动化和很高的加工精度。

7）在恶劣环境或其他人难以接近的地方，可用机器人进行激光加工。

2. 激光加工的应用

在激光加工中利用激光能量高度集中的特点，可以打孔、切割、雕刻及表面处理。利用激光的单色性还可以进行精密测量。

（1）激光打孔　激光打孔是激光加工中应用最早和应用最广泛的一种加工方法。利用凸镜将激光在工件上聚焦，焦点处的高温使材料瞬时熔化、汽化、蒸发，好像一个微型爆炸。汽化物质以超音速喷射出来，它的反冲击力在工件内部形成一个向后的冲击波，在此作用下将孔打出。激光打孔速度极快，效率极高。如用激光给手表的红宝石轴承打孔，每秒钟可加工 14～16 个，合格率达 99%。目前常用于微细孔和超硬材料打孔，如柴油机喷嘴、金刚石拉丝模、化纤喷丝头、卷烟机上用的集流管等。

（2）激光切割　与激光打孔原理基本相同，激光切割也是将激光能量聚集到很微小的范围内把工件烧穿，但切割时需移动工件或激光束（一般移动工件），沿切口连续打一排小孔即可把工件割开。激光可以切割金属、陶瓷、半导体、布、纸、橡胶、木材等。激光切割具有切缝窄、工件变形小、非接触、与计算机配合的高速加工等特点，激光切割件如图2-34所示。

（3）激光焊接　激光焊接与激光打孔原理稍有不同，焊接时不需要那么高的功率密度使工件材料汽化蚀除，而只要将工件的加工区烧熔，使其黏合在一起。因此，所需功率密度较低，可用小功率激光器。与其他焊接相比，激光焊接具有焊接时间短、效率高、无喷渣、被焊材料不易氧化、热影响区小等特点。不仅能焊接同种材料，而且可以焊接不同种类的材料，甚至可以焊接金属与非金属材料。激光焊接件如图2-35所示。

图 2-34
激光切割件

图 2-35
激光焊接件

（4）激光表面改性　激光表面改性是指利用激光能量快速加热工件表面，改变材料表面的化学成分或组织结构以提高机器零件或材料性能。包括激光淬火、激光熔覆以及激光合金化等。

1）激光淬火，利用激光束将材料表面加热到相变点以上，随着自身材料的冷却，奥氏体转变为马氏体，从而使材料表面硬化，提高表面硬度和耐磨性。

2）激光熔覆，通过在基材表面添加合金粉末，并利用高能密度的激光束使合金粉末与基材表面薄层一起熔凝，从而在基层表面形成冶金结合的包覆层，此包覆层可根据不同合金粉末的选配达到耐磨、耐高温、耐腐蚀、高硬度等不同的效果。

3）激光合金化，在基材表面涂刷一薄层合金元素，用高能密度的激光束照射，使基材表层和添加的合金元素熔化混合，从而形成新的表面合金层。

激光淬火、激光合金化一般归于热处理技术，可以直接提高工件表面强度，更耐磨、耐高温。激光熔覆属于再制造方面，不仅可以直接提高工件表面的强度，而且利用合金粉末的堆积可修复已经磨损的表面，恢复其原状甚至更强。

2.6　其他特种加工

2.6.1　电子束加工

电子束加工（EBM）是近年来得到较大发展的新兴特种加工，它在精细加工方面，尤其是在微电子学领域中得到了较多的应用

1. 电子束加工的基本原理和特点

（1）电子束加工的基本原理　电子束加工是在真空条件下，利用聚焦后功率密度极高（$10^6 \sim 10^9$ W/cm^2）的电子束，以极高的速度冲击到工件表面极小的面积上，在极短的时间（几分之一微秒）内，其大部分能量转换为热能，使被冲击部分的工件材料达到几千摄氏度以上的高温，从而引起材料的局部熔化或汽化。

通过控制电子束功率密度的大小和能量注入时间，就可以达到不同的加工目的，如果只使材料局部加热就可进行电子束热处理；使材料局部熔化可进行电子束焊接；提高电子束功率密度，使材料熔化或汽化，便可进行打孔、切割等加工；利用较低功率密度的电子束轰击高分子材料时产生化学变化的原理，可以进行电子束光刻加工。

（2）电子束加工的特点

1）电子束加工是一种精密细微的加工方法。电子束能够极其微细聚焦（聚焦直径一般可达 0.1～100 μm），加工面积可以很小，能加工细微深孔、窄缝、半导体集成电路等。

2）加工材料的范围较广。对脆性、韧性、导体、非导体及半导体材料都可以加工。特别适合于加工易氧化的金属及合金材料以及纯度要求极高的半导体材料，因为是在真空中加工，不易被氧化，而且污染少。

3）加工速度快，效率高。

4）加工工件不易产生宏观应力和变形。因为电子束加工是非接触式加工，不受机械力作用。

5）可以通过磁场和电场对电子束强度、位置、聚焦等进行直接控制，位置精度可达 0.1 μm 左右，强度和束斑可达 1% 的控制精度，而且便于计算机自动控制。

6）设备价格较贵，成本高，同时应考虑 X 射线的防护问题。

2. 电子束加工装置

电子束加工装置的基本结构如图 2-36 所示，它主要由电子枪、真空系统、控制系统和电源等部分组成。

（1）电子枪　电子枪是获得电子束的装置，它包括电子发射阴极、控制栅极和加速阳极等。如图 2-37 所示，阴极经电流加热发射电子，带负电荷的电子高速飞向带高电位的正极，在飞向正极的过程中，经过加速极加速，又通过电磁透镜把电子束聚焦成很小的束流。

发射阴极一般用纯钨或纯钽制成，在加热状态下发射大量电子。小功率时用钨或钽作成丝状阴极，如图 2-37a 所示，大功率时用钽做成块状阴极，如图 2-37b 所示。在电子束打孔装置中，电子枪阴极在工作过程中受到损耗，因此每过 10～30 h 就得进行更换。控制栅极为中间有孔的圆筒形，其上加以较阴极为负

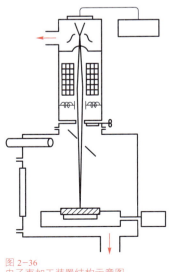

图 2-36
电子束加工装置结构示意图

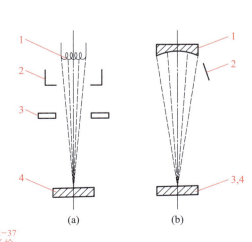

图 2-37
电子枪
1—电子发射阴极；　2—控制栅极；　3—加速阳极；　4—工件

的偏压，既能控制电子束的强弱，又有初步的聚焦作用。加速阳极通常接地，而在阴极加以很高的负电压，以驱使电子加速。

（2）真空系统　真空系统是为了保证在电子束加工时达到 $1.33\times10^{-2}\sim1.33\times10^{-4}$ Pa 的真空度。因为只有在高真空时，电子才能高速运动。为了消除加工时的金属蒸气影响电子发射而使其产生不稳定现象，需要不断地把加工中产生的金属蒸气抽去。

真空系统一般由机械旋转泵和油扩散泵或涡轮分子泵两极组成，先用机械旋转泵把真空室抽至 $1.4\sim0.14$ Pa 的初步真空度，然后由油扩散泵或涡轮分子泵抽至 $0.014\sim0.000\,14$ Pa 的高真空度。

（3）控制系统和电源　电子束加工装置的控制系统包括束流聚焦控制、束流位置控制、束流强度控制以及工作台位移控制等部分。

束流聚焦控制是为了提高电子束的功率密度，使电子束聚焦成很小的束流，它基本上决定着加工点的孔径和缝宽。聚焦方法有两种：一种是利用高压静电场使电子流聚焦成细束，另一种是利用"电磁透镜"靠磁场聚焦，后者比较安全可靠。所谓电磁透镜，实际上为一电磁线圈，通电后它产生的轴向磁场与电子束中心线相平行，径向磁场则与中心线垂直。根据左手定则，电子束在前进运动中切割径向磁场时将产生圆周运动，而在圆周运动时在轴向磁场中又将产生径向运动，所以实际上每个电子的合成运动为一半径愈来愈小的空间螺旋线而聚焦交于一点。根据电子光学原理，为了消除像差和获得更细的焦点，常再进行第二次聚焦。

束流位置控制是为了改变电子束的方向，常用磁偏转来控制电子束焦点的位置。如果使偏转电压或电流按一定程序变化，电子束便按预定的轨迹运动。

束流强度控制是为了使电子流得到更大的运动速度，常在阴极上加上 $50\sim150$ kV 的负电压。电子束加工时，为了避免热量扩散至工件上的不加工部位，常使电子束间歇脉冲性地运动（脉冲延时为一微秒至数十微秒），因此加速电压也常是间歇脉冲性的。

工作台位移控制是为了在加工过程中控制工作台的位置。因为电子束的偏转距离只能在数毫米之内，过大将影响像差和线性，因此在大面积加工时需用伺服电机控制工作台移动，并与电子束偏转相配合。

电子束加工装置对电源电压的稳定性要求很高，这是因为电子束聚焦以及阴极的发射强度与电压波动有密切关系，因此需用稳压设备。各种控制电压以及加速电压由升压整流器供给。

3. 电子束加工的应用

电子束加工按其功率密度和能量注入时间的不同，可分别用于淬火硬化、熔炼、焊接、打孔、钻（铣）、蚀刻、升华等，如图 2-38 所示。

（1）高速打孔　目前，利用电子束打孔，最小可达 $\phi0.003$ mm 左右，而且速度极高。例如玻璃纤维喷丝头上直径为 $\phi0.8$ mm、深 3 mm 的孔，用电子束加工效率可达 20 孔/s，比电火花打孔快 100 倍。用电子束打孔时，孔的深径比可达 10：1。电子束还能在人造革、塑料上进行 50 000 孔/s 的极高速打孔。值得一提的是，在用电子束加工玻璃、陶瓷、金刚石等脆性材料时，由于在加工部位附近有很大的温差，容易引起变形以至破裂，所以在加工前和加工时需进行预热。

（2）加工型孔和特殊表面　电子束不仅可以加工各种特殊形状截面的直型孔（如喷丝头型孔）和成形表面，而且也可以加工弯孔和立体曲面。利用电子束在磁场中偏转的原理，使电子束在工件内部偏转，控制电子速度和磁场强度，即可控制曲率半径，便可以加工一定要求的弯孔。如果同时改变电子束和工件的相对位置，就可进行切割和开槽等加工。用电子束切割和截割各种复杂型面，切口宽度为 $6\sim3$ μm，边缘

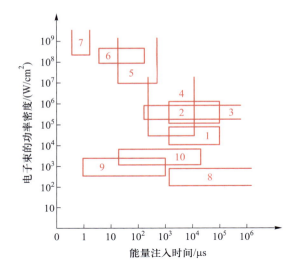

图 2-38
电子束加工的应用范围
1—淬火硬化；2—熔炼；3—焊接；4—打孔；5—钻、铣；6—蚀刻；7—升华；8—塑料聚合；9—电子抗蚀处理；10—塑料打孔

表面粗糙度 Ra 值可控制在 ±0.5 μm。

（3）焊接　电子束焊接是利用电子束作为热源的一种焊接工艺。当高功率密度的电子束轰击焊接表面时，使焊件接头处的金属熔化，在电子束连续不断地轰击下，形成一个被熔融金属环绕着的毛细管状的蒸气管，若焊件按一定的速度沿着焊接线缝与电子束做相对移动，则接缝上的蒸气管由于电子束的离开重新凝固，使焊件的整个接缝形成一条完整的焊缝。电子束焊接时焊缝深而窄，而且对焊件的热影响小，变形小，可以在工件精加工后进行。焊接因在真空中进行且一般不用焊条，这样的焊缝化学成分纯净，焊接接头的强度往往高于母材。利用电子束可以焊接如钽、铌、钼等难熔金属，也可焊接如钛、铀等活性金属，还能焊接用一般焊接方法难以完成的异种金属焊接，如铜和不锈钢，钢和硬质合金，铬、镍和钼等的焊接。

2.6.2　等离子体加工

等离子体被称为物质存在的第四种状态，它是高度电离的气体，是由气体原子或分子电离之后，离解成带正电荷的离子和带负电荷的自由电子所组成，因正、负电荷数量相等，故称之为等离子体。等离子体加工（PAM）又叫等离子体弧加工。

1. 等离子体加工的基本原理和特点

等离子体加工是利用过热的电离气体流束来去除工件材料的一种加工方法。其加工原理如图 2-39 所示。工件 10 接直流电源阳极，钨电极 6 接电源阴极。利用高频振荡或瞬时短路引弧的方法，使钨电极和工件之间形成电弧。电弧的温度很高，使工质气体的原子或分子在高温中获得很高的能量而成为正、负电荷数量相等的电离化的气体，称之为等离子体电弧。在电弧外围不断送入工质气体（氮、氩、氦、氢及其混合气体），回旋的工质气流还形成与电弧柱相应的气体鞘，压缩电弧，使其电流密度和温度大大提高。

等离子体在工作时，由于受有三种压缩效应的综合作用（即喷嘴通道对电弧产生的机械压缩效应、因冷却水的冷却而形成的电弧截面缩小的热收缩效应以及由于电弧电流周围磁场的作用而产生的磁收缩效应），这样便使得等离子体能量高度集中，电流密度、等离子体电弧的温度都很高（可高达11 000～28 000℃），气体电离度也随之剧增，并以极高的速度（800～2 000 m/s）从喷嘴口喷出，具有很高的动能和冲击力，达到金属表面时释放出大量的热能，用以加热和熔化金属，并将熔化了的金属材料吹除。

等离子弧不但温度高、功率密度大，而且焰流可以控制。适当地调节功率大小、气体类型、气体流量、进给速度和火焰角度以及喷射距离等，就可以利用一个电极加工不同厚度的工件和多种材料。等离子体切割加工时，速度很快，如切割厚度为 25 mm 的铝板时可达 760 mm/min。切边斜度一般为 2°～7°，控制好工艺参数时可达 1°～2°。对于较薄（＜25 mm）的金属，切缝宽度一般可控制在 2.5～5 mm 之间。用等离子体加工孔时，加工直径一般在 10 mm 以内，加工精度随板厚增加而降低，如加工 4 mm 厚钢板时，加工精度为 ±0.25 mm，加工 35 mm 厚的钢板时，精度为 ±0.8 mm。表面粗糙度通常为 $Ra1.6$～$3.2\ \mu m$，热影响层分布深度为 1～5 mm，这与工件热学性质、加工速度、切割深度以及工艺参数等有关。

图 2-39
等离子体加工原理图
1—切缝宽；2—距离；3—喷嘴；4—保护罩；
5—冷却水；6—钨电极；7—工质气体；
8—等离子体电弧；9—保护气体屏；10—工件

2. 等离子体加工的应用

等离子体加工不仅可以用于切割各种金属，特别是不锈钢、铜、铝的成形切割以及稀有金属的切割，而且还可以用于金属的穿孔加工。近些年，又与机械切削（车、刨）相结合，用等离子弧作为热辅助加工，对工件待加工表面加热，使工件材料变软，强度降低，降低切削加工中的切削力，延长刀具使用寿命，从而形成各种复合加工方法。

等离子体电弧焊接和等离子体表面加工技术近些年也得到了长足的发展。如用等离子体对钢材进行预热处理和再结晶处理而得到超塑性钢材，加工时不易碎裂。也可用等离子体技术提高金属材料硬度：如使钢板表面氮化，可大大提高钢板的硬度。

特别要注意的是，等离子体加工的工作地点要求对射线、噪声、烟雾等进行安全控制，以保护操作者的眼睛和身体其他部位，操作室应有良好的排气通风措施。

2.6.3 磨料喷射加工

1. 磨料喷射加工的原理及规律

如图 2-40 所示，磨料喷射加工（AJM）是利用高速射流（空气或某些其他气体作介质）来喷射磨料，使微小的磨粒在射流的驱动下，达到很高的速度，利用高速磨粒的动能对工件表面进行加工的方法。

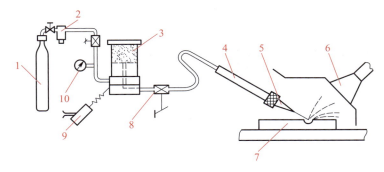

图 2-40
磨料喷射加工原理图
1—高压气瓶；2—过滤器；3—磨料室；4—手柄；5—喷嘴；6—集收器；7—工件；8—控制器；9—振动器；10—压力表

磨料喷射加工所用的气体介质必须是干燥、洁净的，所以有过滤器和干燥器。为使磨料与气体均匀混合，混合室一般有一个振动器给予激励。加工时喷嘴应紧靠工件并具有一很小的角度。操作过程应封闭在一个防尘罩中或接近一个能排气的集收器。影响磨料喷射加工的切削速度和加工精度的因素较多，其中有磨料型号、磨粒尺寸、磨料射流速度、喷嘴的结构及角度、喷嘴与工件表面距离以及工件材料、气体介质等。磨料的选择决定于机械加工工序类型（粗、精加工）、工件材料和费用等，磨粒应具有尖锐和不规则的形状，并有足够的细度，以保持悬浮在运载气体中，并且还有很好的流动性。氧化铝、碳化硅等磨料常用于切削，碳酸氢钠、白云石、玻璃球等磨料常用做清洗、刻蚀、除毛刺和抛光等。磨料一般一次性使用。

金属切除率很大程度上取决于磨粒的大小。较细的颗粒切削性较差，而且颗粒较细时，易粘接在一起并堵塞喷嘴。一般 $10 \sim 15 \ \mu m$ 的尺寸范围是最合适的。粗颗粒磨粒进行切削，细颗粒磨粒用于抛光和去毛刺（表 2-8）。

表 2-8　磨粒的尺寸及用途

磨料	磨粒尺寸 /μm	用途
氧化铝	12，20，25	切削和开槽
碳化硅	25，40	切削和开槽
碳酸氢钠	27	切削和开槽
白云石	50	刻蚀与抛光
玻璃球	$0.635 \sim 1.27$	去毛刺

利用磨料喷射加工工件时，磨料必须有一个最低喷射速度，否则就起不到侵蚀作用。如用尺寸为 $25 \ \mu m$ 的碳化硅喷射加工玻璃时，其最小喷射速度约为 150 m/s。喷射速度是喷嘴压力、喷嘴结构、磨粒尺寸以及每单位体积运载气体中磨粒平均数的函数。

喷嘴距工件表面的距离（又称分隔距离）对切除速率和精度也有相当大的影响。由于喷嘴的压力随着距离的减小而减小，故分隔距离小时，金属切除速率低；但若过大，则由于喷嘴的喷射速度随着距离的增大而减小，又会使材料切除速率降低。另外，分隔距离大时，会使射流扩张，从而降低加工精度。

作为喷嘴必须能耐磨料的侵蚀，故常用高耐磨材料制造，如蓝宝石、碳化钨等。设计喷嘴时应使转弯处和摩擦等造成的压力损失尽可能小。按要求，喷嘴可采取圆形或矩形截面，其有关参数如表 2-9 所列。由于受加工精度和加工速度的限制，喷嘴使用寿命一般不长。

作为磨料喷射加工的气体介质，应该无毒、经济且易干燥和净化。最常用空气、二氧化碳等。氧气因为和工件屑或磨料混合时可能产生化学反应，一般不用。

表 2-9　喷嘴参考参数

喷嘴材料	圆喷嘴直径 /mm	矩形尺寸 /mm	喷嘴寿命 /h
碳化钨	$0.2 \sim 1.0$	$0.75 \times 0.5 \sim 0.15 \times 2.5$	$2 \sim 30$
蓝宝石	$0.2 \sim 0.8$	—	300

2. 磨料喷射加工的特点和应用

磨料喷射加工可用于玻璃、陶瓷或硬脆金属的切割、去毛刺、清理和刻蚀，还可用于小型精密零件，如液压阀、航空发动机的燃料系统零件和医疗器械上的交叉孔、窄槽和螺纹的去毛刺。由尼龙、聚四氟乙烯和狄尔林（乙缩醛树脂）制成的零件也可以采用磨料喷射加工来去除毛刺。磨料流束可以跟随零件的轮廓形状，因而可以清理不规则的表面如螺纹孔等。磨料喷射加工不能用于在金属上钻孔，因为孔壁将有很大的锥度，且钻孔速度很慢。在磨料喷射加工时，由于工具没有接触工件，而且是在金属切除量极微小的情况下逐步切除的，因此很少产生热量，故不产生显著的表面损伤。该方法加工成本低，功耗少。由于切除韧性材料时的速率较低，所以一般只用于加工脆性材料，如玻璃、陶瓷、耐火材料等。有时，用这种方法加工时，零件还必须进行一道附加清洗工序，因为磨粒有可能黏附在表面上。由于它属扩散切削，所以不可能切削出有尖角的工件。另外，这种加工方法目前精度较低，还会污染环境。

2.6.4 电铸成形

1. 电铸成形的基本原理和特点

（1）基本原理　电铸成形是利用电化学过程中的阴极沉积现象来进行成形加工的，也就是在原模上通过电化学方法沉积金属，然后分离以制造或复制金属制品。电铸原理与电镀基本相同，所不同的是，电镀时要求得到与基体结合牢固的金属镀层，以达到防护、装饰等目的，而电铸则要求电铸层与原模分离，其厚度也远大于电镀层，厚度为 0.05～8 mm。

电铸的原理如图 2-41 所示，用可导电的原模作阴极，用作电铸材料的金属板作阳极，金属盐溶液作电铸溶液，即阳极金属材料与金属盐溶液中的金属离子的种类必须相同。在直流电源的作用下，电铸溶液中的金属离子在阴极还原成金属，沉积于原模表面，而阳极金属则源源不断地变成离子溶解到电铸溶液中进行补充，使电铸溶液中金属离子的浓度保持不变。当阴极原模的电铸层逐渐加厚到所要求的厚度时电铸结束，并使其与原模分离，即获得与原模型面相反的电铸件。

（2）电铸的特点

1）复制精度高。可以制出机械加工不可能加工的细微形状（微细花纹、刻度、复杂形状等）以及难以加工的型腔，其细密度及尺寸精度可达微米级，电铸后的型面一般不需修整加工。

2）重复精度高。可以用一只标准的原模制出很多形状一致的型腔或电铸电火花成形加工用的电极。

3）原模的材料不一定是金属。可采用其他材料或制品零件本身，经导电化处理后直接作为原模。

4）电铸件具有一定的抗拉强度和硬度，因此铸成之后不需热处理。

5）不需特殊设备，操作简单。

但是，电铸速度很慢，生产周期长（需几十小时甚至几百小时）；尖角和凹槽部分铸层不均；铸层存在一定的内应力，不能承受冲击载荷。所以，电铸难于在大、中型模具制造中推广应用。

2. 电铸设备

电铸设备主要由直流电源、电铸槽、搅拌和循环过滤系统、加热和冷却系统等部分组成，如图 2-41 所示。

（1）直流电源　电铸通常采用低电压、大电流的直流电源。电压一般在 12 V 以下并可调节。电铸电流密度一般为 15～30 A/m²。直流电源一般采用硅整流器，也有采用晶闸管整流的。

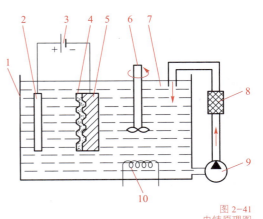

图 2-41
电铸原理图
1—电铸槽；2—阳极；3—直流电源；4—电铸层；
5—原模（阴极）；6—搅拌器；7—电铸溶液；
8—过滤器；9—泵；10—加热器

（2）**电铸槽**　电铸槽的材料应以不受电铸溶液腐蚀和不受温度变化影响为原则。一般用钢板焊接，内衬铅板或聚氯乙烯薄板等，也有用较厚的聚氯乙烯硬板焊接或用聚树脂和玻璃纤维黏合而成的。小型电铸槽可用陶瓷、玻璃或搪瓷制品；大型的可用耐酸砖衬里的水泥槽。

（3）**搅拌和循环过滤系统**　为了降低电铸液的浓差极化，增大电流密度，提高电铸质量和电铸效率，在伴随阴极原模运动的同时，应加速溶液的搅拌。搅拌的方法有循环过滤法、压缩空气法、超声振动法和机械搅拌法等。其中循环过滤法不仅可以使溶液搅拌，而且在溶液不断反复流动时可以进行过滤。

（4）**加热和冷却系统**　电铸时间很长，为了在电铸期间对溶液进行恒温控制，需要加热或冷却。加热可用电炉、加热玻璃管，冷却则用冷水或冷冻机。

3. 电铸工艺过程

阴极电沉积操作只不过是模具电铸工艺过程的一部分，模具的整个电铸工艺过程一般应该包括如下工序：

（1）**在分析产品图样的基础上设计、制造原模**　在设计原模时，除了合理选用材料外，还应注意：

1）在确定原模尺寸时应考虑制品材料的收缩率及 $15'\sim30'$ 的脱模斜度。

2）承受电铸的部分，应按制品要求放长 $3\sim5$ mm，以备电铸后端部粗糙而割除。

3）原模表面粗糙度值要小，并尽量避免尖角。

（2）**电铸前处理**　目的在于原模能电铸及顺利脱模。

1）用金属制成的原模，首先要进行去油、去锈处理，然后在重铬酸盐溶液中进行钝化处理，使金属原模表面形成一层钝化膜。对于深型腔而脱模较困难时，可在原模表面先喷上一层聚乙烯醇感光胶，经曝光烘干后再进行镀银处理。

2）用非金属制成的原模，一般先用浸石蜡或浸漆方法进行防水处理（也有不需要的情况）后，再在其表面镀一层导电膜。常采用的方法有化学镀银（铜）、喷镀银（铜）、涂刷铜粉等。

（3）**电铸成形**　选择电铸金属时，应考虑模具的具体要求。常用的电铸金属有铁、铜、镍、铬和钨。为了提高模具的硬度和耐磨性，电铸之前先在原模上镀一层 $0.008\sim0.01$ mm 厚的硬铬。

电铸时所采用的电铸溶液种类很多，电铸镍时常用的电铸溶液配方之一如下：

硫酸镍 180 g，氯化铵 $20\sim25$ g，硼酸 30 g，萘二磺酸钠盐 1 g，十二烷基硫酸钠 0.5 g，蒸馏水 $1\,000$ mL。

硫酸镍是金属镍离子的来源，在电铸过程中镍离子在阴极获得电子而变成原子沉积，形成电铸层。氯化铵可防止镍阳极钝化。硼酸是缓冲剂，使 pH 值稳定。萘二磺酸钠盐能促使电铸层光亮，但过量会使电铸层变脆。十二烷基硫酸钠为润滑剂，有助于电铸液中的杂质浮起。

电铸层达到所要求的厚度后，取出清洗、擦干。

（4）**衬背**　某些电铸模具在电铸成形之后还需用其他材料衬背加固，然后再进行机械加工，使其达到一定的尺寸要求。衬背的方法有浇铝或铅锡合金以及热固性塑料等。对于结构零件可以在外表面包覆树脂进行加固。

（5）**脱模**　电铸成形的模具，加衬背进行机械加工后，一般都镶入模套内加固使用。脱模是最后一道工序，通常在镶入模套后进行，这样可以避免电铸件在机械加工中产生变形或损坏，也有助于加力脱模。

脱模方法有锤打、加热或冷却，用脱模架拉出等，要视原模材料不同合理选用。图 2−42 所示为金属原模及电铸脱模架，拧转脱模架的螺钉就可以将原模从电铸件中取出。

4. 电铸成形实例

（1）型腔模电铸　型腔模电铸工艺过程根据原模材料不同而有差别。常用的原模材料为碳钢、铝、有机玻璃等。

1）钢制原模的电铸工艺过程。① 制造原模，原模长度应比型腔深度长 5～8 mm；② 原模清洗钝化处理后镀铬；③ 电铸；④ 机械加工；⑤ 电铸型腔与模套组合；⑥ 脱模。

图 2-42 所示的电铸模，首先应把电铸型腔上端加长部分加工掉，再以顶面为基准面加工底面和四周，底面最好采用平面磨削加工。然后将电铸型腔外形和模套内腔分别涂上一层很薄的无机黏结剂，并将电铸型腔连同原模一起装入模套内，清除掉多余的黏结剂，待黏结剂干燥后，再用脱模架将原模取出，即获得所需的电铸模具。

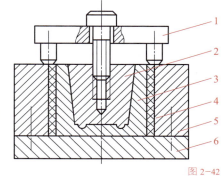

图 2-42
电铸模结构与脱模架
1—脱模架；2—原模；3—电铸型腔；
4—无机黏结剂；5—模套；6—垫板

2）铝制原模的电铸工艺过程。① 制造原模。采用锻造毛坯，经机械加工后再用砂纸打磨。原模长度应比型腔深度长 5～8 mm。② 铝原模镀锌和镀铜。由于铝在空气中容易氧化，所以铝原模在电铸前必须镀一层锌，因锌层薄（只有 1 μm），故还需镀 2～3 μm 厚的铜层，作为电铸镍的底层。如果是电铸铜，则化学镀锌后即可直接电铸铜。③ 电铸。④ 型腔模机械加工。⑤ 型腔与模套组合。⑥ 脱模（用 NaOH 溶液蚀除原模）。

3）有机玻璃原模的电铸工艺过程。① 原模制作。因有机玻璃在开水中泡煮后就会软化，所以制作原模比较容易成形，脱模也方便，但容易损坏。② 化学镀银。在原模上应镀上一层导电性能良好的镀层，然后再镀一层铜，这样更有利于电铸。③ 电铸。④ 脱模（热水煮）。⑤ 型腔机械加工。⑥ 型腔与模套组合。

（2）电铸电极　电火花加工用的工具电极，也可以采用电铸方法制造。一般采用铸铜电极。用电铸电极进行电火花加工时，因为局部过热，铜层容易从基体上崩落下来。为了保证导热良好，铜层厚度一般都需大于 2 mm。

（3）精密电铸　对于尺寸精度和表面质量要求都很高的微细孔或断面复杂的异型孔，用"除去"加工非常困难，而采用精密电铸法加工就比较容易。常用的喷嘴电铸工艺过程如图 2-43 所示。① 用切削加工制造铝合金型芯。② 电铸金属镍。③ 机械切削外圆。④ 去型芯：将加工好的电铸件插入基盘中，磨削基盘上、下面，最后用对镍无损伤的 NaOH 溶液溶解型芯，即可得到所需的型孔。

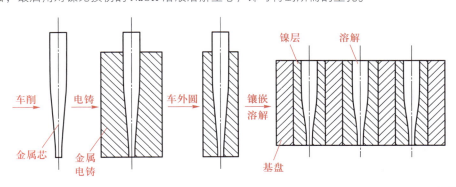

车削　金属芯

电铸　金属电铸

车外圆

镶嵌溶解　镍层　溶解　基盘

图 2-43
喷嘴电铸工艺过程

2.6.5　液力加工

1. 基本原理

　　液力加工是利用高速液流对工件的冲击作用来去除材料的，如图 2-44 所示。采用的液体为水或带有添加剂的水，以高达 3 倍音速的速度冲击工件进行加工或切割。液体由水泵抽出，通过增压器增压，储液蓄能器使脉动的液流平稳。液体从人造蓝宝石喷嘴喷出，以接近 3 倍音速的高速直接压射在工件加工部位上。加工深度取决于液压压射的速度、压力以及压射距离。"切屑"进入液流排出，流速的功率密度达 10^6 W/mm^2。

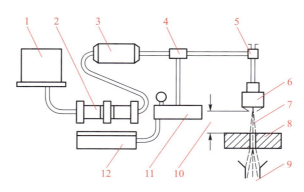

图 2-44
液力加工原理图
1—带有过滤器的水箱；2—水泵；3—储液蓄能器；4—控制器；5—阀；6—蓝宝石喷嘴；
7—射流；8—工件；9—排水口；10—压射距离；11—液压机构；12—增压器

2. 材料去除速度和加工精度

　　切割速度取决于工件材料，并与所用的功率大小成正比、与材料厚度成反比。加工精度主要受机床精度的影响，切缝大约比所采用的喷嘴孔径大 0.025 mm，加工复合材料时，采用的射流速度要高，喷嘴直径要小，并具有小的前角，喷嘴紧靠工件，压射距离要小。喷嘴越小，加工精度越高，但材料去除速度降低。

　　切边质量受材料性质的影响很大，软材料可以获得光滑表面，塑性好的材料可以切割出高质量的切边。液压过低会降低切边质量，尤其对复合材料，容易引起材料离层或起鳞。采用正前角（图 2-45）将改善切割质量。进给速度低可以改善切割质量，因此加工复合材料时应采用较低的切割速度，以避免在切割过程中出现材料分层等现象。

　　水中加入添加剂能改善切割性能和减少切割宽度。另外，压射距离对切口斜度的影响很大，压射距离越小，切口斜度也越小。高功率密度的射流束将引起温度的升高，进给速度低时有可能使某些塑料熔化，但温度不会高到影响纸型材料的切割。

　　图 2-46 所示为液力加工的参数术语

　　液力加工过程中，"切屑"混入液体中，故不存在灰尘，不会有爆炸或火灾的危险。对某些材料，夹裹在射流束中的空气将增加噪声，噪声随压射距离的增加而增加。在液体中加入添加剂或调整到合适的前角，可以降低噪声，噪声分贝值一般低于标准规定。

3. 设备和工具

　　液力加工需要液压元件和机床，但机床不是通用的，每种机床的设计应符合具体的加工要求。液压系统产生的压力应能达到 400 MPa，液压系统还包括控制器、过滤器以及耐用性好的液压密封装置。加工区需要一个排水系统和储液槽。

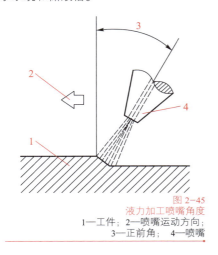

图 2-45
液力加工喷嘴角度
1—工件；2—喷嘴运动方向；
3—正前角；4—喷嘴

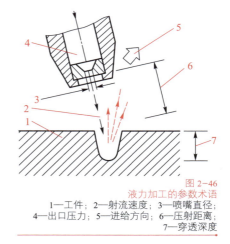

图 2-46
液力加工的参数术语
1—工件；2—射流速度；3—喷嘴直径；
4—出口压力；5—进给方向；6—压射距离；
7—穿透深度

液力加工时作为工具的射流束是不会变钝的，喷嘴寿命也相当长。液体要经过很好的过滤，过滤后的微粒小于 0.5 μm，液体经过脱矿质和去离子处理以减少对喷嘴的腐蚀。切削时的摩擦阻尼很小，所需的夹具也较简单。还可以采用多路切割，这时应配备多个喷嘴。

4. 实际应用

液力加工的液体射流束直径为 0.05～0.38 mm，可以加工很薄、很软的金属和非金属材料，例如铜、铝、铅、塑料、木材、橡胶、纸等七八十种材料。液力加工可以代替硬质合金切槽刀具，而且切边的质量很好。所加工的材料厚度少则几毫米，多则几百毫米，例如切割 19 mm 厚的吸声天花板，采用的水压为 310 MPa，切割速度为 76 m/min；玻璃绝缘材料可加工到 125 mm 厚。由于加工的切缝较窄，可节约材料和降低加工成本。

由于加工温度较低，因而可以加工木板和纸品，还能在一些化学加工的零件保护层表面上画线。表2-10 所列为液力加工常用的加工参数范围。

表 2-10　液力加工的加工参数范围

液体	种类：水或水中加入添加剂 添加剂：丙三醇（甘油）、聚乙烯、长链形聚合物 压力：69～415 MPa 射流速度：305～915 m/s 流量：7.5 L/min 射流对工件的作用力：45～134 N
功率	38 kW
喷嘴	材料：常用人造金刚石，也有用淬火钢、不锈钢的 直径：0.5～0.38 mm 角度：与垂直方向的夹角 0°～30°
切缝宽度	0.075～0.41 mm
压射距离	2.5～50 mm，常用的为 3 mm

思考题与习题

1. 说明特种加工的工艺特点。

2. 电火花线切割机床由哪几部分组成？ 说明各组成部分的工作原理。

3. 以冲模加工为例，说明电火花成形加工的工艺方法。

4. 简述电解加工的基本原理与规律。

5. 举例说明电解加工的具体应用。

6. 说明超声波加工的基本原理与特点。

7. 激光是如何产生的？ 激光器一般由哪几部分组成？

8. 说明激光加工的特点及其应用。

9. 说明等离子加工的基本原理和特点。

10. 简述电铸成形的基本原理及其工艺过程。

第 3 章　精密加工和超精密加工

3.1　概述

3.1.1　精密、超精密加工的概念

随着现代工业的不断发展，精密加工和超精密加工在机械、电子、轻工及国防等领域占有越来越重要的地位。从一般意义上讲，精密加工是指在一定的发展时期，加工精度和表面质量达到很高程度的加工工艺。超精密加工是指加工精度和表面质量达到极高程度的精密加工工艺。

在高精度加工的范畴内，根据精度水平的不同，可分为以下三个档次：

精度为 $3\sim0.3~\mu m$，粗糙度为 $0.3\sim0.03~\mu m$ 的称为精密加工；

精度为 $0.3\sim0.03~\mu m$，粗糙度为 $0.03\sim0.005~\mu m$ 的称为超精密加工，或亚微米加工；

精度为 $0.03~\mu m$（30 纳米），粗糙度优于 $0.005~\mu m$ 以上的称为纳米加工。

3.1.2　精密、超精密加工的意义与重要性

精密、超精密加工技术是提高机电产品性能、质量、工作寿命和可靠性，以及节材节能的重要途径。

例如，据英国 Rolls-Royce 公司的资料，若将飞机发动机转子叶片的加工精度由 $60~\mu m$ 提高到 $12~\mu m$，而加工表面粗糙度 Ra 值由 $0.5~\mu m$ 降低到 $0.2~\mu m$，则发动机的压缩效率将会有"戏剧性的改善"。

大规模集成电路的发展密切依赖于微细工程的发展，反过来又促进了微细工程的发展。集成电路的发展要求电路中各种元件微型化，使有限的面积上能容纳更多的电子元件，以形成功能复杂和完备的电路。因此，提高微细和超微细加工水平以减少电路微细图案的最小线条宽度就成了提高集成电路集成度的技术关键。

下一代的晶体管是所谓"光学晶体管"，其切换时间仅几个微微秒（10^{-12} s），而且有多个稳态。这种器件需要以原子生长技术来加工。

计算机磁盘的存储量在很大程度上取决于磁头与磁盘之间的距离，即所谓"飞行高度"。早期设计的磁盘驱动器使磁头保持在盘面上方几微米处飞行，后来一些设计使磁头在盘面上的飞行高度降到约 $0.1~\mu m\sim0.5~\mu m$，现在的水平已经达到 $0.005~\mu m\sim0.01~\mu m$，这只是人类头发直径的千分之一。为了实现如此微小的"飞行高度"，要求加工出极其平坦、光滑的磁盘基片。

上述事实表明，精密、超精密加工是现代制造技术的前沿，是国际竞争中取得成功的关键技术。精密、超精密加工技术水平对一个国家的经济、军事、科技等各领域的发展具有重大支持意义，是一个国家实力与能力的象征。

3.1.3　精密加工和超精密加工的工艺特点

精密加工、超精密加工和一般加工比较有其独特的特性。

1）精密加工和超精密加工都是以精密元件为加工对象，与精密元件密切结合而发展起来的。平板、直角尺、齿轮、丝杠、蜗轮副、分度板和球等都是典型的精密元件。随着现代工业的发展，大规模集成电路

芯片、金刚石模具、合成蓝宝石轴承、非球面透镜及精密伺服阀零件等正成为新的典型精密元件。

2）精密加工和超精密加工不仅要保证很高的精度和表面质量，同时要求有很高的稳定性或保持性，不受外界条件变化的干扰。因此，要注意以下几个方面：

① 工件材料本身的均匀性和性能的一致性。不允许存在内部或外部的微观缺陷，甚至对材料组织的纤维化有一定要求，如精密磁盘的铝合金盘基就不允许有组织纤维化，精密金属球也一样。

② 要有严格的加工环境。精密加工和超精密加工大多在恒温室、净化间中工作，其净化要求为 100 级，温度要求达（20±0.006）℃。同时要有防振地基及其他防振措施。

③ 精密加工设备本身不仅有很高的精度，并且在设备内部采用恒温措施，逐渐形成独立的加工单元。如某些精密机床整体在一个大罩内，罩内保持恒温。

④ 要合理安排热处理工艺。精密加工和热处理工艺有密切关系，时效、冰冷处理等是使工件精度稳定的有效措施。

3）精密测量是精密加工的必要条件，没有相应的精密测量手段，就不能科学地衡量精密加工所达到的精度和表面质量。在精密加工和超精密加工中，有时精密测量成为关键。例如在高精度的空气静压轴承中，要测量它在高速转动下的径向跳动和轴向窜动是十分困难的，这就限制了空气静压轴承精度的进一步提高，可见精密测量和精密加工是密切相关的。

4）现代精密加工常常与微细加工结合在一起，要有与精度相适应的微量切削，因此出现了一系列精密加工和微细加工的方法，如金刚石精密车削、精密抛光、弹性发射加工、机械化学加工以及电子束、离子束等加工方法。同时，在加工设备上出现了微进给机构和微位移工作台，采用电致伸缩、磁致伸缩等高灵敏度、高分辨率的传感器，广泛应用激光干涉仪等来测量位移，使加工设备在技术上焕然一新。

5）现代精密加工和超精密加工常常和自动控制联系在一起，广泛采用微型计算机控制、自适应控制系统，以避免手工操作引起的随机误差，提高加工质量。

6）现代精密加工和超精密加工常常采用复合加工技术，以达到更理想的效果，例如超声振动研磨、电解磨削是两种技术的复合，超声电解磨削、超声电火花磨削是三种技术的复合，甚至有超声电火花电解磨削等四种技术的复合加工，将传统加工的机理（如切削等）和特种加工的机理（如超声、激光、电子束和离子束等）结合起来。

3.1.4　超精密加工的共性技术及其发展

超精密加工可分为超精密切削、超精密磨削、研磨、抛光及超精密微细加工等，尽管各自在原理和方法上有很大的区别，但有着诸多可继承的共性技术，总的来说，在以下几个方面有着共同的特点：

1. 超精密运动部件

超精密加工就是在超精密机床设备上，利用零件与刀具之间产生的具有严格约束的相对运动，对材料进行微量切削，以获得极高形位精度和表面质量的加工过程。超精密运动部件是产生上述相对运动的关键，它分为回转运动部件和直线运动部件两类。

高速回转运动部件通常是机床的主轴，目前普遍采用气体静压主轴和液体静压主轴。气体静压主轴的主要特点是回转精度高，其缺点是刚度偏低，一般小于 100 N/μm。液体静压主轴与气体静压主轴相比，具有承载能力大、阻尼大、动刚度好的优点，但容易发热，精度也稍差。

直线运动部件是指机床导轨，同样有气体静压导轨和液体静压导轨两种。由于导轨承载往往大于机床主轴而运动速度较低，超精密机床大多采用后者。

2. 超精密运动驱动与传递

为了获得较高的运动精度和分辨率，超精密机床对运动驱动和传递系统有很高的要求，既要求有平稳的超低速运动特性，又要有大的调速范围，还要求电磁兼容性好。

一般来说，超精密运动驱动有两种方式：直接驱动和间接驱动。直接驱动主要采用直线电动机，可以减少中间环节带来的误差，具有动态特性好、机械结构简单、低摩擦的优点，主要问题是行程短、推力小。另外，由于摩擦小，很容易发生振荡，需要用可靠的控制策略来弥补。目前，除了小行程运动外，直线电动机用于超精密机床仍处于实验阶段。

间接驱动是由电动机产生回转运动，然后通过运动传递装置将回转运动转换成直线运动。它是目前超精密机床运动驱动方式的主流。电动机通常采用低速性能好的直流伺服电机。运动传递装置通常由联轴器、丝杠和螺母组成，它们的精度和性能将直接影响运动平稳性和精度，也是间接驱动方式的主要误差来源。

3. 超精密机床数控技术

超精密机床要求其数控系统具有高分辨率（1 nm）和快速插补功能（插补周期 0.1 ms）。基于 PC 机和数字信号处理芯片（DSP）的主从式硬件结构是超精密数控的潮流。数控系统的硬件运动控制模块（PMAC）的开发应用越来越广泛，使此类数控系统的可靠性和可重构性得到提高。在数控软件方面，开放性是一个发展方向。

4. 超精密运动检测技术

为保证超精密机床有足够的定位精度和跟踪精度，数控系统必须采用全闭环结构，高精度运动检测是进行全闭环控制的必要条件。双频激光干涉仪具有高分辨率与高稳定性，测量范围大，适合作机床运动位移传感器使用。但是，双频激光干涉仪对环境要求过于苛刻，使用和调整非常困难，使用不当会大大降低精度。

5. 超精密机床布局与整体技术

超精密机床往往与传统机床在结构布局上有很大差别，流行的布局方式是"T"形布局，这种布局使机床整体刚度较高，控制也相对容易，如 Pneum 公司生产的大部分超精密车床都采用这一布局。模块化使机床布局更加灵活多变，如日本超硅晶体研究株式会社研制的超精密磨床，用于磨削超大硅晶片，采用三角菱形五面体结构，用于提高刚度。

此外，一些超精密加工机床是针对特殊零件而设计的，如大型高精度天文望远镜采用应力变形盘加工，一些非球面镜的研抛加工采用计算机控制光学表面成形技术（CCOS）加工，这些机床都具有和通用机床完全不同的结构。由此可见，超精密机床的结构有其鲜明的个性，需要特殊的设计考虑和设计手段。

6. 其他重要技术

超精密环境控制包括恒温、恒压、隔振、湿度控制和洁净度控制。另外，超精密加工对刀具的依赖性很大，加工工艺也很重要，对超精密机床的材料和结构都有特殊要求。

3.2 精密、超精密加工方法

精密、超精密加工目前主要有精密切削加工、精密磨削加工、精密珩磨、超精研、精密研磨、超精密磨料加工、电解磨削加工和纳米加工（原子、分子加工单位的加工方法）等。

表 3-1 列出了精密加工和超精密加工中各级加工精度的主要加工方法及有关技术。

表 3-1　精密加工和超精密加工中各级加工精度的加工方法及有关技术

精度	加工方法	加工工具和材料	加工设备结构	测量装置	工作环境
10 μm	精密切削及磨削 电火花加工 电解加工	高速钢刀具 硬质合金刀具 氧化铝砂轮 碳化硅砂轮	精密滑动导轨或滚动导轨 精密丝杠 交流伺服电机 步进电机 电液脉冲马达	气动量仪 千分表 光学量角仪 光学显微镜 感应同步器	一般的清洁空间
1 μm	微细切削及磨削 精密电火花加工 电解抛光 激光加工 光刻加工 电子束加工	金刚石刀具 氧化铝砂轮 碳化硅砂轮 高熔点金属氧化物（氧化铈、碳化硼等） 光敏抗蚀剂	液体动压轴承 精密滑动导轨或空气静压导轨 空气静压轴承 加预载的滚动导轨 直流伺服电机	千分表 光栅 差分变压器 精密气动测微仪 微硬度计 紫外线显微镜	恒温室 防振基础
0.1 μm	超精密切削及磨削、精密研磨 光刻加工 化学蒸气沉积 真空沉积	金刚石刀具 磨料、细粒度砂轮和砂带 光敏抗蚀剂	精密空气静压轴承及导轨 红宝石滚动轴承及导轨 精密直流伺服电机微机适应控制	精密光栅 精密差分变压器 激光干涉仪 电磁比长仪 荧光分析仪	恒温室 防振基础 超净工作间或超净工作台
0.01 μm	机械化学研磨 活性研磨 物理蒸气沉积 电子刻蚀 同步加速器轨道辐射刻蚀	活性磨料或研磨液 光敏抗蚀剂	微位移工件台 高精密直流伺服电机 电磁伺服执行机构	超精密差分变压器 电磁传感器 光学传感器 电子衍射仪 X 射线微分分析仪	高级恒温室 防振基础 超净工作间
0.001 μm (=1 nm)	离子溅射去除加工 离子溅射镀膜 离子溅射注入	离子束	静电及电磁偏转 电致伸缩 磁致伸缩	电子显微镜 多反射激光干涉仪	高级恒温室 防振基础 超净工作间

3.2.1　精密切削加工

精密、超精密切削加工主要是利用立方氮化硼（CBN）、人造（聚晶）金刚石和单晶金刚石刀具进行的切削加工。

1. 精密、超精密切削加工的应用实例

随着科学技术的进一步发展，很多仪器设备零部件所要求的精度和表面质量都大为提高。例如计算机的磁盘、导航仪上的球面轴承和激光器中的激励腔等，其尺寸精度和形状精度要求达 0.1 μm，表面粗糙度 Ra 值达 0.003 μm。而这类精密零部件很多是由有色金属制成的，很难用精密磨削加工，因此发展了使用聚晶、单晶金刚石刀具的精密、超精密切削加工。而立方氮化硼刀具的硬度仅次于金刚石，可耐 1 400 ℃高

温，用于加工难加工的黑色金属，切削效率提高多倍，精度也很高。

（1）超精密加工技术的应用实例之一　高科技尖端产品和现代化武器依赖于超精密加工，如：

① 导弹的命中精度由惯性仪决定，而惯性仪是超精密加工的产品，1 kg 的陀螺转子，其质量中心偏离其对称轴 0.5 nm，会引起 100 m 的射程误差和 50 m 的轨道误差；

② 哈勃望远镜中质量达 900 kg 的大型反射镜的加工；

③ 精密雷达、精确制导、电子对抗等；

④ 人造卫星中仪表的轴承；

⑤ 红外导弹中红外线反射镜；

⑥ 超小型计算机等；

（2）超精密加工技术的应用实例之二　大规模集成电路依赖于微细加工：集成度与最小线条宽度，如表 3-2 所列。

表 3-2　集　成　电　路

分类名称	单元芯片上的单元逻辑门路数	单元芯片上的电子元件数	最小线条宽度 / μm
小规模集成电路	<10	<100	≤8
中规模集成电路	12～100	≥100，<1 000	≤6
大规模集成电路	≥100，<10^4	≥1 000，<10^6	3～6
超大规模集成电路	≥10^4	≥10^5	0.1～2.5

（3）超精密加工技术的应用实例之三

① 各种民用产品；

② 计算机磁盘基片、录像机磁鼓、激光反射镜；

③ 隐形眼镜、光盘、各种天文望远镜；

④ 显微镜、光学仪器、复印机等。

2. 金刚石刀具的材料及加工精度水平

金刚石有人造金刚石和天然金刚石两种。由于人造金刚石制造技术和加工技术的发展，聚晶金刚石刀具已得到广泛应用。这种人造金刚石刀具是由一层细颗粒人造金刚石和添加的催化剂及溶剂经高温、高压处理，与硬质合金结合成一体（金刚石层厚度约 0.5 mm）。根据需要，用电火花线切割方法将刀片切成要求的形状，然后再将硬质合金焊接在刀杆上制成的，亦可做成可转位刀片。

聚晶金刚石刀具与硬质合金刀具相比，用于加工铝、铜等有色金属和工程陶瓷、耐磨塑料等，刀具耐用度提高 20～100 倍、耐磨性提高 100 倍、使用寿命高 100 倍。由于材料热膨胀系数小，使刀具热变形小；由于摩擦系数小，使加工时排屑顺利、切削力小、刀尖和切削区温度低；由于刀具刃口锋利，能切下很薄的切层，所以能够获得很高的加工精度和低的表面粗糙度值。在精密车床上用聚晶金刚石刀具对铝合金活塞外圆进行精密车削加工，大量生产时其尺寸公差为 0.001 mm，圆度公差为 0.000 1 mm，圆柱度公差为 0.001 mm/200 mm，Ra 值可达 0.025～0.125 μm。

单晶金刚石刀具即是用天然金刚石制成的刀具。用这种刀具切削铜、铝或其他软金属材料，在一定的切削深度和进给下可切下小于 1 μm 厚的切屑，得到的尺寸精度为 0.1 μm 数量级，表面粗糙度 Rz 值为

0.01 μm 数量级。据报道，已有国家成功地实现了纳米级切削厚度的稳定切削，使超精密切削水平达到了新的高度。

3. 金刚石刀具超精密切削的机理

金刚石刀具超精密切削的机理和一般切削有很大的差别。金刚石超精密切削的切屑厚度在 1 μm 以下，这时切削深度可能小于晶粒的尺寸，因此切削在晶粒内进行。这样，切削力一定要超过晶体内部非常大的原子结合力，于是刀具上的切应力将急速增加并变得非常大，刀刃必须能够承受这个巨大的切应力。据实验结果，当切屑厚度为 1 μm 以下时，切应力约为 13 000 MPa。这时，刀具（包括超精密磨削中的磨粒）的尖端将会产生很大的应力和大量的热量，尖端的温度极高，刀具或磨粒的尖端处于高温高应力的工作状态，一般的刀具或磨粒材料是无法承受的。普通材料的刀具，其刀刃的刃口不可能刃磨得非常锐利，平刃性也不可能足够好，这样在高温高应力下会快速磨损和软化。一般磨粒经受高温高应力时，也会快速磨损，切刃可能被剪切，平刃性被破坏，产生随机分布的峰谷，因此不能得到真正的镜面切削表面。而金刚石不但有很好的高温强度和高温硬度，而且其刃口可以研磨得很好，切削刃钝圆半径可达 0.02 μm（美国已达 0.005 μm，日本已达 0.01～0.02 μm。理论上，单晶金刚石刀具的刀刃钝圆半径可小至 1 nm），刃口平刃性极高，这是由于金刚石材料本身质地细密所致，是其他刀具材料不能比拟的。目前，金刚石刀具的切削机理正处于进一步研究之中。

4. 影响金刚石精密切削的因素

（1）金刚石刀具的刃磨质量　金刚石刀具的刃磨是一个关键技术。目前，金刚石刀具的刃磨大多采用研磨的方法，即将金刚石选择好晶向后固定在夹具上，在铸铁研磨盘上进行研磨，而铸铁研磨盘在两个红木制成的顶尖中由电动机带动回转，这样有较高的回转精度及精度保持性。对于新的金刚石，根据晶向要先研磨出一个基准面，其他各面在刃磨时就以此基准面为基准。选择晶向时应使主切削刃与晶向平行，这样磨出的刃口质量较好。研磨剂一般是用金刚砂和润滑油。图 3-1 是金刚石刀具刃磨的情况；图 3-2 表示了两种金刚石车刀的几何角度；图 3-3 是几种金刚石刀刃的几何形状。

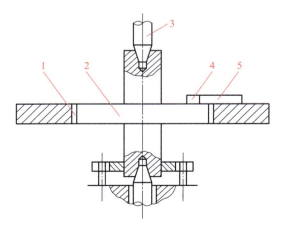

图 3-1
金刚石刀具的刃磨
1—工作台；2—研磨盘；3—红木顶尖；
4—金刚石刀具；5—刀夹

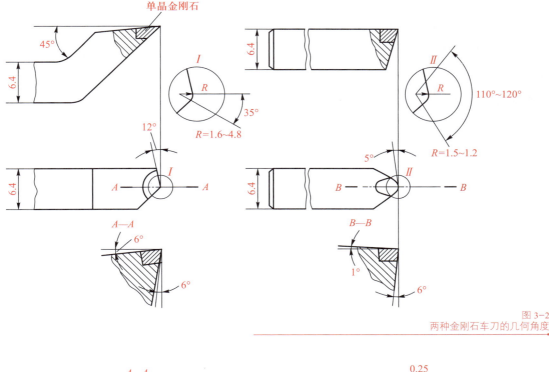

图 3-2
两种金刚石车刀的几何角度

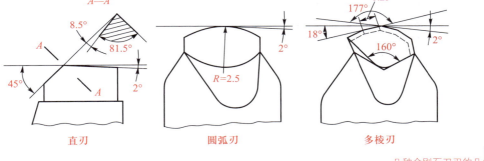

直刃　　　　　　圆弧刃　　　　　　多棱刃

图 3-3
几种金刚石刀刃的几何形状

（2）金刚石刀具的几何角度和对刀　切削铜和铝时，金刚石刀具的角度可参考图3-2，它符合一般切削的规律，如：主偏角 κ_r 和副偏角 κ_{r1} 较小时，表面粗糙度值较小；刀尖圆弧半径 R 越大，表面粗糙度 Rz 值越小，一般取 $R=3$ mm 左右。金刚石刀具对刀时要借助于显微镜。

（3）被加工材料的均匀性和微观缺陷　由于金刚石精密切削的切削深度很小，甚至是在晶粒内部切削，因此被加工材料的均匀性和微观缺陷对表面粗糙度影响很大。

（4）工作环境　在精密加工和超精密加工中，用切削方法加工时表面极易划伤。分析其原因，主要是有切屑被挤或有尘埃所致。因此，一方面应采取措施，用吸屑器将切屑吸收，或是进行充分的冷却润滑，将切屑冲走；另一方面应在净化间中工作，以避免尘埃影响。

（5）加工设备　金刚石精密切削机床是精密切削的必备条件，其工作主轴、工作台的静、动精度及其热稳定性都必须相当高。在机床结构上，除了机床的整体刚度、热变形等重要问题以外，人们对主轴和导轨的结构进行了较多的研究。

在主轴结构上采用了液体静压轴承或空气静压轴承，一般前者称为静压主轴，后者称为空气主轴。轴承的结构形式可以采用球面轴承或圆柱形轴承。图 3-4 所示为圆柱形空气静压轴承，圆柱形空气静压轴承结构简单，回转精度高，工艺性好，因此应用比较普遍。图 3-5 为凹面镜的金刚石切削。图 3-6 所示为球面空气静压轴承，其前轴承是分别由两片合成的球面空气静压轴承，后轴承是空气静压轴颈轴承，止推力由前轴承承受。主轴与传动轴之间有磁性联轴器连接，这样传动轴的精度和偏载就不会对主轴产生影响。两轴承的中心应有极高的同轴度，并与底面平行。一般来说，球面空气或液体静压轴承的精度比圆柱形的要高些，制造上也要困难些。球面空气静压轴承的回转精度，径向可达 0.05 μm，轴向可达 0.05 μm，其刚度径向为 15～60 N/μm、轴向为 30～70 N/μm，允许的载荷径向为 90～350 N、轴向为 180～400 N。这些数值与主轴的尺寸有关，主轴直径为 60～120 mm，直径大者，其刚度和载荷量取大值。主轴转速一般为 5 000～10 000 r/min，主轴尺寸大者取小值。圆柱形空气静压轴承的回转精度，径向为 0.05～0.1 μm、轴向为 0.03～0.1 μm，其刚度径向为 25～200 N/μm、轴向为 25～500 N/μm，允许载荷径向为 150～1 400 N、轴向为 200～3 500 N。可见，圆柱形空气静压轴承的刚度和承载能力都比球面空气静压轴承好，其主轴转速一般为 750～3 600 r/min。

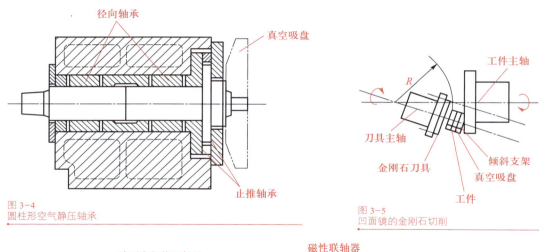

图 3-4
圆柱形空气静压轴承

图 3-5
凹面镜的金刚石切削

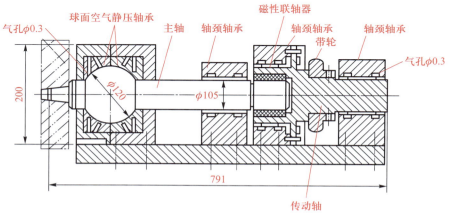

图 3-6
球面空气静压轴承

在导轨方面采用空气静压导轨比采用液体静压导轨的精度要好些，一般液体静压导轨的直线度为 0.03～0.15 μm/100 mm，而空气静压导轨的直线度可达 0.02～0.05 μm/100 mm。

对于液体静压轴承和导轨、空气静压轴承和导轨，它们的共同关键技术是制造精度和液体、空气的滤清。在制造工艺上，大多采用研磨或精密配磨工艺。对于空气滤清，要采用特殊的滤清器。采用液体或空气静压轴承和导轨需要附有一套液压或气动系统，这给使用带来了不便，同时在整体结构上不易处理。

3.2.2 精密磨削加工

1. 概述

磨削后使工件尺寸公差小于 10 μm，表面粗糙度 Ra 值小于 0.1 μm 的磨削通常称为精密磨削。现代高精度磨削技术的发展，使磨削尺寸精度达到 0.1～0.3 μm，表面粗糙度 Rz 值达 0.2～0.05 μm。磨削表面变质层和残留应力均甚小，明显提高了加工零件的质量。

目前，国际上正在发展超硬磨料磨削。超硬磨料磨削是指采用金刚石砂轮或立方氮化硼（CBN）砂轮进行磨削。工业发达国家中，人造金刚石和天然金刚石磨具的应用不断扩大，硬质合金刀具、硬质合金制品、硬脆非金属材料（如花岗岩、大理石、玻璃、陶瓷等）的加工、砂轮的修整都大量使用金刚石砂轮。CBN 磨料的硬度仅次于金刚石磨料，是一种用来磨削黑色金属的很有发展前途的超硬磨料，美国称之为近年来磨料工业的最大成就。CBN 砂轮磨削有以下特点：砂轮不易磨损，可保持被磨零件尺寸的一致性（特别是在内孔和成形磨削时），在正确使用时可以得到很高的磨削表面质量；磨削高速钢和轴承钢时，可使零件表面的耐磨性提高 20%～40%。

成形磨削，特别是高精度成形磨削，经常是生产中的关键问题。成形磨削有两个难题：一是砂轮质量，主要是砂轮必须同时具有良好的自砺性和形廓保持性，而这两者往往是矛盾的；二是砂轮修整技术，即高效、经济的获得所要求的砂轮形廓和锐度。国外现采用高精度金刚石滚轮来修整砂轮，并开发了连续修整成形磨（在成形磨削过程中，对砂轮进行连续的形廓修正和磨粒修锐）新工艺，效果较好。

2. 精密磨削的加工原理

精密磨削加工是靠砂轮工作面上可以整修出大量等高的磨粒微刃这一特性而得以进行精密加工的。这些等高的微刃能从工件表面上切除极微薄的、尚具有一些微量缺陷和微量形状、尺寸误差的余量，因此运用这些加工方法可以得到很高的加工精度。又由于这些等高微刃是大量的，如果磨削用量适当，在加工面上有可能留下大量的极微细的切削痕迹，所以可以得到很小的表面粗糙度值。此外，还由于在无火花光磨阶段仍有明显的摩擦、滑挤、抛光和压光等作用，故加工所得的表面更为光洁。

3. 精密磨削使表面粗糙度值很小的主要因素

（1）机床　首先要有高精度的机床，也就是机床砂轮的主轴回转精度要高，可能的情况下主轴径向圆跳动误差应小于 0.001 mm，滑动轴承的间隙应在 0.01～0.015 mm。若是三块瓦轴承，表面调修的方法是先精刮轴瓦，然后轴和瓦对研，研到使刮点消失为止，清洗后再调整到上述数值。把一般的外圆磨床砂轮回转主轴改成静压轴承效果亦很好，同时要采取措施减少振动。

径向进给机构灵敏度及重复精度要高，误差最好要小于 0.002 mm，这样在修磨砂轮时易形成等高性。摩擦抛光时的压力易保证。

工作台低速平稳性要求在 10 mm/min 时无爬行现象，往复速度差不超过 10%，工作台换向要平稳，防止两端出现振动波纹。

（2）砂轮　砂轮的特性，如磨料、粒度和砂轮组织对磨削质量有很大影响。在高精度磨削时砂轮一般为粒度 F100～F280 陶瓷结合剂砂轮。经过精细的修整后，可进行精密磨削，能得到的表面粗糙度 Ra 值为 0.16～0.04 μm，这是利用修整后的微刃切削所得到的。当利用半钝化的微刃摩擦作用时，可得到的表面粗糙度 Ra 值为 0.04～0.01 μm。当要达到镜面磨削时应选用 W10～W20 的微粉粒度，结合剂为树脂或橡胶结合剂加石墨填料的砂轮。这种砂轮磨削时粒度微细、有弹性、切削深度很小，在磨削压力作用下主要是通过半钝化刃进行抛光，可使 Ra 值不大于 0.01 μm。

修整砂轮时纵向和径向进给量要有所不同。进给量越小，微刃的等高性就越好。表面粗糙度要求：Ra 值为 0.16～0.04 μm 时，纵向进给量取 15～50 mm/min；Ra 值为 0.04～0.01 μm 时，纵向进给量取 10～15 mm/min；Ra 值不大于 0.01 μm 时，纵向进给量取 6～10 mm/min。

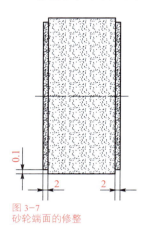

图 3-7
砂轮端面的修整

径向进给量每个修整行程一般取 0.002～0.005 mm。在修整过程中径向进给次数取 2～4 次。砂轮两端面最好修整为如图 3-7 所示的形状，这样可保持砂轮磨削性能和正确的几何形状。

（3）磨削用量　砂轮的线速度一般取 15～30 m/s。工件的线速度和工作台移动速度在高精度磨削情况下影响不太大，所以一般情况下工件的线速度取 10～15 m/min，工作台速度取 50～100 mm/min。镜面磨削工件线速度不应大于 10 m/min，工作台速度选取 50～100 mm/min。

径向进给时的径向进给量和进给次数对磨削表面质量有很大影响，如进给量太大或次数过多，会增大磨削热量，使表面烧伤。如果进给量太小或次数过少，那么发挥不出砂轮微刃的切削性能和抛光作用，所以一般径向进给量应控制在 0.002 5～0.005 mm 之内。镜面磨削则控制在 0.002 5 mm 左右。

当无径向进给只做纵向走刀进行光磨时，虽无径向进给，但也能磨去微量的金属，此时砂轮对工件仍有一定的压力。光磨次数越多，表面的抛光情况越好，表面越光滑。在操作时，根据表面粗糙度的要求来决定光磨的次数。但光磨的次数还和工件的材料、砂轮、机床等因素有关。

（4）加工工艺　高精度磨削时加工余量不能大，一般为 0.01～0.015 mm。同时要注意其他有关的环节，如：

1）工件在磨削前要修研中心孔，使接触面足够多。

2）砂轮的修整要仔细，做好砂轮静、动平衡。

3）磨削前要使机床进行空转，使机床各项性能都处于稳定状态，再进行磨削加工。

4）磨削时严格控制径向进给，机床刻度不准时在径向可装上千分表来进行控制。

5）切削液应进行很好的过滤和定期更换，一定要保持清洁，避免污物、杂物划伤工件表面。

（5）精密磨削加工实例

1）圆柱面镜面磨削加工方法：磨削速度选 $v = 25～35$ m/s，粗磨时 $f_r = 0.02～0.07$ mm，精磨时 $f_r = 3～10$ μm；当用油石研抛时，$v = 10～50$ m/min，材料的去除速度为 0.1～1 μm/min。超精磨削可达到 0.01 μm 的圆度和 Ra 值为 0.002 μm 的表面粗糙度。

2）球面镜面磨削加工：球面镜面研抛时要求研具保持在被加工表面的法向上，有两种保证方法（图 3-8a）：一是通过研具 1 本身的自定位机构来达到；二是通过采用数控系统使研磨头 2 倾斜 φ 角来实现。球面镜面的磨抛加工法是建立在借助激光干涉仪 4 进行表面 3 的误差测量的基础上（图 3-8b）。测量时，激光干涉仪沿 X 和 Y 坐标移动，或沿 X、Y 中之一的方向移动和随工作台 5 转动，镜面误差的测量结果被记录在仿真量或数字量的记忆装置中，然后进行处理。根据来自数控系统的指令，磨头（研具）移动到标有对给定面形误差最大的偏差处并磨除材料。之后表面被重新检测和重复加工工序，从而以逐步趋近的方法达到所要求的面形精度。

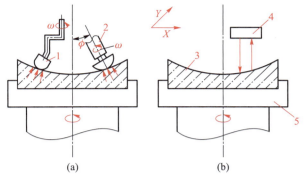

图 3-8

球面镜面磨削加工与测量示意图

1—研具；2—研磨头；3—测量表面；4—激光干涉仪；5—工作台

3）平面镜面的磨削加工：平面镜面的加工主要采用磨削和研抛工艺方法来加工，目前此法所能达到的最高平面度＜0.2 μm/300 mm，表面粗糙度 Ra＜1 nm。

3.2.3　珩磨、超精研、研磨和超精密磨料加工

1. 珩磨

（1）珩磨的工作原理　珩磨是利用珩磨工具对工件表面施加一定的压力，珩磨工具同时作相对旋转和直线往复运动，切除工件上极小余量的一种光整加工方法。

珩磨的工作原理如图 3-9a 所示。它是利用安装在珩磨头圆周上的若干条细粒度油石，由胀开机构将油石沿径向胀开，使其压向工件孔壁，以便产生一定的面接触，同时珩磨头作回转和轴向往复运动，由此实现对孔的低速磨削。油石上的磨粒在已加工表面上留下的切削痕迹呈交叉而不相重复的网纹（图 3-9b），有利于润滑油的储存和油膜的保持。

由于珩磨头和机床主轴是浮动连接，因此机床主轴回转运动误差对工件的加工精度没有影响。而珩磨头的轴向往复运动是以孔壁为导向，按孔的轴线运动的，故不能修正孔的位置偏差。孔的轴线的直线性和孔的位置精度必须由前道工序（精镗或精磨）来保证。

珩磨时，虽然珩磨头的转速较低，但往复速度较高，参加切削的磨粒又多，因此能很快地切除金属，生产率较高，应用范围广。珩磨可加工铸铁、淬硬或不淬硬的钢件，但不宜加工易堵塞油石的韧性金属零件。珩磨可加工 $\phi5\sim\phi500$ mm 的孔，也可以加工 $L/D>10$ 以上的深孔。珩磨工艺广泛用于汽车、矿山机械、机床行业等。

（2）珩磨头的结构　珩磨头的结构形式很多，图 3-10 所示是一种机械加压的珩磨头。本体 5 通过浮动联轴器与机床主轴相连接。油石 4 黏结在垫块 6 上，装入本体 5 的槽中，垫块 6 两端由弹簧箍 8 箍紧，使油石有向内缩的趋向。珩磨头的直径靠调整锥 3 来调节，当向下旋转螺母 1 时，调整锥 3 下移，其锥面通过顶块 7 将垫块 6 连同油石 4 一起沿径向向外顶出，直径即加大；反之把螺母 1 向上拧压力弹簧 2 将调整锥 3 向上推移，油石 4 因弹簧箍 8 的作用而向内收缩，直径即减小。

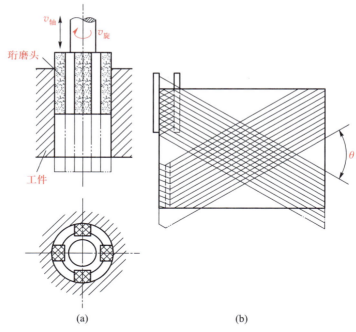

图 3-9
珩磨原理及磨粒运动轨迹

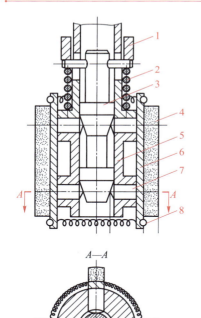

图 3-10
机械加压的珩磨头
1—螺母；　2—压力弹簧；　3—调整锥；
4—油石；　5—本体；　6—垫块；
7—顶块；　8—弹簧箍

（3）珩磨工艺特点

① 珩磨加工是一种使工件加工表面达到高精度、高表面质量、高寿命的一种高效加工方法，可有效地提高尺寸精度、形状精度和减小 Ra 值，但不能提高孔与其他表面的位置精度。珩磨后工件圆度和圆柱度一般可控制在 0.003～0.005 mm；尺寸精度可达 IT6～IT5；表面粗糙度 Ra 值在 0.2～0.025 μm。

② 可加工铸铁件、淬硬和不淬硬钢件及青铜件等，但不宜加工韧性大的有色金属件。

③ 珩磨主要用于孔加工。在孔的珩磨加工中，是以原加工孔的中心来进行导向。加工孔径范围为 $\phi5～\phi500$ mm，深径比可达 10。珩磨余量的大小，取决于孔径和工件材料，一般铸铁件为 0.02～0.15 mm，钢件为 0.01～0.05 mm。

④ 珩磨广泛用于大批量生产气缸孔、油缸筒、阀孔以及多种炮筒等。亦可用于单件小批量生产。为冲去切屑和磨粒，改善表面粗糙度和降低切削区温度，操作时需用大量切削液，如煤油（有时会加少量锭子油），有时也用极压乳化液。

⑤ 珩磨时同轴度无法确保。

⑥ 珩磨与研磨相比，珩磨具有可减轻工人体力劳动、易实现自动化等特点。

⑦ 珩磨头外周镶有 2～10 根长度为孔长 1/3～3/4 的油石，在珩孔时既做旋转运动又做往返运动，同时通过珩磨头中的弹簧或液压控制而均匀外胀，所以与孔表面的接触面积较大，加工效率较高。

（4）珩磨用途　珩磨主要用于加工孔径为 $\phi5\sim\phi500$ mm 或更大的各种圆柱孔，如缸筒、阀孔、连杆孔和箱体孔等，深径之比可达 10，甚至更大。在一定条件下，珩磨也能加工外圆、平面、球面和齿面等。圆柱珩磨的表面粗糙度 Ra 值一般可达 $0.32\sim0.08$ μm，精珩时 Ra 值可达 0.04 μm 以下，能少量提高几何精度，加工精度可达 IT7~IT4。平面珩磨的表面质量略差。

2. 超精研

超精研是在良好的润滑冷却和较低的压力条件下，用细粒度油石以快而短促的往复振动频率，对低速旋转的工件进行光整加工。它是一种用于降低工件表面粗糙度值的简单而高生产率的方法。

超精研的工作原理如图 3-11a 所示。加工时有三种运动，即工件低速回转运动、磨头轴向进给运动、油石往复振动。有时为增加切削效果，又增加了径向振动。这三种运动的合成使磨粒在工件表面上形成不重复的轨迹。如果暂不考虑磨头的轴向进给运动，则磨粒在工件表面上形成的轨迹是正弦曲线，如图 3-11b 所示。图中：

v_w——工件表面的线速度，一般为 $6\sim30$ m/min；

A——油石振幅，为 $1\sim5$ mm；

f——油石振动频率，为 $10\sim25$ Hz；

p——油石在工件上的压强，约为 1.5×10^5 Pa；

v——油石往复振动速度。

超精研的切削过程与磨削、研磨不同，当工件粗糙表面磨去之后，油石能自动停止切削。超精研大致分为四个阶段：

（1）初期切削阶段　当油石开始同比较粗糙的工件表面接触时，虽然压力不大，但实际接触面积小，压强较大，因而工件与油石之间不能形成完整的润滑油膜；加之油石磨粒的切削方向经常变化，磨粒破碎的机会较多，油石的自砺性好，所以切削作用较强。

（2）正常切削阶段　当少数凸峰磨平后，接触面积增加，压强降低，油石磨粒不再破碎、脱落而进入正常切削阶段。

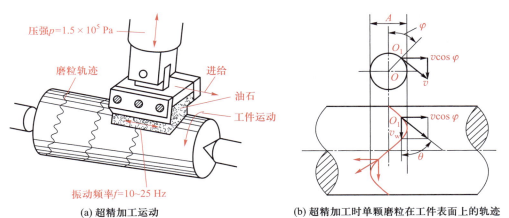

(a) 超精加工运动

(b) 超精加工时单颗磨粒在工件表面上的轨迹

图 3-11
超精研工作原理

（3）微弱切削阶段　随着接触面积逐渐增大，压强进一步降低，油石磨粒已经变钝，切削作用微弱，细小的切屑形成氧化物而嵌入油石的气孔内使油石表面逐渐变光滑，油石从微弱的切削过渡到对工件表面起研磨抛光作用。

（4）停止切削阶段　油石和工件表面已很光滑，接触面积大为增加，压强很小，磨粒已不能穿破工件表面的油膜，工件与油石之间有油膜，不再接触，切削作用停止。

如果光滑的油石表面再一次与新的工件表面接触，由于较粗糙的工件表面破坏了油石的光滑表面，油石恢复了自砺性能，又能重新起切削作用。

由于油石与工件之间无刚性运动联系，从总体上说，油石切除金属的能力较弱，加工余量很小（一般为 3～10 μm），所以超精研修正尺寸误差和形状误差的作用较差，不能改善表面间相互位置精度。超精研一般用来对工件表面进行光整加工，并能获得表面粗糙度 Ra 值为 0.1～0.01 μm 的加工表面。

目前，超精研广泛用于加工内燃机的曲轴、凸轮轴、刀具、轧辊、轴承、精密量仪及电子仪器等精密零件，能对不同的材料如钢、铸铁、黄铜、磷青铜、铝、陶瓷、玻璃、花岗岩等进行加工，能加工外圆、内孔、平面及特殊轮廓表面等。

3. 研磨

研磨是一种简便可靠的精密加工方法，研磨后表面的尺寸误差和形状误差，在研具精度足够高的情况下可以小到 0.1～0.3 μm，表面粗糙度可达 Ra 值为 0.04～0.01 μm。在现代工业中往往采用研磨作为加工最精密和最光洁的零件的终加工方法。最初，人们用研磨法制造精密块规，而后发展到制造精密量规、钢球、轧辊、喷油嘴、滑阀、柱塞油泵、精密齿轮等精密零件。在光学仪器制造业中，研磨成为精加工透镜镜头、棱镜、光学平镜等光学仪器零件的主要方法。电子工业中，用研磨法精加工石英晶体、半导体晶体和陶瓷元件的精密表面。

（1）研磨原理　研磨时，研具在一定的压力下与加工面作复杂的相对运动。研具和工件之间的磨粒和研磨剂在相对运动中分别起机械切削作用和物理、化学作用，使磨粒能从工件表面上切去极微薄的一层材料，从而得到尺寸精度和表面质量极高的表面。

研磨时，有大量磨粒在工件表面上浮动着，它们在一定压力下的滚动、刮擦和挤压，起着切除细微金属层的作用。图 3-12a 所示是磨粒在研磨塑性材料时的工作情况示意图，从图可见磨粒的滚动和刮擦时的切削作用。当研磨脆性材料时，磨粒在压力作用下，首先使加工面产生裂纹，随着磨粒运动的进行，裂纹不断地扩大、交错，以致形成了碎片（即切屑），最后脱离工件（图 3-12b）。

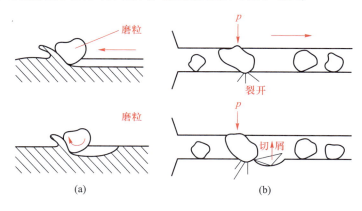

图 3-12
研磨时磨粒的切削作用

研磨时，磨粒与工件在接触点处产生局部的高温和高压，从而在接触点处产生的挤压作用是形成平滑表面得到低的表面粗糙度值的一个重要因素。干研磨时，磨粒在工件上主要进行刮擦切削；湿研磨时，磨粒以进行滚动切削为主。粗研时，磨粒对工件表面以机械损伤为主，故表面粗糙，留下很深的划痕；精研时，则以热的局部挤压和研磨剂的化学作用为主，形成低表面粗糙度值的表面。

近年来发展了一种无划痕低表面粗糙度值的超精密光整加工方法。这是一种用极微小的、比工件材料软的磨粒去研磨硬工件的方法，它可以切除以 Å（埃）计的一层材料，表面粗糙度 Rz 值小于 10Å。有人从原子间的连接能量变化的理论来说明这种研磨方法的原理。

加工时，研具和工件的相对运动，使磨粒得到很大的加速度，磨粒撞击工件表面，如图 3-13a 所示。微小磨粒撞击工件时，接触点上产生高温和高压。高温使工件表层原子晶格中的空位增加；高压使磨粒和工件的原子互相扩散，即磨粒的原子扩散到工件表层的原子空格的位置上，工件表层原子亦扩散到磨粒中。扩散到工件表层中的磨粒原子成为表层中的杂质原子，这些原子与工件表层的相邻的原子建立了联系。由于与杂质原子建立了原子键，使得工件表层的这几个原子与本体原子的联系减弱，这一点成为含有杂质原子的缺陷点。撞击之后，工件表面上的空位浓度减小。因为杂质原子与四周的工件本体的原子的连接能量减小，所以当下次有磨粒再撞击到这个杂质原子的点缺陷时，这几个原子将与杂质原子一道从它们的晶格位置上摆脱出来。工件表层的原子就这样被移去，如图 3-13b 所示。

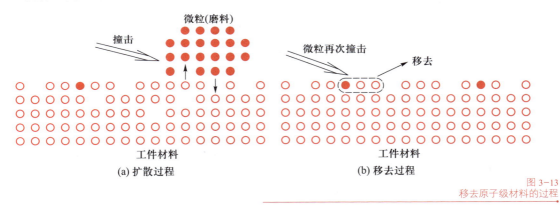

图 3-13
移去原子级材料的过程

上述论述对研磨时可用细微软磨粒切除硬工件表面极薄一层余量，不产生机械损伤而得到极低表面粗糙度值的现象做了解释。

（2）研磨方法　研磨方法可以分为手工研磨和机械研磨两种。手工研磨外圆时，可将工件安装在车床卡盘或顶尖上，作低速旋转，研具（如图 3-14a、b 所示）套在工件上，适当拧紧螺钉，使研套与工件表面均匀接触，然后用手推动研具作往复运动。

手工研磨内孔时，一般在车床或钻床上进行。研具是一根和孔配合并能转动的铸铁或铜制的圆棒。研磨时将它夹紧在机床的主轴上，小工件可以用手拿着，使之作轴向往复运动。研具与工件间的间隙应能使磨粒在其间运动。由于粗、精研时的磨粒粒度不一样，固定式的研具要做成几根不同尺寸的。有些工厂采用可调式研磨棒，如图 3-14c 所示，使用方便，可调节径向尺寸，以控制研磨压强，粗、精研可以共用一根研具。

当手工研磨极高精度的零件时，人体体温会使工件在研磨过程中产生明显的热变形。例如研磨精密块规平面。这时必须用夹具将工件夹持住，人手扶持夹具进行研磨，以便减小人体温度对研磨精度的影响。

手工研磨时，研具（或工件）的速度可取：研磨平面时为 30～100 m/min；研磨外圆和内孔时为 20～70 m/min；

研磨螺纹时为 20～100 m/min。

　　机械研磨可以用来研磨平面、圆柱面、球面、半球面等表面，可以单面研磨，也可以双面研磨。图 3-15a 所示是一种靠摩擦带动支持盘的单面研磨机，图 3-15b 所示是中心齿轮传动工件夹盘的单面研磨机，研磨时工件的重量作用在研磨盘上以形成研磨压强。图 3-15c 所示是一种行星齿轮传动的双面研磨机，中心齿轮 5 带动六个工件夹盘 3，该夹盘本身在传动中就是一个行星齿轮。这六个行星齿轮的外面同时与一个中心内齿轮啮合。行星齿轮除了以 n_3 的转速作自转外，还作公转。研磨盘以 n_1 的转速旋转。工件置于行星齿轮（即工件夹盘）的槽子中，并随着行星齿轮与研磨盘做相对运动。图 3-15d 是一种偏心传动的双面研磨机，1_s 和 1_{sh} 是上下两个研磨盘，3 为工件夹盘，工件 2 斜置于 3 的空格中。由加压杆 8 经钢球 7 将作用力 P 加在研磨盘上。工作时，下研磨盘旋转，同时偏心轴 6 带动工件夹盘 3 作偏心运动，因此工件具有滚动和滑动两种速度。研磨作用的强弱，主要由工件与研具的相对滑动速度的大小而定。

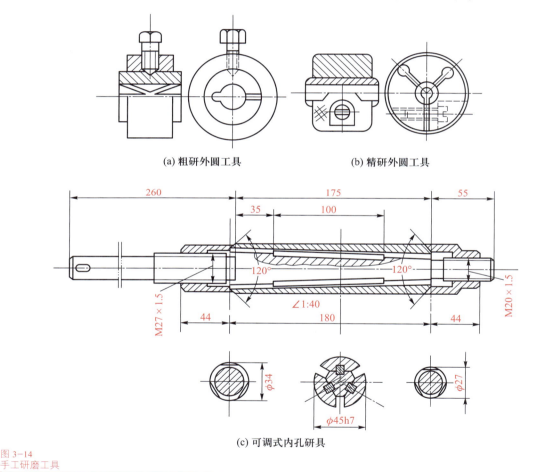

(a) 粗研外圆工具　　　　　　　(b) 精研外圆工具

(c) 可调式内孔研具

图 3-14
手工研磨工具

　　根据磨料是否嵌入研具的情况，研磨又可分为嵌砂研磨和无嵌砂研磨两种。

　　1）嵌砂研磨：

　　① 自由嵌砂法。加工时，磨料直接加入工作区域内，加工过程中磨粒受挤压而自动地嵌入研具。

　　② 强迫嵌砂法。在加工之前，事先把磨料直接挤压到研具表面中去。这种研磨法主要用于研磨块规等精密量具。

2）无嵌砂研磨：这种研磨法使用较软的磨料（如氧化铬等）和较硬材料的研具（如淬硬钢、镜面玻璃等）。在研磨过程中，磨粒处于自由状态，不嵌入研具表面。

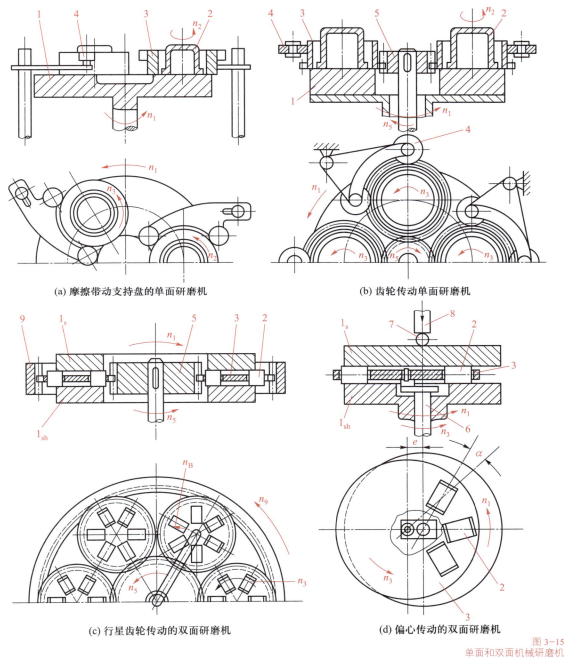

(a) 摩擦带动支持盘的单面研磨机　　　　　　　(b) 齿轮传动单面研磨机

(c) 行星齿轮传动的双面研磨机　　　　　　　(d) 偏心传动的双面研磨机

图 3-15
单面和双面机械研磨机

1—研磨盘；1_s—上研磨盘，1_{sh}—下研磨盘；2—工件；3—工件夹盘；4—支撑滚子；5—中心传动齿轮；6—偏心轴；7—钢球；8—加压杆；9—内齿圈；n_1—研磨盘转速；n_5—中心传动齿轮转速；n_3—工件夹盘转速；n_B—系杆（假想的）转速；n_9—内齿圈转速

研磨的精度和表面粗糙度很大程度上还与研磨前工序的加工质量有关。研磨的加工余量一般很小，在0.01～0.02 mm 以下。如果余量较大，应划分为几个工步进行（如粗研、精研等）。当所要求的表面粗糙度 Ra 值为 0.08～0.04 μm 时，一般要进行 2～3 次研磨；当要求表面粗糙度 Ra 值为 0.02～0.01 μm 时，要进行

4～5 次研磨。

嵌砂研磨的研具可用铸铁、软钢、红铜、塑料或硬木制造，但一般采用组织细密的珠光体铸铁或采用密烘铸铁。

研磨所用的磨料也是以人造氧化铝及碳化硅等最为普遍。碳化硅主要用于加工硬质合金、铸铁等脆性材料或铜、铝等有色金属。氧化铁、氧化铬和氧化铈则主要用于精研和抛光，如半导体及光学玻璃表面的精研和抛光就是采用这类磨料。

所用磨粒的粒度通常为 $250^{\#}\sim600^{\#}$，有时用更细的磨粒。精研和抛光常用 $1\,000^{\#}$ 以上的粒度；半精研用 $400^{\#}\sim800^{\#}$ 粒度磨粒；粗研用 $200^{\#}\sim400^{\#}$ 粒度磨粒。

研磨液常用煤油和机油，按 1：1 的比例混合而成。研磨液具有冷却和润滑作用，同时它还应具有一定的黏度，以起到调和磨粒使其分布均匀的作用。为了加快研磨过程，在研磨液中应含有较大吸附能力的表面活性物质，如在研磨液中加入 2.5% 硬脂酸或油酸。金属表面经常覆盖着一层比较牢固的氧化物薄膜，由于研磨液的吸附作用，可以把细小的磨粒和原来存在于研磨剂中的含硫物质带到被研磨面的表层上去，使表面层软化，所以表面层的凸峰容易被磨粒切除。

研磨压强和工件对研具的相对滑动速度是两项主要的研磨参数。研磨压强一般在 0.12～0.4 MPa，研磨压强越大生产率就越高，但研磨表面粗糙度值就相应增大。提高相对滑动速度，虽然能提高生产率，但对精度和表面粗糙度会产生不利影响。因此，只在粗研时用较高速度，达 40～50 m/min，而精研时速度应降至 6～12 m/min。

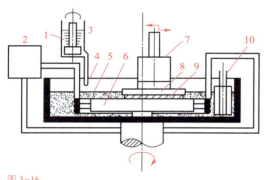

图 3-16
超精密平面研磨装置
1—水；2—恒温槽；3—定流量供水装置；4—研磨剂容器；
5—研磨剂；6—研具；7—负载；8—工件夹持器；
9—工件；10—搅拌装置

（3）超精密研磨　超精密研磨是一种加工精度达 0.1 μm 以下、表面粗糙度 Ra 值在 0.02 μm 以下的研磨方法。

图 3-16 所示的超精密平面研磨装置，采用了在恒温的研磨液体中进行研磨的方式。水从定流量供水装置 3 中经过，流入研磨剂容器 4 中；9 是工件，6 是研具，由主轴带动旋转；8 是工件夹持器；它们都浸在研磨剂中。7 是使表面产生研磨压力的载荷。为了使研磨剂（液体和磨粒的混合物）恒温，设有恒温油槽，恒温油经过螺旋管道使研磨区的液体保持一定的温度。恒温油不断地在管中循环流动，带走研磨产生的热量。为了使磨粒均匀地与水溶液混合，设有搅拌装置 10。这样可以防止空气中的尘埃和研磨剂中的大颗粒磨粒混入研磨区，同时还抑制了研具和工件的热变形。这些都是研出镜面精密平面的必要条件。研具用带沟槽的聚氨酯制成。用直径在 0.1 μm 以下的磨粒加工单晶硅和钢，其表面粗糙度 Rz 值可达 0.01 μm 甚至更小。在液体中研磨外圆表面的表面粗糙度 Ra 值仅为 0.02～0.03 μm，圆度可达 0.1 μm。

4. 超精密磨料加工

用单晶金刚石刀具对钢、铁、玻璃及陶瓷等材料进行精密切削是不合适的，因为对这些材料进行微量切削时的切应力很大，临界剪切功率密度也很大，切削刃口的高应力与高温将使它很快发生机械磨损。对于像钢铁这一类的铁碳合金来说，在精密切削所造成的局部高温下，金刚石刀具中的碳原子很容易扩散到铁素体中而造成扩散磨损，故对上述材料多采用超精密磨料加工。它具有两方面的作用：砂轮磨削和研磨、抛光和研抛。

超精密研磨、抛光或研抛加工可分两大类：

（1）**超精密游离磨料抛光**　超精密游离磨料抛光有弹性发射加工、机械化学抛光、液体动力抛光和化学机械抛光，图 3-17 所示是超精密镜面游离磨料抛光的示意图。这些加工方法都是利用一个抛光工具作为参考表面，与被加工表面形成一定大小的间隙，并用一定粒度的磨料和抛光液来加工工件表面。

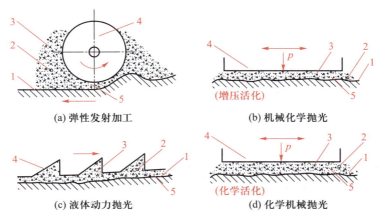

(a) 弹性发射加工　　　　(b) 机械化学抛光
(c) 液体动力抛光　　　　(d) 化学机械抛光

图 3-17
超精密镜面游离磨料抛光
1—工件；2—磨粒；3—抛光液；4—抛光工具；5—小间隙；p—工作压力

图 3-17a 所示为弹性发射加工，它是用聚氨基甲酸（乙）脂材料制成抛光轮，并与工件被加工表面形成小间隙，中间置以抛光液。抛光液由颗粒大小为 0.1～0.01 μm 的磨料和润滑剂混合而成。抛光时，抛光轮高速旋转，靠旋转的高速造成磨料的弹性发射来加工，产生微切削作用和被加工材料的微塑性流动作用。图 3-17b 所示为机械化学抛光。在抛光时，活性抛光液和磨粒与被加工表面产生固相反应，即在接触面上产生异质反应生成物，使被加工表面局部形成软质粒子，以便于加工，称为活性化作用。但这种机械化学抛光还是以机械作用为主，即其活化作用靠机械施加工作压力形成，称为增压活化。图 3-17c 为液体动力抛光示意图，在抛光工具上开有锯齿槽。抛光时，有一定压力的抛光液碰到锯齿槽时可以反弹，以增加微切削作用。图 3-17d 为化学机械抛光示意图，它强调化学作用，称为化学活化。

（2）**超精密固定磨料抛光**

1）超精密油石抛光：利用低发泡氨基甲酸（乙）酯和磨料混合制成的油石进行抛光，可以加工出非常理想的镜面。它是一种固定磨料的抛光方法。它的加工机理是微切削作用。当加工压力增加时，油石与加工表面的接触面积增加，参加微切削的磨粒数也增加，但压力增加不能太大，否则被加工表面易产生划痕，甚至产生微裂纹。抛光时，油石与被加工表面之间可加润滑液。这种油石一般都是细粒度磨料，即微粉，材料有氧化铝、碳化硅、金刚石粉等。

2）超精密砂带抛光：砂带抛光是固定磨料抛光的一种。这种抛光方法可加工内、外表面。用静电置砂制作的砂带，砂粒的等高性和切削性能更好。目前，砂带的带基用聚碳酸酯薄膜材料，有极高的强度。用细粒度磨料制成的砂带，加工出的表面粗糙度 Rz 值可达 0.02 μm。砂带抛光时的接触轮是在钢芯上浇铸橡胶，橡胶硬度约为邵氏硬度 50 HA 左右，因此有抛光和研磨两种作用，可提高被加工表面的几何形状精度。超精密砂带抛光一般都用开式系统，图 3-18 所示是超精镜面砂带抛光硬磁盘涂层表面的情况。

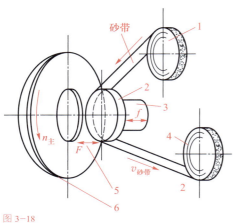

图 3-18
超精镜面砂带抛光硬磁盘涂层表面
1—砂带轮；2—接触轮；3—激振器；4—卷带轮；
5—硬磁盘；6—真空吸盘

接触轮是超精密砂带抛光的关键元件，它一般是由钢芯上浇铸具有一定硬度的橡胶、塑料等制成的。橡胶和塑料的硬度高，切削作用大，金属切除率高。表 3-3 列举了一些常用接触轮的性能和用途。接触轮在开式砂带抛光中转速较低，但在闭式砂带抛光时，转速很高，所以一定要进行动平衡检验，以免发生事故。

砂带的质量直接影响抛光效果，图 3-19 为砂带结构图，由带基 1、黏结膜 2、黏结剂 3、规格涂层 4 和磨粒 5 构成。对于聚酯薄膜带基，黏结膜一般为动物胶或树脂，其作用是使磨粒和黏结剂能牢固地粘在带基上。规格涂层起加固带基的作用，对于精密加工可以不用。带基材料为棉、麻、人造纤维等，可制成纸、布、膜等形式。

表 3-3　常用接触轮的性能和用途

序号	表面状况	材料	形状	硬度	用途	特点
1	滚花槽 螺旋槽	钢		52～55HRC	重磨	切入作用强不易变钝
2	粗齿 （大齿）	橡胶		邵氏 70～90 HA	重磨	切削速度快 砂带寿命长
3	标准细齿	橡胶		邵氏 30～95 HA	中度磨	粗糙度中等 砂带寿命很长
4	交叉细齿	橡胶		邵氏 30～70 HA	轻磨，研抛	砂带能进入工件轮廓 可做仿形切削
5	平滑表面	橡胶		邵氏 40～95 HA	轻磨，研抛	可控制磨料的切入性
6	平滑表面	胶木		100 HB	中度磨	砂带切削作用强，能提高几何精度
7	平滑表面	聚氨基甲酸酯		邵氏 65～80 HA	中度磨，轻磨	砂带寿命长，能保持几何精度
8	柔性	压制帆布		软、中、硬	磨削，抛光	砂带不易磨损
9	柔性	敷胶帆布		中等	轮廓抛光	能加工轮廓有较大的切除材料能力

续表

序号	表面状况	材料	形状	硬度	用途	特点
10	柔性	实心层 压帆布		软、中、硬	抛光	表面密度均匀
11	柔性	隔层帆布		软	轮廓抛光	适于精加工成本低
12	气胎	充气橡胶		特软	磨削，抛光	能进入轮廓，适于轮廓加工
13	泡沫塑料	聚氨酯		极软	精抛研	最柔软 适于精密的轮廓加工

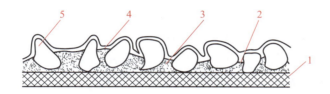

图 3-19
砂带结构
1—带基；2—黏结膜；3—黏结剂；4—规格涂层；5—磨粒

3.2.4 纳米级加工——原子、分子加工单位的加工方法

纳米级精度的加工和纳米级表层的加工，即原子和分子的去除、搬迁和重组是纳米技术主要内容之一。纳米加工技术担负着支持最新科学技术进步的重要使命。

原子、分子加工单位的超精密微细加工方法可以分为三大类：分离（去除）加工、沉积及结合加工和变形加工。

1. 分离（去除）加工

分离（去除）加工就是从工件上分离（去除）分子或原子，这需要很大能量。所需能量可用临界加工功率密度 δ（单位为 J/cm^2）或单位体积切削能量 ω（单位为 J/cm^3）来表示。临界加工功率密度 δ 就是当应力超过材料弹性极限时，在与各加工单位相对应的空间内，材料由于微观结构的缺陷而产生破坏时的临界弹性功率密度；而单位体积切削能量 ω 则是指在产生该加工单位切屑时，消耗在单位体积上的加工能量。由于材料微观结构的缺陷，实际的临界加工功率密度 δ 和单位体积切削能量 ω 比理论值要低得多。

材料微观结构缺陷通常有晶体缺陷、点缺陷、位错（晶格位移）缺陷和微裂纹、晶界空隙、裂纹和缺口。

分离（去除）加工的方法有电子束加工、激光加工、热射线加工和离子溅射加工等，也包括单晶金刚石精密切削、超精密抛光、电解加工等。

2. 沉积和结合加工

沉积和结合加工与分离（去除）加工相反，它是把分子或原子沉积覆在工件表面上，或者与工件表面结合，形成新的化合物。其加工方法有化学镀、电镀、阳极氧化、分子束外延、烧结、掺杂、渗碳、离子镀、离子束外延、离子束沉积、离子注入等。

3. 变形加工

变形加工是利用热表面流动、摩擦流动、黏滞性流动等使工件表面产生变形。其加工方法有利用气体火焰、高频电流、热射线、电子束、激光等热流加工，液体、气体流加工（抛光）和微粒子流加工（抛光）等。

下面举例说明原子、分子加工单位加工方法的应用。

（1）电子束加工　电子束加工是利用电子束的高功率密度直接进行打孔、切槽等热加工。电子是一种非常小的粒子（半径为 2.8×10^{-13} cm），质量也很小（9×10^{-29} g），但其能量很高（达几百万电子伏），而且电子束可以聚焦到直径 $1 \sim 2$ μm，因此有很高的功率密度。高能量的电子会透入表面层达几微米至几十微米，并以热的形式传输到相当大的区域，所以在精密加工和超精密加工时应给予充分的注意。

电子束光刻时利用电子束照射与光致抗蚀剂产生化学反应，是一种化学加工。图 3-20 所示是用电子束光刻大规模集成电路芯片的加工过程。在芯片的基片上涂有光致抗蚀剂，当电子束照射后，经过显影，被照射部分的光致抗蚀剂就消失了，形成沟槽。这些沟槽就是所需电路的图形。此后可以用两种方法进行处理：一种方法是用离子束溅射去除，又称为离子束刻蚀。在沟槽底部去掉光致抗蚀剂后，在基片上形成电路图形的沟槽，再用沉积或填料进行处理，便可在基片上得到所需电路。另一种方法是进行蒸镀。在沟槽底部镀上一层金属，去除光致抗蚀剂后，在基片上就形成凸起的电路图形，即金属线路。由于电子束波长比可见光短得多，用它进行光刻，线宽可达 0.1 μm，定位精度为 0.1 μm，这就要求加工设备本身有很高的精度。

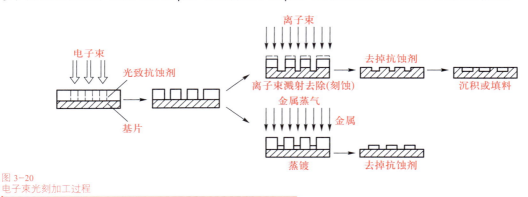

图 3-20
电子束光刻加工过程

用电子束光刻大规模集成电路芯片，其设备对定位精度和重复定位精度要求很高，如直线运动精度要求高于 0.1 μm，爬行低于 0.01 μm，定位精度在 0.1 μm 以内，重复定位精度在 0.01 μm 数量级。故这种设备的导轨可采用硬质合金滚动体的滚动导轨、液体静压导轨或空气静压导轨。工作台多用闭环数控系统，滚珠丝杠传动及激光干涉仪检测反馈。

对原子、分子加工单位的超精密微细加工方法所用的设备进行结构设计时，要注意以下几个方面：

1）降低导轨间摩擦力以提高响应和克服爬行，为此可采用空气静压导轨。

2）控制行程死区以提高定位精度。

3）采用高精度检测装置反馈的闭环控制系统，如激光干涉仪、精密光栅（600 线/mm）等。

4）采用微动工作台实现微位移。

5）采用微机控制，实现软件补偿定位。

（2）离子束加工　离子束加工被认为是极有前途的超精密加工方法。这种方法是利用氩（Ar）离子或其他带有 10 keV 数量级动能的惰性气体离子，在电场中加速，以其动能轰击工件表面而进行的加工，有时也称这种方法为"溅射"。离子束加工可以分为去除加工、镀膜加工及注入加工。

1）离子束溅射去除加工：离子束溅射去除加工就是使被加速的离子（10～20 keV）聚焦成细束，射到被加工表面，因为离子束的动能很大，所以被加工表面受到冲击后，就会从被加工表面轰出原子或分子来，这样就可进行原子、分子加工单位的去除加工。图 3-21 所示为离子束溅射时离子碰撞过程的模型，其碰撞过程有以下 4 种情况：

① 一次溅射：由离子直接碰撞使原子或分子分离出来。

② 二次溅射：由离子碰撞原子或分子，再由这个原子或分子碰撞别的原子或分子，使别的原子或分子分离出来。

③ 排斥溅射：有些离子在碰撞原子或分子时，自己反被弹出工件表面外，成为被排斥的离子。

④ 回弹溅射：有些受到离子碰撞的原子或分子，又去碰撞别的原子或分子，而自己却被反弹出工件表面外，为回弹溅射。

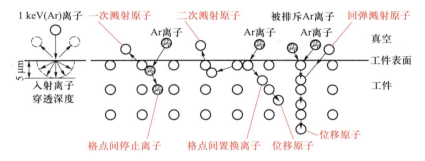

图 3-21
离子束溅射中的离子碰撞过程模型

图 3-22 所示为非球面透镜加工，采用离子束溅射去除加工的方法。工件绕 $\dot{\psi}$ 轴回转，同时又绕 $\dot{\theta}$ 轴摆动，从而可加工出非球面。图中 x、y、z 为空间固定坐标系，离子束加工按这个坐标系进行，ε、η、ζ 为透镜固定坐标系，即透镜使用时的坐标系，$\dot{\psi}$ 和 $\dot{\theta}$ 为加工运动坐标。

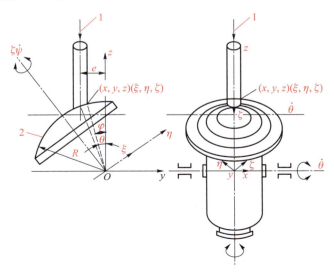

图 3-22
离子束加工非球面透镜原理
1—离子束；2—工件加工表面

图 3-23 所示是离子束加工金刚石制品的例子。图 3-23a 是刃磨金刚石压头，图 3-23b 是刃磨金刚石刀具。

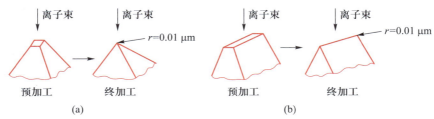

图 3-23
离子束加工金刚石制品

离子束还可以用来进行衍射光栅、大规模集成电路图形及磁泡存储器等的曝光和刻蚀工作。

2）离子束溅射镀膜加工：离子束溅射镀膜加工是使被加速了的离子从靶材上打出原子或分子，将这些原子或分子附着到工件上的加工方法。这种镀膜比蒸镀有更高的附着力，因为离子溅射出来的中性原子或分子有相当大的动能，比蒸镀高 $10 \sim 20$ eV，同时效率也高。这是一种干式镀，近年来已获得广泛的应用。

3）离子束溅射注入加工：离子束溅射注入加工是用 10^2 keV 数量级的高能离子轰击工件表面，离子便打进工件表面内，电荷即被中和，成为置换原子或晶格间原子而被留于工件中（图 3-21），这样工件材料的成分和性质就发生了变化。目前离子束溅射注入加工的应用越来越广泛，如半导体材料掺杂，即将磷或硼等的离子注入单晶硅中。在高速钢或硬质合金刀具的切削刃上通过离子注入加工渗进某些金属，就能提高它们的切削性能和耐用度。

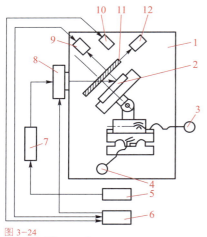

图 3-24
离子束表面加工示意图
1—真空室；2—工件；3、4、12—驱动装置；
5—程序软件；6—计算器；7—控制器；
8—离子发生器；9—激光干涉仪；
10—传感器；11—光阑

4）离子束表面加工：离子束表面加工如图 3-24 所示，经过预磨削加工的工件 2 被置入真空度保持在 1.33×10^{-6} Pa 的真空室 1 中，离子发生器 8 射出的离子束以高达 30 keV 的强度作用在被加工的表面上，并以 $1 \sim 5$ μm/h 的速率去除表层材料，可以达到 10 nm 乃至更高的表面加工精度。

在工作过程中，离子发生器 8 射出的离子束打在工件上的强度和加工过程均由计算器 6 及程序软件 5 来实现，而根据激光干涉仪 9 对被加工表面形状的检测结果，借助驱动装置 12 来调节光阑（掩盖物）11 改变离子束强度，通过控制器 7 控制离子发生器 8，通过驱动装置 3 和 4 控制工件位置，并由传感器 10 来测量和控制真空室 1 中的温度，使之保持恒定。

除上述方法之外，还有其他的超精密复合加工方法，如电火花成形加工后继而采用的流体抛光法、电化学抛光法、超声化学抛光法、动力悬浮研磨法、磁流体研磨法以及采用 ELID（砂轮在线阳极电解技术）技术的磨削法等。采用 ELID 技术进行光学玻璃非球面透镜加工时面形精度可达 0.2 μm，表面粗糙度则达 $Ra = 20$ nm。

3.3.1　齿轮的精度要求

从齿轮的整体技术要求来说有：几何精度、表面粗糙度、耐磨性、强度及抗蚀性等。从单一齿轮的传动精度要求来说有四个综合性指标。

1. 运动精度

要求能准确地传递运动，即传动比恒定，在齿轮一转中，转角误差不超过一定限度。与运动精度有关的因素有：

（1）几何偏心　齿轮齿圈相对于其孔中心线的偏心。

（2）运动偏心　机床传动链的传动误差所造成的机床工作台的转角误差。

齿轮的运动精度是按齿轮一转中传动比的最大变动量 Δi_{Σ} 来评定的，它属于长周期（周期为 2π）的误差特性，其检验有下列几项：

1）齿圈径向跳动 ΔF_{r} 及公差 F_{r}。

2）公法线长度变动 ΔF_{w} 及公差 F_{w}。

3）齿距累积误差 ΔF_{p} 及公差 F_{p}。

4）切向综合误差 $\Delta F'_{i}$ 及公差 F'_{i}，是指被测齿轮与理想精确的测量齿轮单面啮合传动时，相对于测量齿轮的转角，在被测齿轮一转内，被测齿轮实际转角与理论转角的最大差值，以分度圆弧长计。

5）径向综合误差 $\Delta F''_{i}$ 及公差 F''_{i}，是指被测齿轮与理想精确的测量齿轮双面啮合传动时，在被测齿轮一转内，双啮中心距的最大变动量。

2. 工作平稳性

工作平稳性影响局部传动比的变动量 Δi，使齿轮传递运动不平稳，产生冲击、振动和噪声。影响工作平稳性的因素有齿形误差和基节偏差等。其误差大都具有短周期特性。

工作平稳性的检验有下列几项：

1）切向一齿综合误差 $\Delta f'_{i}$ 及公差 f'_{i}，是指在切向综合误差 $\Delta F'_{i}$ 的记录曲线上小波纹的最大幅值。其波长为一个齿距角，以分度圆弧长计算。

2）径向一齿综合误差 $\Delta f''_{i}$ 及公差 f''_{i}，是指在径向综合误差 $\Delta F''_{i}$ 的记录曲线上小波纹的最大幅值。

3）齿形误差 Δf_{f} 及公差 f_{f}。

4）基节偏差 Δf_{pb} 及其极限偏差 $\pm f_{pb}$。

5）齿距偏差 Δf_{pt} 及其极限偏差 $\pm f_{pt}$。

3. 齿接触精度

齿接触精度影响载荷分布的均匀性，否则造成应力集中和局部磨损，要求有一定的实际接触面积对理想接触面积的百分比和接触位置。

对单个齿轮来说，齿接触精度的检验只有一项，即齿向误差 ΔF_{β} 及公差 F_{β}。

4. 齿侧间隙

齿轮传动时要求相啮合的两齿非工作面间有一定的间隙，以储存润滑油，补偿温度变形和弹性变形以及制造和安装中的一些误差。在单个齿轮上通常是适当地减小齿厚。齿厚的检验项目有：

1）齿厚偏差 ΔE_s 及其极限偏差 E_{ss} 和 E_{si}。

2）公法线平均长度偏差 ΔE_w 及其极限偏差 E_{ws} 和 E_{wi}。

除单一齿轮的精度外，尚有齿轮副精度，其检验项目有：

1）齿轮副的切向综合误差 $\Delta F_{ic}'$ 及公差 F_{ic}'。

2）齿轮副的切向一齿综合误差 $\Delta f_{ic}'$ 及公差 f_{ic}'。

3）齿轮副的接触斑点。

4）齿轮副的侧隙及安装误差。它包括齿轮副的圆周侧隙 j_t 和法向侧隙 j_n，齿轮副轴线的平行度误差 Δf_x、Δf_y 及公差 f_x、f_y，齿轮副中心距偏差 Δf_a 及其极限偏差 $\pm f_a$。

3.3.2　精密圆柱齿轮加工方法

1. 齿面形成的三种加工方法

为了便于研究齿轮加工过程中的精度问题，根据运动特征，将齿面加工归结于三种加工方法，如图 3-25 所示。

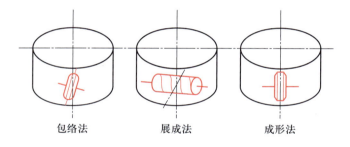

图 3-25
齿面加工的三种方法

（1）包络法　齿面由刀具的生产面（切削刃）的包络线形成，如用成形铣刀切削斜齿轮或蜗杆，要配合着单个分度，才能切出所有齿。

（2）展成法　展成法是包络法的特殊情况，这时刀具生产面和工件有相对运动，是一个圆在一个平面上作无滑动的滚动。展成法又可分为两种。

1）强迫对滚：

① 连续强迫对滚，如滚齿、插齿、车齿等，刀具和工件之间的相对运动是由机床传动系统强迫保证的。

② 带单个分度的强迫对滚，如用齿条形砂轮磨齿。

2）自由对滚：如剃齿、研齿、珩齿等，工件是由刀具带动而对滚，工件本身处于可自由回转状态。

（3）成形法　齿面由刀具生产面直接形成，即齿面与刀具生产面的接触线和刀具生产面的截面重合。如用成形铣刀（盘状或指状）铣削直齿轮，一般带有单个分度，但也可以不用分度。如插削扇形齿轮，用插齿头插，这时可同时加工全部的轮齿。加工时，工件装于主轴上做轴向往复运动，插齿头各刀具同时做进给运动和移让运动。这种方法用于大量生产中加工精度不高的齿轮（图 3-26）。

对于精密齿轮齿形的加工一般都用展成法。

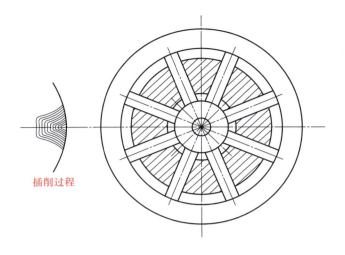

插削过程

图 3-26
插齿头插齿

2. 精密齿轮加工工艺

按照齿轮传动精度的要求，齿轮可分为：超精密（4级以上）、精密（5、6级）、普通精度（7、8级）和低精度（9级到12级）四种。1、2、3级留作储备。

精密齿轮加工工艺可分为齿坯加工和齿形加工两个阶段，齿坯加工比较简单，其关键是保证内孔和外圆的同轴度、端面和内孔中心的垂直度。齿形加工则比较复杂，可根据淬硬和非淬硬调质齿轮分别采用下列工艺路线。

（1）淬硬齿轮

1）精滚—淬火—磨齿（3~6级）；

2）精滚（或精插）—剃齿—淬火—珩齿（一般仅适于6级）。

（2）非淬硬调质齿轮

1）精滚（精密滚齿机可切出4~5级精度的齿轮，这时材料可在精滚前调质）。

2）精滚—剃齿—珩齿（精滚前调质）。

3）精滚—调质—磨齿。

（3）精密齿轮加工中的关键问题

1）齿形精度及齿面的表面粗糙度。

2）精度的稳定性，要注意热处理工艺，防止产生残余奥氏体。

3）要保证定位、装配的内孔和齿面的同轴度，一般在热处理后，应先以齿面定位磨内孔，再以内孔定位加工齿形。

3.3.3 滚齿加工

1. 滚齿加工常见缺陷及解决方法

滚齿加工常见缺陷及其解决的方法如表3-4所列。

表 3-4　滚齿加工常见缺陷及解决方法

缺陷名称	主要原因	解决方法
齿数不正确	(1) 分齿交换齿轮的调整不正确。 (2) 滚刀选用错误。 (3) 工件毛坯尺寸不正确。 (4) 滚切斜齿轮时附加运动方向不对	(1) 重新调整分齿交换齿轮，并检查中间轮的位置是否正确。 (2) 合理选用滚刀。 (3) 更换工件毛坯。 (4) 增加或减少差动交换齿轮中的中间轮
齿形 不正常 (齿面出棱)	滚刀齿形误差太大或分齿瞬时速比变化大，工件缺陷状况有四种： (1) 滚刀刃磨后刀齿等分性差。 (2) 滚刀轴向窜动大。 (3) 滚刀径向跳动大。 (4) 滚刀用钝	主要方法是着眼于滚刀刃磨质量、滚刀安装精度以及机床主轴的几何精度： (1) 控制滚刀刃磨质量。 (2) 保证滚刀的安装精度，同时安装滚刀时不能敲击；垫圈端面平整；螺母端面要垂直；锥孔内部应清洁；托架装上后，不能留间隙。 (3) 复查机床主轴的旋转精度，并修复调整滚刀主轴的轴承，尤其是止推垫片。 (4) 更换新刀
齿形 不正常 (齿形不对称)	(1) 滚刀安装不对中。 (2) 滚刀刃磨后，前刀面的径向误差大。 (3) 滚刀刃磨后，螺旋角或导程误差大。 (4) 滚刀安装角的误差太大	(1) 用"啃刀花"法或用对刀规对刀。 (2) 控制滚刀刃磨质量。 (3) 重新调整滚刀的安装角
齿形 不正常 (齿形角不对)	(1) 滚刀本身的齿形角误差太大。 (2) 滚刀刃磨后，前刀面的径向误差大。 (3) 滚刀安装角的误差大	(1) 合理选用滚刀的精度。 (2) 控制滚刀的刃磨质量。 (3) 重新调整滚刀的安装角
齿形 不正常 (齿形周期性误差)	(1) 滚刀安装后，径向跳动或轴向窜动大。 (2) 机床工作台回转不均匀。 (3) 跨轮或分齿交换齿轮安装偏心或齿面磕碰。 (4) 刀架滑板有松动。 (5) 工件装夹不合理产生振摆	(1) 控制滚刀的安装精度。 (2) 检查机床工作台分度蜗杆的轴向窜动，并修复之。 (3) 检查跨轮及分齿交换齿轮的安装及运转状况。 (4) 调整刀架滑板的塞铁。 (5) 合理选用工件装夹的正确方案
齿圈径向跳动超差	工件内孔中心与机床工作台回转中心不重合。 (1) 有关机床、夹具方面： 1) 工作台径向跳动大。 2) 心轴磨损或径向跳动大。 3) 上下顶尖有偏差或松动。 4) 夹具定位端面与工作台回转中心线不垂直。 5) 工件装夹元件，例如垫圈和并帽精度不够。 (2) 有关工件方面： 1) 工件定位孔直径超差。 2) 用找正工件外圆的方法安装时，外圆与内孔的同轴度超差。 3) 工件夹紧处刚性差	着眼于控制机床工作台的回转精度与工件的正确安装。 (1) 有关机床和夹具方面： 1) 检查并修复工作台回转导轨。 2) 合理使用和保养工件心轴。 3) 修复后立柱及上顶尖的精度。 4) 可以采用定心夹紧夹具，常见的有弹簧套筒、液性塑料夹具等。 5) 提高工件装夹元件精度，例如垫圈和并帽。 (2) 有关工件方面： 1) 控制工件定位孔的尺寸精度。 2) 控制工件外圆与内孔的同轴度误差。 3) 夹紧力应施于加工刚性足够的部位

缺陷名称	主要原因	解决方法
齿向误差超差	滚刀垂直进给方向与齿坯内孔轴线方向偏斜太大。加工斜齿轮时，还存在附加运动的不正确。 （1）有关机床和夹具方面： 1）立柱三角导轨与工作台轴线不平行。 2）工作台端面跳动大。 3）上、下顶尖不同轴。 4）分度蜗轮副的啮合间隙大。 5）分度蜗轮副的传动存在周期性误差。 6）垂直进给丝杠螺距误差大。 7）分齿、差动交换齿轮的计算误差大。 （2）有关工件方面： 1）齿坯两端面不平行。 2）工件定位孔与端面不垂直	着眼于控制机床几何精度和工件的正确安装，下列第4）、5）、6）、7）条，主要适用于斜齿轮的加工。 （1）有关机床和夹具方面： 1）修复立柱精度，控制机床热变形。 2）修复工作台的回转精度。 3）修复后立柱或上、下顶针的精度。 4）合理调整分度蜗轮副的啮合间隙。 5）修复分度蜗轮副的零件精度。 6）垂直进给丝杠因使用磨损而精度达不到时，应及时更换。 7）应控制差动交换齿轮的计算误差。 （2）有关工件方面： 1）控制齿坯两端面的平行度误差。 2）控制齿坯定位孔与端面的垂直度
齿距累积误差超差	滚齿机工作台每一转中回转不均匀的误差最大值太大： （1）分度蜗轮副传动精度误差大。 （2）工作台的径向跳动与端面跳动大。 （3）分齿交换齿轮啮合太松或存在磕碰现象	着眼于分齿运动链的精度，尤其是分度蜗轮副与滚刀两方面： （1）修复分度蜗轮副传动精度。 （2）修复工作台的回转精度。 （3）检查分齿交换齿轮的啮合松紧和运转状况
齿面缺陷（撕裂）	（1）齿坯材质不均匀。 （2）齿坯热处理方法不当。 （3）切削用量选用不合理而产生积屑瘤。 （4）切削液效能不高。 （5）滚刀用钝，不锋利	（1）控制齿坯材质。 （2）正确选用热处理方法，尤其是调质处理后的硬度，建议采用正火处理。 （3）正确选用切削用量，避免产生积屑瘤。 （4）正确选用切削液，尤其要注意它的润滑性能。 （5）更换新刀
齿面缺陷（啃齿）	由于滚刀与齿坯的相互位置发生突然变化所造成： （1）立柱三角导轨太松造成滚刀进给突然变化，立柱三角导轨太紧造成爬行现象。 （2）刀架斜齿轮啮合间隙大。 （3）油压不稳定	寻找和消除一些突然因素： （1）调整立柱三角导轨，使其紧松适当。 （2）刀架若因使用时间久而磨损，应更换。 （3）合理保养机床，尤其是清洁，使油路保持畅通，即油压保持稳定
齿面缺陷（振纹）	由于振动造成： （1）机床内部某传动环节的间隙大。 （2）工件与滚刀的装夹刚性不够。 （3）切削用量选用太大。 （4）后托架安装后，间隙大	寻找与消除振动源： （1）对于使用时间久而磨损严重的机床及时大修。 （2）提高滚刀的装夹刚性，例如缩小支承间距离；带柄滚刀应尽量选用大轴径等。提高工件的装夹刚性：例如，尽量加大支承端面，支承端面（包括工件）只准内凹；缩短上下顶尖间距离。 （3）正确选用切削用量。 （4）正确安装后托架

续表

缺陷名称	主要原因	解决方法
齿面缺陷 （鱼鳞）	齿坯热处理不当，其中在加工调质处理后的钢件中比较多见	（1）酌情控制调质处理的硬度。 （2）建议采用正火处理作为齿坯的预先热处理

滚齿精度分析中，应注意以下几个问题：

1）在精密加工和超精密加工中，滚齿精度的关键是滚齿机的精度，特别要注意传动链的精度、刚度和热变形的影响。

2）在众多影响滚齿精度的因素中，应注意主要因素，还有些因素可能互相抵消，因此可用概率法来综合。

3）分析精度问题可以从刀具、机床、工件等方面着手，这种方法比较直接，便于改进刀具和机床结构。对于齿轮来说，也可以从运动精度、工作平稳性、接触精度、齿侧间隙等几个方面来分析。这样可以针对某一问题来寻找和分析原因，有关因素可参考表 3-5 所列。

表 3-5　滚齿加工时的主要误差分析

序号	齿轮误差		产生误差的主要原因
1	运动精度	齿距累积误差 ΔF_p	多头滚刀的分头误差； 分度蜗轮的周节误差； 机床工作台周期性游动； 工件心轴径向跳动； 滚刀齿厚误差； 工件安装时的几何偏心及其内孔和端面不垂直
2		齿圈径向跳动 ΔF_r	工件心轴径向跳动； 工件安装时的几何偏心
3	工作平稳性	齿形误差 Δf_f	滚刀设计误差； 滚刀制造精度及刃磨质量； 分度蜗杆的周期误差； 分度链中间齿轮误差； 分度链、差动链挂轮速比误差； 滚刀的安装和对刀误差
4	工作平稳性	基节偏差 Δf_{pt}	滚刀制造及刃磨质量； 分度蜗杆的周期误差； 分度链中间齿轮误差； 分度链、差动链挂轮速比误差
5	齿接触精度	齿向误差 ΔF_β	工件安装倾斜； 滚刀刀架导轨误差
6	齿间侧隙	齿厚（分度圆）偏差 ΔE_s	滚刀刀架导轨误差； 滚刀的对刀误差； 切深误差
7	齿面波度		分度蜗杆周期性误差； 切削时的振动

4）精密齿轮的最终加工是在精密滚齿机、精密磨齿机等关键设备上进行，这些设备是十分宝贵的，而且多半是工厂自己生产，有自己独特的技术。例如：精密滚齿机的关键零件是精密蜗轮和精密蜗杆，它们分别有专门的机床进行加工，而精密滚齿机本身又设计有校正机构，来提高其传动链精度。

5）精密滚齿应注意工作环境，一般都应在恒温室进行，并配以精密测量。

2. 滚齿的生产率分析

滚齿的加工范围较广，既可作粗加工也可作精加工，一般精密小齿轮的最终加工都是用滚削方法。精密蜗轮、大型精密齿轮也是用大型精密滚齿机加工，所以滚齿在全部齿轮加工中占有很大的比重。因此，提高滚齿的生产率有很大意义。可采用如下的一些措施提高其生产率。

1）采用大直径小压力角滚刀切齿。可以加大齿槽数及刀杆刚度，从而使切削平稳，降低表面粗糙度 Ra 值。由于刀杆刚度提高，切削又较平稳，在机床刚度允许的情况下，就可以加大工件轴向进给量来提高生产率。

2）采用硬质合金滚刀，进行高速滚齿。目前可用镀膜方法来提高硬质合金滚刀的切削性能，但滚齿机应有足够的刚度。

3）采用多头滚刀滚齿可提高工件圆周方向的进给量，从而提高生产率，但由于多头滚刀有分头误差，螺旋角增大，故误差较大，一般作为粗加工。

4）滚刀在切削时，只有一周多一些的齿参加切削，参与切削的各齿载荷又很不均匀，因此严重妨碍生产率的提高。滚刀在切削过程中，除了沿工件轴向的进给外，还在滚刀本身轴向增加进给，称之为对角滚齿，这样能使所有刀齿参加切削，从而提高了滚刀的耐用度和滚削生产率。当然这时滚齿机应有沿滚刀轴向进给的机构，并保证啮合关系。由于滚刀轴向就是工件的切向，故称之为切向进给，其刀架称为切向进给刀架，如图 3-27 所示。

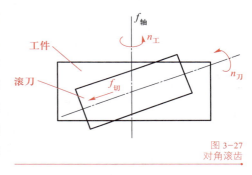

图 3-27
对角滚齿

5）当采用大直径滚刀时，用轴向切入的切入时间较长，可改用径向切入（图 3-28），也可采用多件切削来提高生产率。

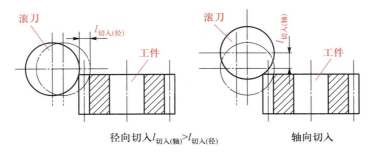

径向切入 $l_{切入(轴)} > l_{切入(径)}$　　　　轴向切入

图 3-28
滚刀的径向切入

6）用顺铣代替逆铣，即滚刀从下向上沿工件轴向进给，可提高刀具耐用度和降低表面粗糙度 Ra 值，从而可加大切削用量，提高生产率。如图 3-29 所示，逆铣时，滚刀由上向下沿工件轴向进给，切削截面由小到大，开始有一段刮削过程，滚刀刀刃不锋利时更为严重；刀齿水平分力 P_x 随其位置不同改变大小和方向，使刀架与立柱之间导轨配合时紧时松，因此工件表面粗糙度较差。顺铣时，滚刀由下向上沿工件轴向进给，切削截面由大到小，不会产生刮削过程；但刀齿垂直分力 P_y 随其位置不同而改变大小和方向，因此传动丝杠和螺母间必须有消除间隙的装置才能工作，否则产生振动。

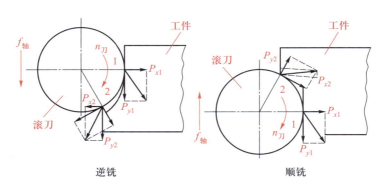

图 3-29
滚齿时的逆铣和顺铣

3.3.4　插齿加工

插齿也是一种广泛应用的齿形加工方法，常与滚齿并提。它相当于一对圆柱齿轮啮合，插齿刀相当于一个变位齿轮。插齿时，有插齿刀上下往复运动，往下是切削；有让刀运动，即插齿刀向上时，工件或刀具在径向退让一个距离，以防止刀具擦伤已加工面；有展成运动，还有径向进给运动。

插齿和滚齿相比，在加工质量、表面粗糙度、生产率和应用范围等方面都有其特点。

1. 加工质量

1）插齿的齿形精度比滚齿高。滚齿时，形成齿形包络线的切线数量只与滚刀容屑槽的数目和基本蜗杆的头数有关，它不能通过改变加工条件而增减；但插齿时，形成齿形包络线的切线数量由圆周进给量的大小决定，并可以选择。此外，制造齿轮滚刀时是用造型近似的蜗杆来替代渐开线基本蜗杆，这就会产生造型误差。而插齿刀的齿形比较简单，可通过高精度磨齿获得精确的渐开线齿形。所以插齿可以得到较高的齿形精度。

2）插齿后齿面的粗糙度值比滚齿加工的小。这是因为滚齿时，滚刀在齿向方向上做间断切削，形成鱼鳞状波纹；而插齿时插齿刀沿齿向方向的切削是连续的，所以插齿时齿面粗糙度值较小。

3）插齿的运动精度比滚齿差。这是因为插齿机的传动链比滚齿机多了一个刀具蜗轮副，即多了一部分传动误差。另外，插齿刀的一个刀齿相应切削工件的一个齿槽，因此，插齿刀本身的周节累积误差必然会反映到工件上。而滚齿时，因为工件的每一个齿槽都是由滚刀中相同的 2～3 圈刀齿加工出来，故滚刀的齿距累积误差不影响被加工齿轮的齿距精度，所以滚齿的运动精度比插齿高。

4）插齿的齿向误差比滚齿大。插齿时的齿向误差主要决定于插齿机主轴回转轴线与工作台回转轴线的平行度误差。由于插齿刀工作时往复运动的频率高，使得主轴与套筒之间的磨损大，因此插齿的齿向误差比滚齿大。

所以就加工精度来说，对运动精度要求不高的齿轮，可直接用插齿来进行齿形精加工，而对于运动精度要求较高的齿轮和剃前齿轮，则用滚齿较为有利。

2. 表面粗糙度分析

插齿的表面粗糙度值和波度值比滚齿的小。因为插齿相当于刨齿，滚齿相当于铣齿。对齿面来说，插齿时切削是连续的。

滚齿时，由于刀槽数量有限，齿形的多边棱角形较大，插齿时，插齿刀的上下往复运动次数可随工件周向进给速度的减小而相对增加，因而可以减小多边棱角，降低表面粗糙度 Rz 值。实际上，插齿刀上下往复运动的速度不变，只改变展成运动的速度。

3. 生产率分析

一般来说滚齿的生产率高于插齿的生产率，因为插齿是往复运动，回程不切削。插齿系统刚度较低，切削用量不能太大。对于小模数齿轮（$m<2.5$ mm），插齿的生产率可能高于滚齿。对于薄齿轮，单件生产时，滚齿的切入长度大，可能生产率不及插齿。插齿的生产率可从以下几方面来提高：

1）高速插齿。目前一般插齿机的插齿刀往复运动的速度为每分钟几百次，高速插齿机可提高到每分钟 1 200～1 500 次。但由于是往复运动，会受到惯性和振动的限制。

2）可提高周向进给量。这和齿形精度有矛盾。另外随着周向进给量的增加，让刀量也要增加。

3）多件加工。对于薄工件可以几件叠在一起加工。

4）循环工位加工。将安装工件的时间和机工时间重合起来，采用转位的方法上料。还可以双主轴插齿机同时加工两个工件。

4. 应用范围

1）插齿可加工内齿轮和齿条（有专门的插齿刀插齿条机床），滚齿却不能。

2）插齿刀加工多联齿轮时，齿轮间的空刀空间可以较小，而滚齿刀则需较大空间。

3）插齿刀加工扇形齿轮时比滚齿生产率高，滚齿的空程损失太大。

4）插齿刀有专门附件时能加工斜齿轮，即插齿刀上有螺旋导套使它在上下往复运动时附加一个往复回转运动，而滚齿刀加工斜齿轮则比较方便，一般多用滚齿刀加工斜齿轮。

5）滚齿刀可以加工蜗轮，因为它可以径向进给，插齿刀却不能加工蜗轮。

3.3.5 剃齿

剃齿时工件和剃齿刀之间的相对运动是作斜齿轮副运动，剃齿刀是一个在齿面上开有许多小沟槽（切刃）的斜齿轮，在与工件作斜齿轮副的啮合时，依靠齿面的滑动而获得切削作用，如图 3-30 所示。

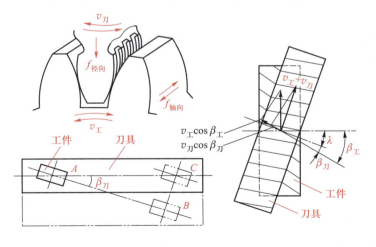

图 3-30
剃齿加工原理

当剃齿刀有螺旋角 $\beta_刀$，工件有螺旋角 $\beta_工$ 时，则两者的轴线交角为 λ：

$$\lambda=\beta_{刀}\pm\beta_{工}$$

式中：＋号表示剃齿刀和工件两者螺旋角的方向相同；

　　　－号表示剃齿刀和工件两者螺旋角的方向相反。

如果工件为直齿轮，则 $\lambda=\beta_{刀}$。

将剃齿刀展开，若工件在其上自由滚动，则将从 A 点滚动到 B 点，但若将工件的轴向固定，则将从 A 点滚动到 C 点，产生相对滑动 BC，而相对滑动的速度就是剃齿刀的切削速度。设工件的圆周速度为 $v_{工}$，剃齿刀的圆周速度为 $v_{刀}$，则

$$v=v_{工}\sin\beta_{工}\pm v_{刀}\sin\beta_{刀}$$

式中：v——剃齿刀切削速度，严格说是在工件节圆处的切削速度，因为在工件的齿顶和齿根，还有沿渐开线齿形的滑动速度，这时剃齿刀的切削速度应是这两个速度的向量和。

剃齿时是两斜齿轮的啮合，因此是点切削，其切削轨迹是经过啮合点的一条线，要切削全齿宽，工件还必须在其轴线方向移动。为了使工件的两齿面均能较好地剃削，剃齿刀应正转后反转，并配合工作台在工件轴向的往复运动。工件的转动是由剃齿刀带动的，工件也将随剃齿刀作正反转。工作台每往复移动一次，剃齿刀作一次径向进给，直至需要的齿厚为止。

一般对于钢件，剃削时 $\lambda=15°$，$v_{刀}=130\sim145$ m/min，$v=35\sim45$ m/min，工作台沿工件轴向进给 $f_{轴向}=0.2\sim0.4$ mm，工作台往复一次剃齿刀径向进给 $f_{径向}=0.02\sim0.08$ mm。

1. 剃齿精度分析

剃齿是自由对滚，从剃齿刀到工件之间无刚性传动链，因此它对精度的校正能力总的来说是有限的。

（1）对齿圈径向跳动有一定的校正能力　　剃齿时是无间隙啮合，当齿轮有几何偏心时，剃齿刀开始切削时与工件远离中心的齿作无间隙啮合，与其他齿仍有间隙，因此远离中心的齿就被多切去一些，逐渐使得全部齿都是无间隙啮合，因此能校正齿圈径向跳动。

（2）对齿距累积误差的校正能力很小　　剃齿时，左右齿面去掉的余量基本相等，虽然有的齿去掉余量多，有的齿去掉余量少，但齿的分布均匀性并不能有显著修正，所以对齿距累积误差和公法线长度变动的校正能力均很小。

（3）对基节偏差的校正能力较强　　工件的基节偏差主要是由于刀具的制造误差和安装误差所引起，剃齿时，一般啮合系数 $\xi=1.5\sim1.8$，因此常有两对齿同时接触。从图 3-31 可以看出，若工件的基节有偏差，工件的基节大于剃齿的基节，则只有 B、C 两点产生剃削，A 点不产生剃削，从而使基节精度提高。

（4）对齿形误差的校正能力　　由于剃齿对基节偏差有较强的校正能力，所以对齿形误差也有较强的校正。但剃齿后容易在齿面上产生中凹现象，这主要是由于在剃齿时，齿顶和齿根处同时有两个齿在被剃削，而分度圆附近节圆处，只有一个齿在被剃削，如图 3-32 所示。在实际啮合线上，对啮合系数为 $1.5\sim1.8$ 时，大约两头各 15% 长为双齿啮合区，而中间 70% 长为单齿啮合区。双齿啮合区的切削比压小，剃削量小；单齿啮合区的切削比压大，剃削量大，因此齿面成中凹形，产生齿形误差，其值可达 $0.01\sim0.03$ mm。

总的来说，剃齿对齿形的校正能力还是很强的，一般用 A 级剃齿刀可加工出 6 级精度的齿轮。

（5）对齿向误差的校正能力较强　　剃齿对齿向误差的校正能力与剃齿刀和工件两者轴线的交叉角 λ 有关。一般来说，λ 角小，齿面的导向作用好，校正齿向误差的能力强；λ 角大，对齿向误差的校正能力弱。由于交叉角 λ 的大小又与切削速度有关，λ 角越小，剃削的切削速度越小，故要全面考虑，一般

$\lambda = 10° \sim 20°$。

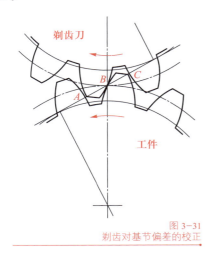

图 3-31
剃齿对基节偏差的校正

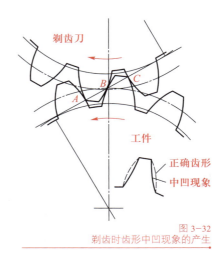

图 3-32
剃齿时齿形中凹现象的产生

综上所述，剃齿对于基节偏差、齿形误差等有较强的校正能力，但对于运动偏心所引起的一些误差，如分度蜗轮的齿距偏差，分度蜗杆造成的（小）周期误差等，剃齿的校正能力很弱，或基本上不能校正，因为这些误差都表现为齿的不均匀性，而齿圈径向跳动很小，由于剃齿是自由对滚，只能影响工件转动瞬时速度的变化。

2. 剃齿生产率分析

剃齿的生产率很高，直径为 100～200 mm 的工件，一般每小时可剃齿 30 件左右。但剃齿刀是一种成形刀具，制造和刃磨要有专门设备，因此提高剃齿刀的寿命是十分重要的。

3. 几种剃齿方法

为了提高剃齿的精度和生产率，有几种普通剃齿方法的演变。

（1）桶形齿剃削　桶形齿在全齿宽上是中间厚、两端薄，这种桶形齿的齿轮在装配时，可以减小由于轴心线偏斜所引起的不良啮合，因而可以减小齿轮噪声。在剃削过程中，工作台往复运动时依靠机床上滑块和斜槽的作用，使工作台产生摆动，从而使工件的两端齿面多剃掉一些，形成桶形齿。

（2）对角线剃齿、切向剃齿及径向剃齿　普通剃齿时，工作台是沿工件轴向往复运动，一般工作台行程长

$$L = B_工 + \delta$$

式中：$B_工$——工件的宽度；

δ——超越量。

这种轴向剃齿法的剃齿刀工作部分仅在其齿宽中部附近的一圈，因而刀具磨损不均匀，影响剃齿刀寿命，如图 3-33a 所示。

采用对角线剃齿就是将工件轴线与工作台进给方向成一角度 γ（图 3-33b），而剃齿刀仍和工件保持交叉角 λ 的关系，这样工作台行程就缩短成为 L_{min}，显然小于 L，从几何关系可知：

看 $\triangle ABD$

$$AD = B_工 \sin\lambda$$

看 $\triangle ACD$

$$AD = AC\sin(\lambda + \gamma)$$

$$AC = L_{min} = \frac{B_工 \sin\lambda}{\sin(\lambda + \gamma)}$$

可见，生产率可以提高。从式中可知，γ 角越大，工作台行程越短，但 γ 角太大，剃齿刀宽度就要加大，如图 3-33c 所示。

对角线剃齿时，刀具的磨损区域不是总在一个地方，而是在不同截面，因此磨损比较均匀，提高了剃齿刀的寿命。

当 $\gamma = 90°$ 时，就成为切向剃齿法，这时剃齿刀宽度 $B_刀 = \dfrac{B_工}{\cos\lambda}$，宽度要更长，工作台行程 $L_{min} = B_工 \tan\lambda$，行程将更短，生产率将更高，但剃齿刀要较宽，增加了制造和刃磨的工作量，如图 3-33d 所示。

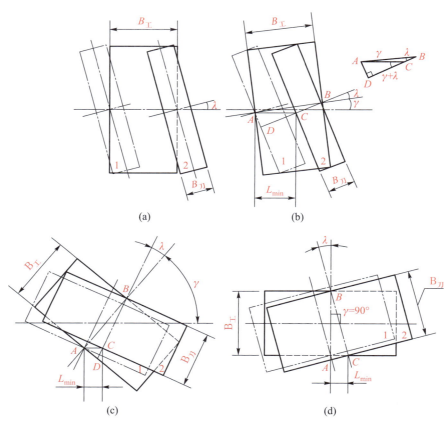

图 3-33
对角线剃齿和切向剃齿

径向剃齿法，这种方法工作台无往复进给运动，而是通过修正剃齿刀使刀具与工件呈线接触。径向剃齿法由于工作台无往复运动，机床的刚度大大提高；由于刀刃是线接触，切削载荷均匀。因此，剃齿精度、表面质量和生产率都比较高，但关键在于剃齿刀的设计和制造。

（3）精车剃齿　剃齿相当于斜齿轮副啮合，啮合时是点接触，整个渐开线齿面从开始啮合到脱开，其接触点轨迹如图 3-34a 所示。

如果将剃齿刀的刃口按照理论啮合点的轨迹做出，这时的剃齿即为精车剃齿。精车剃齿刀可做成装配式（图 3-34b），以便于刃磨。

精车剃齿刀寿命高，便于刃磨，不必用精密磨床，只用工具磨就可以了。

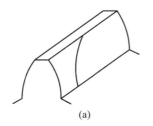
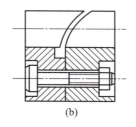

（a）　　　　　　　　　　　　　　（b）

图 3-34
精车剃齿

3.3.6　磨齿

磨齿是加工精密齿轮和淬火齿轮最常用的加工方法，它可分为两大类：

（1）成形法　是用成形砂轮配以单齿分度，磨齿精度可达 5～6 级。但要有专门机构修整砂轮齿形，磨齿时接触面大，易烧伤。

（2）展成法　有展成运动，机床结构比较复杂，但砂轮为齿条形，修整方便，磨齿精度一般比成形法高，但生产率有时不及成形法。展成法又可分为锥面砂轮磨齿、双片碟形砂轮磨齿、大平面砂轮磨齿和蜗杆砂轮磨齿。

1. 锥面砂轮磨齿

锥面砂轮两侧都是锥形，砂轮相当于齿条，其展成运动相当于是齿轮与固定齿条相啮合，如图 3-35 所示。砂轮相当于固定齿条，作回转运动产生切削作用，并上下往复运动以磨削全齿宽。工件在假想齿条上做滚转运动，即工件顺时针方向回转的同时又向左移动，这时磨削齿的右齿面；工件逆时针方向回转的同时又向右移动，这时磨削齿的左齿面。一个齿的两齿面磨完后，即工件往复一次后就进行分度，磨削下一个齿。

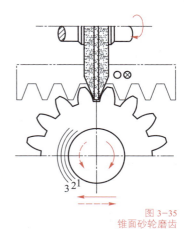

当磨完一个齿的一侧齿面继而磨另一个齿面时，如果在工件反向转动的同时其中心也立即反向移动，由于锥面砂轮的宽度一般小于假想齿条的宽度（图 3-35），这时，另一侧齿面就磨不到。因此，要求工件反向移动时，其中心先停留一段时间后再反向移动，这种机构称为火花调整机构，可以使齿面两侧的火花均匀。

图 3-35
锥面砂轮磨齿

工件与假想齿条的展成运动是由驱动工件移动的丝杠螺母机构和带动工件回转的蜗轮蜗杆机构并通过交换齿轮的连接来完成的。不同基圆直径齿轮的传动比用更换交换齿轮的方法来达到。工件的分度是通过交换齿轮将一定的回转数送入带动工件回转的差动机构中来完成的，以使工件转过一个齿。分度时，砂轮应脱离工件，一种方法是砂轮径向退出；另一种方法是砂轮径向位置不动，分度时，工件在原移动方向（即展成运动方向）作快退和快进，砂轮切入工件进行磨削。

锥面砂轮磨齿法又称之为 Niles 法，可磨削直齿轮和斜齿轮。磨削斜齿轮时，砂轮架回转一个螺旋角即可，工件不要附加转动；调整方便，对不同直径、齿数的工件，只需要调整展成运动的交换齿轮。这种方法由于机床的传动链长，并有丝杠螺母、蜗轮蜗杆、交换齿轮等环节，影响精度的因素多，一般只能磨 6

级精度的齿轮，最高可达 5 级。为了提高生产率，现在有双片锥面砂轮磨齿机，用两片锥面砂轮同时磨削两个齿的不同齿面，但精度为 5～6 级。

2. 双片碟形砂轮磨齿

这种磨齿方法是用两片碟形砂轮形成假想齿条的两个齿面，被磨削齿轮与假想齿条啮合，在其上做滚转运动，从而由砂轮磨出渐开线齿面，因此这种方法也是利用齿轮齿条的啮合原理，如图 3-36 所示。

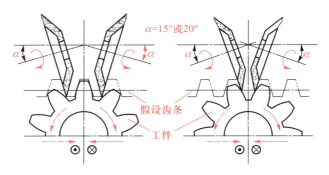

图 3-36
双片碟形砂轮磨齿

实际工作时，齿轮与假想齿条的展成运动是通过扇形圆盘和钢带之间的纯滚动来实现的，扇形圆盘直径等于工件的节圆直径，如图 3-37 所示。扇形圆盘和钢带之间的纯滚动使工件回转，同时使工件头架移动，当工件逆时针方向转动时，工件向右移；工件顺时针方向转动时，工件向左移。砂轮做高速回转运动，以便进行磨削。工作台沿工件轴向作进给运动，以便磨出全齿宽。每当磨完一个齿，工作台往复一次。工件头架也往复一次。工作台刚要反向时，工件作分度运动，由与工件同轴的分度盘进行分度，转过一个齿。

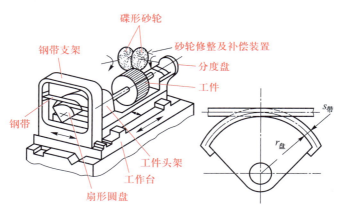

图 3-37
双片碟形砂轮磨齿的运动

磨削直齿时，钢带支架固定在工作台上，没有沿扇形圆盘径向的移动；在磨削斜齿时，随着工作台沿工件轴向的进给运动，通过一个可调角度的槽盘，使钢带支架产生一个相应的运动，从而使工件有一附加转动，形成螺旋角。

这种磨齿方法又称为 Maag 法，其特点如下：

1）能经济地磨出 4 级精度齿轮。因为砂轮与工件在理论上是点接触，实际上是接触面积很小的面接触，在砂轮上的接触长度约 0.5 mm，所以产生的热量小，又便于散热，常可进行干磨。同时砂轮有自动修整和自动补偿装置，可定时修整砂轮并补偿尺寸。另外，展成运动是采用扇形圆盘和钢带结构，这种机构简单、精度高，没有丝杠螺母、蜗轮蜗杆、交换齿轮等长传动链的影响，又采用了分度盘定位，这些都使得双片碟形砂轮磨齿有较高的精度，甚至可磨出 3 级精度齿轮。

2）这种磨齿方法生产率较低，成本较高。因为砂轮头架及砂轮本身刚度较差，切深不能太大，又是单齿分度，所以生产率可能是最低的。而且，这种机床的结构复杂，制造精度要求高；对不同节圆直径的齿轮工件要配一套扇形圆盘，对不同齿数的齿轮工件要配分度盘，因此成本较高，一般多用来磨削精密淬硬齿轮。

3）双片碟形砂轮磨齿法根据砂轮调整角度的不同可分为 15°/20°磨削和 0°磨削两种方式。

15°/20°磨削时，砂轮倾斜 15°或 20°齿形角，它以工件的节圆为滚动圆，扇形圆盘的半径 $r_{盘}$ 为

$$r_{盘} = \frac{r_{节}\cos\alpha}{\cos\alpha_{砂}} - \frac{s_{带}}{2}$$

式中：$r_{节}$——齿轮节圆半径；

$\quad\quad \alpha$——齿轮的分度圆压力角；

$\quad\quad \alpha_{砂}$——砂轮实际倾斜角；

$\quad\quad s_{带}$——钢带厚度。

这种方法调整简单、精度高，齿面上可得到网状花纹，有利于油膜生成，润滑好。它还可以分别调整两个砂轮的倾斜角，磨出两齿面压力角不同的齿轮。但它不能进行齿向或齿形的修整，如齿形修缘和修根，磨削桶形齿等。

0°磨削时，砂轮倾斜角为零度，因此展成运动是由基圆滚动而得到，这时啮合线与基圆相切，只能磨出直纹齿面，没有网纹好，但它可以进行齿形或齿向修整。由于这种磨削方式砂轮与齿面的接触弧短，因此工作台沿工件轴向的行程短，啮合角也比较小，啮合长度短，故生产率较高。

3. 大平面砂轮磨齿

大平面砂轮磨齿是用直径很大（$\phi400\sim\phi800$ mm）的砂轮平面进行磨削，砂轮不必沿工件轴向做进给运动，它的工作原理也是假想齿条和齿轮的啮合，但它是用精密渐开线靠模来实现展成运动，如图 3-38 所示。工件头架的主轴上，装有渐开线靠模，用重锤使靠模紧靠在挡块上。当工件回转时，靠模也一起回转，工件头架就在滑槽内滑动，这样就形成工件在假想齿条上的滚转运动。再配以分度运动、砂轮架进给运动和砂轮回转的切削运动等，就可以磨削整个齿轮的齿面。在磨完所有齿的一侧齿面后，工件调头安装，磨削另一侧齿面。大平面砂轮磨齿，一般都是将砂轮轴放在水平位置，砂轮头架是固定不动的，也不能倾斜角度，但是工件头架和工作台一起倾斜一个角 $\alpha_{安}$（图 3-38），其原理如下：

（1）用一个渐开线靠模可磨出基圆直径相近的一系列齿轮，从而减少了渐开线靠模的数量　渐开线靠模紧靠在挡块上并回转时，相当于靠模基圆直径 $d_{b模}$ 在直线 CC 上做滚动，如果 $\alpha_{安} = 0°$，这时可以看作是一个齿轮与 $\alpha_n = 0°$ 的假想齿条（平牙齿条）的啮合，齿轮的节圆就等于靠模的基圆，即工件的节圆直径等于靠模的基圆直径（$d_{b模} = d_{节}\cos\alpha_n$，式中：$d_{b模}$——靠模基圆直径；$d_{节}$——工件节圆直径；$\alpha_n$——啮合角）。这时，工件的基圆直径就是靠模的基圆直径，因此不同基圆的工件就要有相应的渐开线靠模。

当工作台倾斜了一个角度 $\alpha_{安}$，则磨出的工件基圆直径 $d_{b工}$ 为

$$d_{b工} = d_{b模}\cos\alpha_{安}$$

式中：$d_{b模}$——渐开线靠模的基圆直径。

从上式可知，用同一靠模，改变工作台的安装角 $\alpha_{安}$，就可以加工不同基圆直径的齿轮。

（2）增加砂轮磨削面区域减少砂轮的磨损　如果 $\alpha_{安} = 0°$，则砂轮只在半径为 R 的一圈磨削，砂轮磨损很快。如果 $\alpha_{安} \neq 0°$，则砂轮与工件齿形的接触点在磨削时在一定范围内移动（图 3-38），位置 I 时接触点为 P_1，位置 II 时接触点为 P_2，从而使砂轮的磨损减小。所以实际上，只有工作台倾斜一个角度 $\alpha_{安}$ 才能工作。

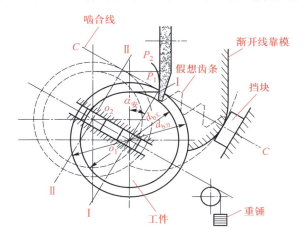

图 3-38
大平面砂轮磨齿

大平面砂轮磨齿可以得到 4 级精度，由于工件不做轴向进给，因此不能磨宽的齿轮，一般多用于磨削插齿刀、剃齿刀和标准齿轮，在工具车间或工具制造厂应用较多。

4. 蜗杆砂轮磨齿

蜗杆砂轮磨齿是近年来发展起来的连续分度磨齿工艺，其加工原理如图 3-39 所示。蜗杆砂轮相当于一个渐开线蜗杆，作高速转动，转速为 2 000 r/min，有一定的磨削速度。蜗杆砂轮每转一周，工件转过一个齿角，这是指单头蜗杆砂轮。蜗杆砂轮的法向基节等于齿轮的法向基节。磨削时，工件作轴向进给运动，蜗杆砂轮头架作径向进给运动，由工件滑座倾斜一个螺旋角，可见其加工原理与滚齿相同，而运动的执行机构稍有差别。

蜗杆砂轮磨齿，精度可达 4 级，一般为 5～6 级。生产率很高，是一种很有前途的磨齿方法。怛其关键问题是蜗杆砂轮的修整，目前多用环形滚压轮进行滚压，再用金刚石刀修整成形。修整时有专用机床，也可就地修整，但这时砂轮主轴要有变速装置。

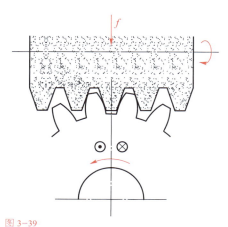

图 3-39
蜗杆砂轮磨齿

现在，蜗杆砂轮磨齿机多采用同步电机、光栅－电液脉冲马达方案来简化和缩短传动链，提高机床精度。同步电机方案指在砂轮和工件上各用一台同步电动机带动，从而缩短了传动链，而用光栅－电液脉冲马达代替分齿交换齿轮，则简化了传动系统，因此精度可达 4 级。

这种磨齿法可加工直齿和斜齿，可进行齿向修正，做桶形齿，还可通过修整砂轮来修正齿形。对于模数小于 0.3～0.5 mm 的齿轮，不需先经滚齿，可直接从齿坯磨出。蜗杆砂轮磨齿时，工件的最大模数为 7 mm，最大直径为 700 mm 左右，蜗杆砂轮的最大直径为 400 mm。

3.3.7 珩齿

珩齿是指用珩轮精加工淬火齿轮的齿面，其加工原理与剃齿相似，为自由对滚，是一对无侧隙螺旋齿轮的啮合，由珩轮带着工件回转。珩磨时，珩轮作正、反向回转，工件作轴向往复进给运动（由工作台带动，珩轮反向、工作台也反向），还有珩轮作径向进给运动，以产生一定压力。

珩轮的结构一般是在钢料齿坯上粘上一层环氧树脂、固化剂乙二胺和磨粒的混合物，用模具制作，固化后脱模修整，即可使用。磨粒的材料、粒度可根据需要选择，一般为80#～150#的氧化铝或碳化硅等。对于模数小的珩轮，钢料齿坯上没有齿形，齿形由环氧树脂、磨粒等混合物形成，如图3-40所示。

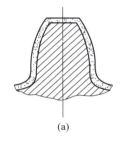
(a)

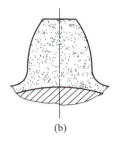
(b)

图 3-40
珩轮结构

珩齿时，珩轮转速一般在 1 000 r/min 以上，压力为 100 N 左右，工作台往复进给为 0.05～0.065 mm/s，珩齿余量一般为单面 0.01～0.02 mm。

珩齿能提高表面质量，表面粗糙度 Ra 值可由 3.2 μm 下降到 0.4 μm，这是由于珩齿兼有研磨和抛光的作用。其齿形精度也有一定的提高，这反映在噪声有所降低。珩齿的生产率很高，一般工作台 3～5 个往复行程即可完成。

3.4 基于微机器人的超精密加工技术

目前，微机器人在超精密加工领域中的应用主要有以下几种方式：微加工机器人、宏－微机器人双重驱动、机床与机器人结合、扫描隧道显微镜和原子力显微镜等。

对于微小零件的精密加工中存在的主要问题是：如何以微观精度和低成本实现微小零件的加工与装配。由于基于传统方法的加工产生驱动误差补偿和温度补偿控制需要消耗大量能量，近些年来，基于 IC 工艺和深层 X 射线技术也被成功用于复杂工艺的微机械零件的加工，但是，被加工材料局限性大，加工和维护的费用也很昂贵。而携带有各种微操作、加工、测量工具的微小机器人，不仅可以进行精密零件的加工、检验和装配，还可以合作完成一些大型机床难以完成的工序。因此，基于微机器人的超精密加工成为实现超精密加工的一种有效方式。

3.4.1 微加工机器人

日本静冈大学开发了一组微小机器人。每个机器人尺寸大约在 1 in³（1 in³ = 16.387 064 cm³），由压电晶体驱动，电磁铁实现在工件表面的定位，这种机器人不仅可以在水平的表面移动，还可以在立面和天棚上移动，而不需要导轨等辅助装置。它还提供了模块化设计，因而为完成不同的微观操作，可以选择不同的工具，如小锤、微检测工具和灰尘捕获探针等。在实验中，多个机器人中有一个带有减速齿轮驱动的微钻头，其他的由直流电动机带动小齿轮驱动，可以合作进行工件表面的微孔加工。

"纳米机器人"是机器人工程学的一种新兴科技，纳米机器人的研制属于"分子纳米技术（Molecular nanotechnology，简称 MNT）"的范畴，它根据分子水平的生物学原理为设计原型，设计制造可对纳米空间进行操作的"功能分子器件"。

纳米机器人的设想，是在纳米尺度上应用生物学原理，发现新现象，研制可编程的分子机器人。合成生物学对细胞信号传导与基因调控网络重新设计，开发"在体"或"湿"的生物计算机或细胞机器人，从而产生了另一种方式的纳米机器人技术。

3.4.2　宏−微结合的驱动方式

将工业机器人与微动机器人结合在一起使用，可以制造成精密机器人，完成超精密加工及装配。这种方法的优点是可以克服工业机器人精度低的缺点，利用微动机器人提高精度；同时又可以消除微机器人运动行程小的弱点，使机器人可以进行大范围的作业。例如，在大规模集成电路装配中常使用机器人。但是常规的机器人的精度和速度往往不能满足要求，精度低多是源于驱动 / 伺服精度和机构的传动误差，响应时间慢是由于系统共振模态的带宽窄。为实现精确而且快速操作，日本的电气通信大学设计了普通工业 SCARA 机器人与压电陶瓷驱动器结合的高精度装配机器人系统，用于 IC 芯片的加工，效果很好，如图 3–41 所示。系统宏动是由 SCARA 机器人完成的，微动是由一对精密工作台分别实现 X、Y 方向的精确运动，工作台由压电陶瓷驱动。

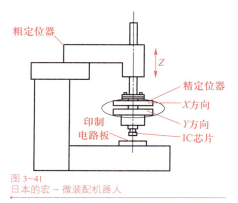

图 3–41
日本的宏 – 微装配机器人

3.4.3　机床与微机器人技术的结合

在超精密加工中使用最多的金刚石精密车床、各种精密磨床等，由于环境对于加工精度的影响很大，因而需要在高度清洁车间内进行。同时为了减小误差，应尽量减小振动、传动误差，实现微进给。微机器人主要用于机床的床身与底座的振动抑制、数控与测量、微进给系统等。如用金刚石车床车削镜面磁盘，车刀的进给量为 5 µm，就是利用微机器人实现的。将弹性薄膜和电致伸缩器组合成微进给机构，利用电致伸缩器的伸缩带动工作台运动，实现微量进给。利用压电陶瓷伸长和收缩，制成超精密车床溜板的三动振动控制系统，结合模糊神经网络控制方法，可以抑制溜板的振动，提高加工精度。将微机器人技术应用于新型镗床，利用压电陶瓷控制镗刀的径向进给，设计出变形镗杆，可以加工出高精度的活塞异型销孔。该机构体积小，结构简单，重量轻，制造装配容易。

3.4.4　扫描隧道显微镜

扫描隧道显微镜也可以看成是一种微机器人，它一般由压电陶瓷晶体驱动，可以在 X、Y、Z 三个方向上实现纳米级移动，主要用于零件表面的检测，也可用于分子、原子搬迁重组。原子力显微镜能够操作分子尺寸的粒子，在未来的纳米级零件的装配领域中具有广阔的应用前景。MIT（麻省理工学院）确立了一个名为 Nanowalker 项目，对于微操作机器人的集成化问题进行了进一步的探索，研制多个微小的、具有多种功能的柔性微操作机器人。

思考题与习题

1. 试论述精密加工与超精密加工的概念、特点及其重要性。

2. 精密加工与超精密加工之间的界限是相对的，且随着时间的推移而变化，试说明理由。

3. 分析金刚石刀具超精密切削的机理、条件和应用范围。

4. 影响精密磨削的主要因素有哪些？

5. 研磨、珩磨、超精研的主要区别有哪些？

6. 超精密磨料加工包括哪两方面？

7. 什么叫原子、分子加工单位的加工方法？

8. 试论述精密圆柱齿轮的加工工艺路线，其主要加工方法有哪些？

第4章　计算机辅助设计与制造技术

计算机辅助设计与制造（简称 CAD/CAM）技术是 20 世纪 60 年代以来迅速发展起来的一门新兴的综合性计算机应用技术。随着计算机硬、软件技术和其他科学技术的进步与发展，CAD/CAM 技术日趋完善，它的应用范围也不断扩大。今天的 CAD/CAM 已广泛应用于数值计算、工程绘图、工程信息管理、生产控制等设计、生产的全过程。它的应用已遍及电子、机械、造船、航空、汽车、建筑、纺织、轻工及工程建设等行业。CAD/CAM 技术对传统产业的改造，新兴产业的发展，设计、制造、信息自动化水平的提升，劳动生产率的提高，市场竞争能力的增强等均产生了巨大的影响。CAD/CAM 技术的发展与应用，彻底改变了传统的设计与制造方式，将现代工业中的设计和制造技术带到了一个崭新的阶段。

4.1　CAD/CAM 概述

4.1.1　CAD/CAM 的基本概念

CAD/CAM 技术是指以计算机作为主要技术手段，处理各种数字信息与图形信息，辅助完成产品设计和制造中的各项活动。

计算机辅助设计（computer aided design，CAD）是人与计算机相结合、各尽所长的新型设计方法。从思维的角度看，设计过程包含分析和综合两个方面的内容。人可以进行创造性的思维活动，将设计方法经过分析，转换成计算机可以处理的数学模型和解析这些模型的程序。在程序运行过程中，人可以评价设计结果，控制设计过程；计算机则可以发挥其分析计算和存储信息的能力，完成信息管理、绘图、模拟、优化和其他数值分析任务。在设计过程中人与计算机发挥各自的优势，有利于获得最优设计结果，缩短设计周期。

计算机辅助制造（computer aided manufacturing，CAM）是利用计算机对制造过程进行设计、管理和控制。一般说来，计算机辅助制造包括工艺设计、数控编程和机器人编程等内容。工艺设计主要是确定零件的加工方法、加工顺序和所用设备。近年来，计算机辅助工艺设计（computer aided process planning，CAPP）已逐渐形成了一门独立的技术分支。当采用数控机床加工零件时，需要编制数控机床的控制程序。计算机辅助编制数控程序，不但效率高，而且错误率很低。在自动化的生产线上，采用机器人完成装配与传送等任务，利用计算机也可以实现机器人编程。本章的 CAM 部分，主要阐述数控加工原理与程序编制，而不涉及机器人编程问题。

计算机辅助设计和计算机辅助制造关系十分密切。开始，计算机辅助几何设计和数控加工自动编程是两个独立发展的分支。但是随着它们的推广应用，二者之间的相互依存关系变得越来越明显。设计系统只有配合数控加工，才能充分发挥其巨大的优越性。另一方面，数控技术只有依靠设计系统产生的模型才能发挥其效率。所以，在实际应用中二者可以很自然地紧密结合起来，形成计算机辅助设计与制造集成系统。通常，CAD/CAM 系统指的就是这种集成系统。在 CAD/CAM 系统中，设计和制造的各个阶段可以利用公共数据库中的数据。公共数据库将设计与制造过程紧密地联系为一个整体。数控自动编程系统利用设计的结果和产生的模型，形成数控加工机床所需的信息。CAD/CAM 可大大缩短产品的制造周期，显著提高产品质量，从而产生更大的经济效益。

4.1.2 CAD/CAM 系统的工作过程

　　CAD/CAM 系统是设计、制造过程中的信息处理系统，它需要对产品设计、制造全过程的信息进行处理，包括设计、制造中的数值计算、设计分析、三维造型、工程绘图、工程数据库的管理、工艺分析、NC 自动编程、加工仿真等各个方面。CAD/CAM 系统充分利用了计算机高效准确的计算功能、图形处理功能以及复杂工程数据的存储、传递、加工功能，在运行过程中，结合人的经验、知识及创造性，形成一个人机交互、各尽所长、紧密配合的系统。CAD/CAM 系统输入的是设计要求，输出的是制造加工信息。一个较为完整的 CAD/CAM 系统的工作过程如图 4-1 所示，它主要包括以下几个方面：

　　1）通过市场需求调查以及用户对产品性能的要求，向 CAD 系统输入设计要求。在 CAD 系统中首先进行设计方案的分析和选择，根据设计要求建立产品模型，包括几何模型和诸如材料处理、制造精度等非几何模型，并将所建模型储存于系统的数据库中。

　　2）利用 CAD/CAM 系统应用程序库中已编制的各种应用程序，对产品模型进行设计计算和优化分析，确定设计方案及产品零部件的主要参数，同时，调用系统中的图形库，将设计的初步结果以图形的方式输出在显示器上。

　　3）通过计算机辅助工程分析计算功能对产品进行性能预测、结构分析、工程计算、运动仿真和装配仿真。

　　4）根据计算机显示的结果，设计人员对设计的初步结果做出判断，如果不满意，可以以人机交互作业方式进行实时修改，直至满意为止。将修改后的产品设计模型仍存储在 CAD/CAM 系统的数据库中，并可通过绘图机输出设计图纸和有关文档。

　　5）CAD/CAM 系统从产品数据库中提取产品的设计制造信息，在分析其零件几何形状特点及有关技术要求后，对产品进行工艺规程设计，将工艺设计结果存入系统的数据库中，同时在屏幕上显示输出。

　　6）工艺设计人员可以对工艺规程设计的结果进行分析、判断，并以人机交互方式进行修改，最后以工艺卡片或数据接口文件的形式存入数据库，以供后续模块读取。

　　7）在打印机上输出工艺卡，成为车间生产加工的工艺指导性文件。NC 自动编程子系统从数据库中读取零件几何信息和加工工艺规程，生成 NC 加工程序。

　　8）进行加工仿真、模拟，验证所生成 NC 加工程序是否合理、可行。同时，还可进行刀具、夹具、工件之间的干涉、碰撞检验。

　　9）在普通机床、数控机床上按照工艺规程和 NC 加工程序加工制造出有关产品。

　　由上述过程可以看出，从初始的设计要求、产品设计的中间结果，到最终的加工指令，都是产品数据信息不断产生、修改、交换、存取的过程，在该过程中，设计人员仍起着非常重要的作用。一个优良的 CAD/CAM 系统应能保证不同部门的技术人员能相互交流和共享产品的设计和制造信息，并能随时观察、修改设计，实施编辑处理，直到获得最佳结果。

4.1.3 CAD/CAM 系统的组成

　　一般认为 CAD/CAM 系统是由硬件、软件和人组成。硬件由计算机及外围设备组成，如计算机、绘图仪、打印机、网络通信设备等，它是 CAD/CAM 系统的物质基础。软件是指计算机程序及相关文档，它是信息处理的载体，是 CAD/CAM 系统的核心，包括系统软件、支撑软件和应用软件等。图 4-2 为 CAD/CAM 系统的分层体系结构。

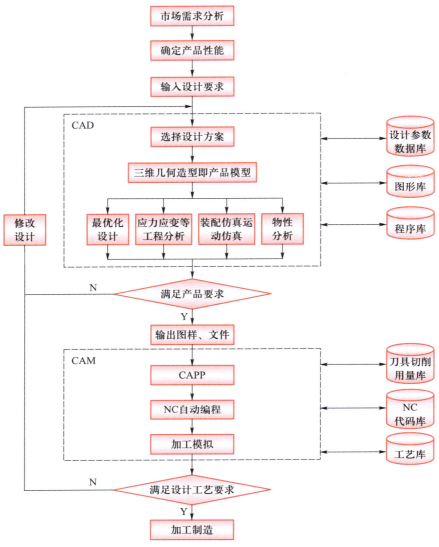

图 4-1
CAD/CAM 系统的工作过程

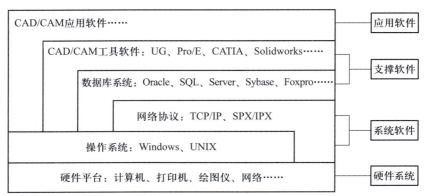

图 4-2
CAD/CAM 系统的分层体系结构

人在 CAD/CAM 系统中起着关键的作用，从前面所述 CAD/CAM 系统的工作过程可以看出设计人员所起的重要的作用。目前 CAD/CAM 系统基本都采用人机交互的工作方式，通过人机对话完成 CAD/CAM 的各种作业过程。CAD/CAM 系统这种工作方式要求人与计算机密切合作，各自发挥自身的特长。计算机在信息的存储与检索、分析与计算、图形与文字处理等方面有着特有的功能，而设计策略、逻辑控制、信息组织以及经验和创造性方面，人将占有主导地位，尤其在目前阶段，人还起着不可替代的作用。

4.1.4　CAD/CAM 系统的硬件

CAD/CAM 系统的硬件主要包括计算机主机、外存储器、输入设备、输出设备、网络通信设备及生产设备等，如图 4-3 所示。

1. 计算机主机

计算机主机是 CAD/CAM 系统硬件的核心，主要由中央处理器（CPU）、内存储器（简称内存）、控制器、运算器和输入 / 输出（I/O）接口组成。CPU 是计算机的心脏，通常由控制器和运算器组成。内存储器是 CPU 可以直接访问的存储单元，用于存储长驻的控制程序、用户指令和准备接受处理的数据。控制器作用是使系统内各模块相互协调地工作，能够进行人机之间、计算机之间、计算机与各外部设备之间的信息传输和资源的调度，指挥系统中各功能模块执行各自的功能；而运算器执行程序指令所要求的计算和逻辑操作，输出数值计算和逻辑操作的结果。主机的输入 / 输出接口用于实现计算机与外界之间的通信联系。

计算机的处理能力一般取决于相应处理器的处理速度和字长。所谓字长是指中央处理器在一个指令周期内从内存提取并处理的二进制数据的位数，字长有 8 位、16 位、32 位和 64 位等几种。数据处理速度表示每秒处理指令的平均数，即定点运算中加、减、乘、除运算次数的平均值。通常，字长越多，则计算速度越快，计算精度越高，例如 386、486 微机为 32 位，Pentium 微机为 64 位计算机。

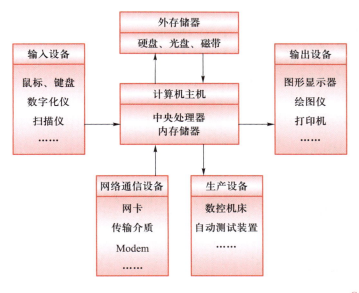

图 4-3
CAD/CAM 系统的硬件组成

计算机主机的类型及使用性能很大程度上决定了 CAD/CAM 系统的使用性能，根据 CAD/CAM 系统的应用范围和相应软件的规模，可以选用大中型计算机、小型机、工程工作站和微型计算机。

（1）**大中型计算机**　这种系统采用大中型计算机为主机，一台主机带几台至几百台图形终端和字符终端及其他图形输入和输出设备。它的特点是资源共享较多，有较强的计算能力和运算速度，可以从事复杂的设计计算和分析；缺点是投资大，如果主机出现故障，则整个系统就处于瘫痪状态等。

（2）**小型机**　小型机性能价格比优于大中型计算机，这类系统在 20 世纪 70 年末和 80 年初发展较快，到了 80 年代中期，小型机逐渐被性能价格比更好的工程工作站所代替。

（3）**工程工作站**　这是一种介于微型机和小型机之间的系统，它的基础是高性能超级微机。由于采用了分布式超级微机网络，使它的总体性能达到小型机 CAD/CAM 系统，但它的价格却比后者低得多。工程工作站采用多 CPU 并行处理技术，大的虚拟存储空间，具有强大的图形显示和处理功能，具有高速网络通信能力，系统日趋开放等特点，是较理想的 CAD/CAM 系统硬件平台。

（4）**微型计算机**　微型计算机系统投资少，性能价格比高，操作容易，对使用环境要求低，应用软件丰富。与工程工作站比较，微型计算机 CPU 处理能力和速度相对较弱。但近年来，微型计算机发展异常迅速，高档微型计算机的功能已接近低档工作站水平，许多原来只能在工程工作站上运行的 CAD/CAM 软件越来越多地移植到微型计算机平台。目前，在我国由微型计算机组成的 CAD/CAM 系统占据主流地位。

2. 外存储器

主机中的内存储器直接与 CPU 相连，存储速度快，但价格高，且断电后信息即丢失，故计算机系统都配置了外存储器，以长期保存有用信息。由于 CAD/CAM 要处理的信息量特别多，因此大容量外存储器显得特别重要。主机要处理的大量信息，如各种软件、图形库和数据库等都存放于外存储器，通过主机调入内存接受 CPU 处理。

3. 输入设备

在 CAD/CAM 系统中，输入设备是将各种外部数据转换成计算机内部能识别的电脉冲信号的设备。输入设备是人与计算机进行通信的重要设备，通过它可实现交互式操作。常用的输入设备有键盘、鼠标、数字化仪、扫描仪及其他输入设备等。

（1）**键盘**　键盘是最常用的输入设备。通过键盘，用户可以将设计所需要的各种参数、命令以及字符串输入计算机。

（2）**鼠标**　鼠标是一种常用的手动输入的屏幕指示装置，通过它可将运动值转化为数字量，确定运动的距离和方向，进行定位工作。

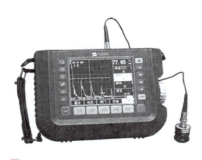

图 4-4
数字化仪

（3）**数字化仪**　数字化仪又称图形输入板，是一种将图形信息转换成数字信息的装置。数字化仪的基本构成是一块输入平板和一个可在平板上移动的游标器或感应触笔（图 4-4）。数字化仪按其工作原理可分为电磁感应式、超声波式、静电耦合式等类型。在使用时，把游标器移动到指定位置，按下游标器的按钮，发出信号，输入平板接收信号并产生相应的坐标代码，即可将该点的坐标送入计算机或选择该位置的功能菜单。

（4）**扫描仪**　扫描仪是通过光电阅读装置直接把图形（如工程图纸）或图像（如照片、广告画）扫描输入到计算机中，以像素信息进行存储表示的设备。目前的扫描仪有各种各样的扫描输入系统，根据对扫描图形性质的不同要求可分为两类：一类输出的是光栅图像；另一类输出的是矢量化图形。对于后一类扫描系统，图形必须经过矢量化处理。所谓图形的矢量化处理是将点阵图像文件所表示的线条和符号识别出来，以直线、圆弧、圆以及矢量字符的矢量信息形式代替原点阵图像信息。该系统在工作时，首先用扫描仪扫描图纸，得到一个光栅文件，然后进行矢量化处理，将其变成二进制矢量文件，随后再针对某种 CAD/CAM 系统，进行矢量文件的格式转换，变成该 CAD/CAM 系统可接受的文件格式，最后输出矢量图。图 4-5 所示为这类系统的工作流程图。该系统可以快速地将大量图纸输入计算机，节省了大量人力与时间。

（5）其他输入设备　其他输入设备有数码相机、光笔、操纵杆等。

图 4-5
矢量化扫描系统工作原理

4. 输出设备

输出设备是将计算机处理后的数据转换成用户所需形式的设备。CAD/CAM 系统常用的输出设备有：图形显示器、打印机、绘图仪和其他输出设备。

（1）图形显示器　图形显示器是 CAD/CAM 系统不可缺少的基本装置之一，用于文字和图形信息的显示。

目前，图形显示器采用的显示器件有：阴极射线管（CRT）、液晶显示（LCD）、激光显示和等离子显示等。常用的显示器是阴极射线管显示器和液晶显示器。阴极射线管显示器采用阴极射线管技术，依靠电子信号控制荧光屏上的光标传输信息，通过感光方法实现信息的高速传递，使实时人机对话方法的实现成为可能。它可分为随机扫描刷新式显示器、存储管式显示器及光栅扫描式显示器。

（2）打印机　打印机以打印文字为主，也能输出图形，是最常见的输出设备，按工作方式可分为击打式和非击打式两种。非击打式打印机包括喷墨打印机和激光打印机。由于这类打印机打印速度快、质量好、打印噪声低等优点，目前在 CAD/CAM 系统中应用最广。

（3）绘图仪　绘图仪用于大型图形绘制，是一种高速、高精度的图形输出装置。有笔式、喷墨式和激光式多种形式。目前在 CAD/CAM 系统中常用的是喷墨式绘图仪（图 4-6）和激光式绘图仪（图 4-7）。

（4）其他输出设备　其他输出设备有影像输出设备、语音输出设备和硬拷贝机等。

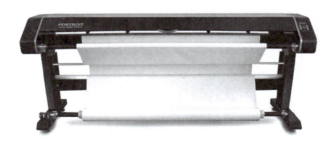

图 4-6
喷墨式绘图仪

图 4-7
激光式绘图仪

5. 网络通信设备

网络通信设备一般包括网络适配器、传输介质和调制解调器。

（1）网络适配器　网络适配器称为网卡，它将计算机内信息保存的格式与网络线缆发送或接受的格式进行双向变换，控制信息传递及网络通信。

（2）传输介质　传输介质是指通信线路，网络传输介质主要有双绞线、同轴电缆和光缆。

（3）调制解调器　调制解调器适用于将数字信号变成模拟信号或把模拟信号变为数字信号，是利用电话拨号上网的接口设备。

从应用上说，利用网卡、传输介质及调制解调器可以组建成小型局域网，但为了提高网络性能，还可根据具体情况选用集线器（HUB）、路由器（ROUTER）、网关（GATEWAY）等互联设备。

除了上述介绍的基本配置外，对于一个功能完整的 CAD/CAM 系统，还应配置数控机床、自动测试装置等生产设备。

4.1.5　CAD/CAM 系统的软件

计算机软件是指控制计算机运行，并使计算机发挥最大功效的有关程序和数据的总称。CAD/CAM 系统的软件是 CAD/CAM 技术的关键，软件水平的高低决定了系统效率和使用的方便性。目前，随着 CAD/CAM 系统功能越来越复杂，软件成本所占的比重越来越大，软件在 CAD/CAM 系统中占有的地位也越来越重。

在不同的 CAD/CAM 系统中，对软件的要求各有不同，这些软件的开发设计一般需要由计算机的软件人员和专业领域的设计人员密刃合作，才能取得满意的效果。

在 CAD/CAM 系统中，根据执行任务和编制对象的不同，可将软件分为系统软件、支撑软件和应用软件三个层次，它们之间的关系如图 4-8 所示。

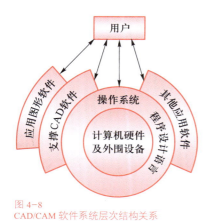

图 4-8
CAD/CAM 软件系统层次结构关系

1. 系统软件

系统软件主要用于计算机的管理、维护、控制及运行，以及计算机程序的翻译、装入及运行。系统软件主要包括以下几类：

（1）操作系统　操作系统是计算机的最底层软件，负责对计算机系统内所有软件和硬件资源进行监控和调度，使之协调一致高效率地运行。操作系统的任务包括 CPU 作业管理、内存分配管理、输入输出装置管理、硬盘文件管理等内容。操作系统的种类很多，用于小型机的有 UNIX、Windows、Linux；用于微型机的操作系统比较多，常用的有 UNIX、Windows 等。

（2）语言编译系统与图形接口标准　语言编译系统是将高级语言编写的程序翻译成计算机能够直接执行的机器指令的软件工具。有了编译系统，用户就可以应用接近于人类自然语言和数学语言的方式来编写程序，而编译成机器指令的工作由编译系统去完成。目前 CAD/CAM 系统应用得最多的计算机高级语言有：FORTRAN、C/C++、BASIC、JAVA、LISP、PASCAL、COBOL 等。其中 C/C++ 语言有较强的图形功能，是最流行的软件开发语言，目前 Windows 平台广泛使用的 VC 就是以 C 或 C++ 作为描述语言的。JAVA 语言采用 JAVA 虚拟机技术，使其能够运行在各种类型的计算机上。目前 JAVA 语言被广泛用于基于 Web 的项目管理与开发。LISP 是一种人工智能语言，在研制专家系统时经常用到。

为实现图形在计算机设备进行输出，必须向高级语言提供相应的接口程序。初始的图形接口依赖于所用的编译系统，为了统一不同硬件和操作系统环境下图形接口软件模块的开发，先后推出了 GKS、GKS-3D、PHIGS、GL/OpenGL 等图形接口标准。利用这些标准所提供的接口函数，应用程序可以方便地输出二维和三维图形。

2. 支撑软件

支撑软件是 CAD/CAM 系统的核心，是为满足 CAD/CAM 工作中一些用户共同需要而开发的通用软件。目前，支撑软件都是商品化软件，一般由专门的软件开发公司开发。用户在组建 CAD/CAM 系统时，要根据使用要求来选购配套的支撑软件，形成相应的开发环境。由于计算机应用领域迅速扩大，支撑软件开发研制有很大的进展，商品化支撑软件层出不穷。其中通用的可分为下列几类：

（1）工程分析软件　这类软件主要用来解决工程设计中各种数值计算问题，包括常用的数学方法程序库、有限元法结构分析软件、优化设计软件、机构动态分析软件、仿真模拟软件等。其中较流行的有 AN-SYS、NASTRAN 以及大型动力学分析软件 ADAMS 等。

（2）图形支撑软件　它又可分为图形处理语言及交互式绘图软件。图形处理语言通常是以子程序或指令形式提供的一套绘图语句，供用户在以高级程序语言编程时调用，如 C、FORTRAN 等语言中画线、画圆等指令。交互式绘图软件可用人机交互形式进行产品造型、图形编辑、尺寸标注等图形处理工作，具有尺寸驱动参数化绘图功能，有较完备的机械标准件参数化图库。这些软件比较多，仅用于微型机上的就有 AutoCAD、CADKEY、MicroCAD 等，它们都具有二维绘图功能。此外还有三维实体建模软件如：Pro/E、UG、CATIA、I-DEAS、SolidWorks、SolidEdge 等也属此列。

（3）数据库管理系统　数据库管理系统是在操作系统基础上建立的操纵和管理数据库的软件。数据库管理系统为 CAD/CAM 系统提供了数据资源共享、保证数据安全及减少数据冗余等功能。数据库管理系统中常用的数据模型主要有层次模型、网状模型和关系式模型。在 CAD/CAM 系统上，几乎所有应用软件都离不开数据库，提高 CAD/CAM 系统的集成化程序主要取决于数据库的水平。目前比较流行的数据库管理系统有：FoxPro、Oracle、Ingres、Sybase、Access 等。

（4）计算机网络工作软件　网络工作站 CAD/CAM 系统将成为未来主要环境之一，因此具有较强功能的网络系统软件是必不可少的。计算机网络工作软件包括服务器操作系统、文件管理软件及通信软件等，应用这些软件可进行网络文件系统管理、存储器管理、任务调度、用户间通信及软硬件资源共享等工作。

目前应用较为广泛的网络软件有：Microsoft 公司的 Windows Server 系列、Novell 公司的 NetWare、UNIX 和 Linux 等。

3. 应用软件

应用软件是在系统软件、支撑软件基础上，针对某一个专门应用领域而研制的软件。这类软件通常需要用户结合自己设计的任务自行研制开发，此项工作又称为"二次开发"。能否充分发挥已有 CAD/CAM 系统的效益，应用软件的技术开发工作是关键。应用软件类型多，内容丰富，也是企业在 CAD/CAM 系统建设中研究开发应用投入最多的方面。如模具设计软件、组合机床设计软件、电气设计软件、机械零件设计软件以及汽车、船舶、飞机设计与制造专用软件等都属于应用软件。需要说明的是，应用软件和支撑软件之间并没有本质的区别，当某一行业的应用软件逐步商品化形成通用软件产品时，它也可以称为一种支撑软件。

4.2　计算机辅助设计（CAD）技术

4.2.1　CAD 系统的基本功能

CAD 系统是 CAD/CAM 集成系统中研究最深入、应用最广泛、发展最迅速的部分。CAD 是一个综合的概念，它表示了在产品设计和开发时直接或间接使用计算机的活动之总和，主要指利用计算机完成整个产品设计的过程。CAD 技术能充分运用计算机高速运算和快速绘图的强大功能为工程设计及产品设计服务，因而发展迅速，目前已获得了广泛应用。

CAD 系统一般应具有以下基本功能：绘图、计算、模拟、制定面向设计用部件构成表、制定各种设计文件、生成与 CAPP、NC 等的接口信息、设计验证、设计更改控制、设计复审及图样修改等。

4.2.2　CAD 系统的类型

CAD 系统按其工作方式和功能特征可大致分为参数化、派生型、交互型与智能型等几种类型。

1. 参数化 CAD 系统

参数化 CAD 系统主要用于系列化、通用化和标准化程度较高的企业，由于产品的结构相对定型，企业产品的设计过程只是根据客户的订货要求对产品的尺寸进行修改，或对产品的结构进行适当的调整而形成不同规格的同系列产品。如电动机、汽轮机、鼓风机、组合机床、变压器等生产企业的产品设计与生产活动便具有明显的上述特点。

参数化 CAD 系统操作使用比较方便，工作效率高，可靠性好，系统的开发也比较简单。这类系统一般是针对某类产品的 CAD 系统，专用性强，运行效率高，但适应性较差。

2. 派生型 CAD 系统

派生型 CAD 系统是在成组技术基础上建立的。按照被设计对象的结构相似性，用分类编码的方法将零件分为若干零件族，通过对零件族内所有零件进行分析，归纳出一个"典型零件"。该典型零件将零件族所有零件的功能要素集于一身，对每个功能结构进行参数化处理，建立相应的数据库、参数化特征库和典型零件图形库，便构成了一个派生型 CAD 系统。

采用成组方法建立的派生型 CAD 系统是按零件编码进行分类管理的，使用时可根据待设计零件特征取得其成组编码，由其编码确定待设计零件属于哪类零件族，然后在系统图形库中调用该族典型零件，如需要还可通过屏幕对图形进行必要的修改，直至完全满足设计要求为止。派生型 CAD 系统可以较为方便地完成相似结构产品的设计，其适用范围较检索型 CAD 系统要宽。

3. 交互型 CAD 系统

交互型 CAD 系统是目前在计算机辅助设计系统较为完善的一种形式。它由设计者描述出设计模型，并由计算机对有关产品的大量资料进行检索，由计算机对有关数据和公式进行高速运算，并通过草图或标准图的显示结果，设计者在分析结果的基础上，通过图形输入设备和人机对话语言直接对图形进行实时修改。这种具有人机交互作用或者对话式的反复作业过程的系统，称为交互型设计系统。

交互型 CAD 系统程序的专用性相对减少，具有应用广泛、功能灵活的特点，能应用于较大范围的机械产品的设计。但设计效率不如参数化和派生型 CAD 系统高，它过多地依赖于人的判断和经验，设计标准化程度低。

4. 智能型 CAD 系统

智能型 CAD 系统是将专家系统技术与 CAD 技术融为一体而建立起来的系统。专家系统是以知识为基础的智能化推理系统，它不同于常说的问题求解系统。其基本思想是使计算机的工作过程尽量模拟该领域专家解决实际问题的过程，即模拟该领域专家如何运用他们的知识与经验去解决实际问题的方法和步骤。

在 CAD 系统中，专家系统主要应用于原理方案的设计、产品建模、分析计算优化、结构设计等方面，对于那些主要基于符号的、推理的和经验判断的作业均可以采用智能型 CAD 系统完成。

4.2.3 几何建模技术

1. 几何建模的概念

CAD/CAM 系统中的几何模型就是把三维实体的几何形状及其属性用合适的数据结构进行描述的存储，供计算机进行信息转换与处理的数据模型。这种模型包含了三维形体的几何信息、拓扑信息以及其他的属性数据。而所谓的几何建模实际上就是用计算机及其图形系统来表示和构造形体的几何形状，建立计算机内部模型的过程。建立起计算机内部模型，然后对该模型进行操作处理，与物理模型相比具有更方便、快速、灵活和低价的特点。因而，几何建模技术是 CAD/CAM 系统中的关键技术，是实现 CAD/CAPP/CAM 集成的基础。

在 CAD/CAM 系统中，三维几何造型是其技术核心。早期的 CAD 系统基本上是显示二维图形，这种系统仅能满足单纯输出 CAD 工程图的需要，而将从二维图样到三维实体造型的转换工作留给了用户。从产品设计的角度看，通常在设计人员思维中首先建立起来的是产品真实的几何形状或实物模型，依据这个模型进行设计、分析、计算，最后通过投影以图样的形式表达设计的结果。因此，直接采用三维实体造型技术来构造设计对象模型不仅使设计过程直观、方便，同时也为后续的应用，如物性计算、工程分析、数控加工编程及模拟、三维装配运动仿真等各领域的应用提供了一个较好的产品数据化模型，对实现 CAD/CAM 技术的集成、保证产品数据的一致性和完整性提供了技术支持。

随着 CAD/CAM 技术的发展，CAD/CAM 所基于的几何模型也不断推陈出新，从最早的线框几何模型，发展到曲面几何模型，又到了现在的实体几何模型。实体模型能够包含较完整的形体几何信息和拓扑信息，已成为目前 CAD/CAM 建模的主流技术。

2. 三维几何建模技术

三维几何建模可分为线框建模、表面建模和实体建模三种主要类型，如图 4-9 所示。

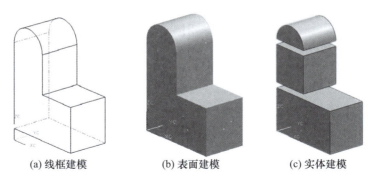

(a) 线框建模　　　　(b) 表面建模　　　　(c) 实体建模

图 4-9
三维几何建模类型

（1）线框建模（wire frame modeling）　线框结构的几何模型是在 CAD/CAM 系统发展中最早用来表示形体的模型，其特点是结构简单，易于理解，又是表面和实体建模的基础。

在这种建模系统中，三维实体仅通过顶点和棱边来描述形体的几何形状。如图 4-10 所示，线框模型的数据结构由一个顶点表和一个棱边表组成（表 4-1、表 4-2），棱边表用来表示棱边和顶点的拓扑关系，顶点表用于记录各顶点的坐标值。

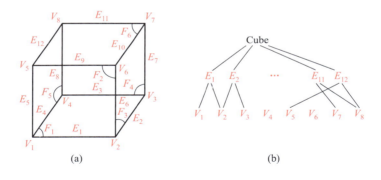

(a)　　　　　　　　　　　　(b)

图 4-10
线框建模的数据结构

表 4-1　顶 点 表

顶点号	x	y	z	顶点号	x	y	z
V_1	10	0	0	V_5	10	0	8
V_2	10	10	0	V_6	10	10	8
V_3	0	10	0	V_7	0	10	8
V_4	0	0	0	V_8	0	0	8

表 4-2　棱 边 表

边号	边上端点号		边号	边上端点号		边号	边上端点号	
E_1	V_1	V_2	E_5	V_1	V_5	E_9	V_5	V_6
E_2	V_2	V_3	E_6	V_2	V_6	E_{10}	V_6	V_7
E_3	V_3	V_4	E_7	V_3	V_7	E_{11}	V_7	V_8
E_4	V_4	V_1	E_8	V_4	V_8	E_{12}	V_8	V_5

这种建模方法数据结构简单，信息量少，占用的内存空间小，对操作的响应速度快。利用线框模型，通过投影变换可以快速地生成三视图，生成任意视点和方向的透视图和轴测图，并能保证各视图间的正确关系。因而，线框建模至今仍得到普遍应用。在许多 CAD/CAM 的三维软件中，如 Autodesk 3D Studio、Microsoft Softimage 等所基于的模型就是线框结构几何模型。但线框结构的几何模型在进行计算机图形学和 CAD/CAM 方面的进一步处理上有很多麻烦和困难，如消隐、着色、干涉检测、加工处理等。

　　（2）表面建模（surface modeling）　表面建模是通过对物体各个表面或曲面进行描述的一种三维建模方法。表面建模的数据结构是在线框建模的基础上增加了面的有关信息和连接指针，除了顶点表和棱边表之外，增加了面表结构（表 4-3）。面表包含有构成面边界的棱边序列、方向、可见与不可见信息等。

表 4-3　面　　表

面号	构成面的边号	可见	面号	构成面的边号	可见
F_1	E_1，E_2，E_3，E_4	N	F_4	E_3，E_7，E_{11}，E_8	N
F_2	E_1，E_6，E_9，E_5	Y	F_5	E_4，E_8，E_{12}，E_5	N
F_3	E_2，E_7，E_{10}，E_6	Y	F_6	E_9，E_{10}，E_{11}，E_{12}	Y

　　从数据结构也可以看出，表面模型起初只应用于多面体结构形体，对于一些曲面形体必须先进行离散化，将之转换为由若干小平面构成的多面体再进行造型处理。曲面几何模型主要应用在航空、船舶和汽车制造业或对模型的外形要求比较高级的软件中，且曲面几何模型在三维消隐、着色等技术中比线框结构的模型处理的方便和容易，所以曲面几何模型在 CAD/CAM 系统曾独领风骚。但曲面几何模型也有一些缺点，就是在有限元分析、物性计算等方面很难施展。

　　（3）实体建模（solid modeling）　实体建模不仅描述了实体的全部几何信息，而且定义了所有点、线、面、体的拓扑信息。实体模型与表面模型的区别在于：表面模型所描述的面是孤立的面，没有方向，没有与其他的面或体的关联；而实体模型提供了面和体之间的拓扑关系。利用实体建模系统可对实体信息进行全面完整地描述，能够实现消隐、剖切、有限元分析、数控加工、对实体着色、光照及纹理处理、外形计算等各种处理和操作。

　　如何将现实的三维实体在计算机内构造并表示出来，是 CAD 作业时的一项首要任务。三维实体造型的方法有许多，常用的有体素法和扫描法。

　　1）体素法：体素法是通过基本体素的集合运算构造几何实体的造型方法。每一基本体素具有完整的几何信息及真实而唯一的三维物体。体素法包含两部分内容：一是基本体素的定义和描述，二是体素之间的集合运算。常用的基本体素有长方体、球、圆柱、圆锥、圆环、锥台等。描述体素时，除了定义体素的基本尺寸参数外（例如长方体的长、宽、高；圆柱的直径、高等），为了准确地描述基本体素在空间的位置和方位，还需定义基准点，以便正确地进行集合运算。体素之间的集合运算有交、并、差三种，图 4-11 所示为采用体素法从定义基本体素到生成实体模型的全过程，通过定义五个基本体素，经过四次集合运算，完成三维实体的建模。

　　2）扫描法：有些物体的表面形状较为复杂，难以通过定义基本体素加以描述，可以定义基体，利用基体的变形操作实现物体的造型，这种构造实体的方法称为扫描法。扫描法又可分为平面轮廓扫描和整体扫描两种。

　　平面轮廓扫描是一种与二维系统密切结合的方法。由于任一平面轮廓在空间平移一个距离或绕一固定

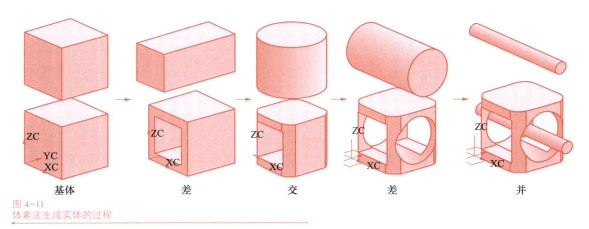

图 4-11
体素法生成实体的过程

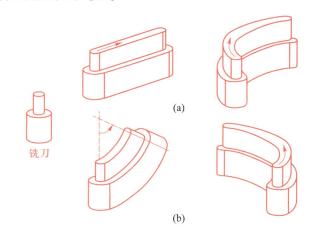

图 4-12
平面轮廓扫描法生成的实体

的轴旋转都会扫描出一个实体，因此对于具有相同截面的零件实体来说，可预先定义一个封闭的截面轮廓，再定义该轮廓移动的轨迹或旋转的中心线、旋转角度，就可得到所需的实体，如图 4-12 所示。

　　整体扫描是首先定义一个三维实体作为扫描基体，让此基体在空间运动，运动可以是沿某一方向的移动，也可以是绕某一轴线转动或绕某一点的摆动，运动方式不同，生成的实体形状也不同，如图 4-13 所示。整体扫描法对于生产过程的干涉检验、运动分析等有很大的实用价值，尤其在数控加工中对于刀具轨迹的生成与检验方面更具有重要意义。

图 4-13
整体扫描法

　　概括地说，扫描变换需要两个分量：一个是被移动的基体，另一个是移动的路径。通过扫描变换可以生成某些用体素法难以定义和描述的物体模型。

　　由于三维实体建模能唯一、准确、完整地表达物体的形状，因而在设计与制造中广为应用，尤其是在对产品的描述、特性分析、运动分析、干涉检验以及有限元分析、加工过程模拟仿真等方面，已成为不可缺少的前提条件。

3. 特征建模技术

（1）**特征建模的概念及特点**　所谓特征是指从工程对象中高度概括和抽象后得到的具有工程语义的功能要素。零件特征描述的是其设计和制造等方面的信息。特征建模即通过特征及其集合来定义、描述零件模型的过程。用特征描述的产品信息模型具有形态、材料、功能、规则等内容。

特征造型方法与前一代的几何造型方法相比较，具有以下特点和作用：

1）过去的 CAD 技术从二维绘图起步，经历了三维线框、曲面和实体造型发展阶段，都是着眼于完善产品的几何描述能力；而特征造型则是着眼于更好表达产品的完整的技术和生产管理信息，为建立产品的集成信息模型服务。它的目的是用计算机可以理解和处理的统一产品模型，替代传统的产品设计和施工成套图纸以及技术文档，使得一个工程项目或机电产品的设计和生产准备各环节可以并行展开，信息流畅通。

2）它使产品设计工作在更高的层次上进行，设计人员的操作对象不再是原始的线条和体素，而是产品的功能要素，像螺纹孔、定位孔、键槽等。特征的引用直接体现设计意图，使得建立的产品模型容易为别人理解和组织生产，设计的图样更容易修改。设计人员可以将更多精力用在创造性构思上。

3）它有助于加强产品设计、分析、工艺准备、加工、检验各部门间的联系，更好地将产品的设计意图贯彻到各个后续环节并且及时得到后者的意见反馈，为开发新一代的基于统一产品信息模型的 CAD/CAPP/CAM 集成系统创造前提。

4）它有助于推动行业内的产品设计和工艺方法的规范化、标准化和系列化，使得产品设计中及早考虑制造要求，保证产品结构有更好的工艺性。

5）它将推动各行业实践经验的归纳总结，从中提炼出更多规律性知识，以丰富各领域专家的规则库和知识库，促进智能 CAD 系统和智能制造系统的逐步实现。

（2）**特征的分类**　特征一般可划分为如下几类：

1）形状特征：用于描述具有一定工程意义的功能几何形状信息。形状特征又可分为主形状特征（简称为主特征）和辅助特征。主特征用于构造零件的主体形状结构，辅助特征用于对主特征的局部修饰（如倒角、键槽、退刀槽、中心孔等），它附加与主特征之上。

2）精度特征：用于描述零件上公称的几何形状允许的变化量，包括尺寸公差、形位公差和表面粗糙度等信息。

3）技术特征：用于描述零件的有关性能、功能和技术要求等。

4）材料特征：用于描述与零件材料和热处理有关的信息，如零件的材料牌号与规格、性能、热处理方式、表面处理方式与条件、硬度值等。

5）装配特征：用于表达零件在装配过程中需要使用的信息和装配时的技术要求，如零件的配合关系、装配顺序和方式、装配要求等。

6）管理特征：用于描述零件的管理信息，如标题栏里的零件名称、图号、批量、设计者、日期等。

在上述特征中，形状特征和精度特征是与零件建模直接相关的特征，而其他特征如管理特征、材料特征、装配特征等虽然不直接参与零件的建模，但它们却也是实现 CAD/CAM 集成必不可少的。

（3）**特征关系**　在一个 CAD/CAM 系统中，对于通常的机械零件的常用特征，如孔、轴、槽等，应当建立一个特征类库，其中包含有对各种基本特征的多项描述。而特征对象——单个特征是特征类的实例，称为实例化特征。

各个特征之间、特征类和特征之间以及特征类之间存在着各种各样的关系，为了描述和特征建模的方便，我们把特征之间的关系分为以下几类：

1）相邻关系：相邻关系反映了主形状特征的空间相互位置关系。

2）引用关系：描述特征类之间作为关联属性而相互引用的关系。引用关系主要存在于形状特征对精度特征、材料特征等的引用，此时形状特征是其他被引用的非形状特征的载体。

3）附属关系：当一个辅特征从属于一个主特征或另一个辅特征时，构成附属关系。

4）分布关系：表示同一种特征以某种阵列方式排列所构成的关系。

（4）特征建模方法　特征建模的方法可分为交互式特征定义、特征自动识别和基于特征的设计三种，如图 4-14 所示。

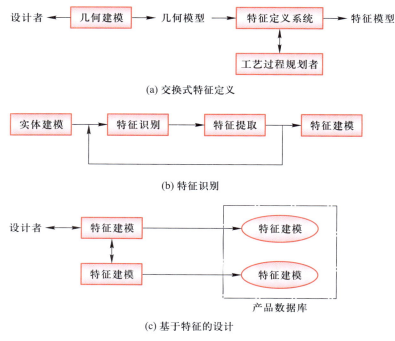

图 4-14
特征建模方法图解说明

1）交互式特征定义：这种方法如图 4-14a 所示，是最简单的特征造型方法。它利用系统建立的几何模型，由用户直接通过图形交互拾取，定义特征几何所需的几何要素，并将特征参数或精度、技术要求、材料热处理等信息作为属性添加到特征模型中。这种方法自动化程度低，产品数据难以实现共享，录入信息时易出错。

2）特征自动识别：特征自动识别工作过程大致如图 4-14b 所示。它通过事先开发的特征识别模块，将几何模型中的数据与预先定义在库中的类特征数据进行比较，确定特征的具体类及其他信息，建立零件的特征模型，从而实现零件的特征造型。这种方法难度大，目前复杂零件的特征识别尚难解决。

3）基于特征的设计：以这种方法进行工程设计，从设计一开始，特征就体现在零件的模型中，如图 4-14c 所示。这种方法直接用特征建立产品模型，而不是事后去识别特征。设计者在设计时，直接用特征定义零件几何体，即通过调用特征库中预定义的特征，经增加、删除、修改等操作建立零件特征模型。特征参与 CAD 系统本身的造型过程就是用特征来进行设计。由于设计者直接面向特征进行零件的造型，因此操作方便，并能较好地表达设计意图，这种方法所建立的特征模型具有丰富的工程语义信息，为后续应用提供了方便。

4.2.4 UG 三维实体造型方法及造型实例

UG 软件是目前国际、国内应用最为广泛的大型 CAD/CAE/CAM 集成化软件之一，它为设计人员提供了非常强大的应用工具，这些工具可以对产品进行设计（包括零件设计和装配设计）、工程分析（有限元分析和运动机构分析）、绘制工程图、编制数控加工程序等。

1. UG 中的特征

在基于特征的实体造型系统中，特征是构造零件的基本单元。在 UG 中的特征大致包括以下几个大类：

（1）体素特征 体素特征（primitives feature）是指简单的三维实体模型，如块体（block）、圆柱体（cylinder）、球体（sphere）、圆锥（cone）等。通过这些基本体素特征的组合，可以构建出很多种三维模型。

（2）扫描特征 扫描特征（swept feature）是指通过对实体表面、曲线等进行拉伸、旋转或沿引导线扫描来创建三维模型。扫描特征要求先构建好曲线，后扫描出所要求的形状。对于曲线的构建，可通过草图（sketcher）功能或曲线（curves）来实现。

（3）基准特征 基准特征（datum feature）是设计零件中的一种非常有用的辅助工具。基准特征可分为基准平面（datum plane）、基准轴（datum axis）和基准坐标系（datum CSYS）。借助于基准特征，可以完成特定的功能。例如将基准面作为辅助面，可以完成在一个圆柱面上打斜孔或在球面上打孔等，这种孔是参数化的，具有修改性。否则无基准平面，在圆柱或球面上打孔很困难。

（4）成形特征 成形特征（form feature）狭义上讲是指必须依赖于某个实体才能存在的特征。成形特征依附于某个实体上，有些在基体上增加材料，有些在基体上去除材料。成形特征包括孔（hole）、圆凸台（boss）、型腔（pocket）、凸台（pad）、键槽（slot）、沟槽（groove）。

（5）自定义特征（UDF） 用户可以自定义特征，并将自定义特征加入到特征库中，需要时直接提取和编辑。

（6）操作特征（operation feature） 在实体上进行以操作为特点的各种特征。如偏置特征、螺纹特征等。

2. 基于特征的零件造型过程

在基于特征的造型系统中，零件是由特征组成的，因此零件的造型过程就是利用系统的各种特征逐步实现设计要求的过程。一般可以把零件设计想象成一个加工过程，示意图如图 4-15 所示。

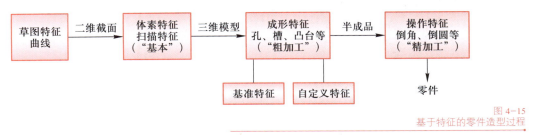

图 4-15
基于特征的零件造型过程

（1）分析零件模型 分析的重点是找出造型对象是由哪些特征组成，其中哪个特征应该作为基体的基本特征，以及各个特征的造型顺序。在考虑基本特征时，一般选择造型对象的主体为基本特征，其他特征在其基础上通过加料或减料完成造型。

（2）生成基体　设计人员往往将整个零件中最主要或最大的部分视为基体。基体的基本特征是零件的第一个实体特征或曲面特征，即主特征，它相当于是零件的"毛坯"，以后的特征就是在"毛坯"上"加工"，直到生成所需要的零件。用户也可以从特征库中获取用户自定义的特征组作为基本特征。

（3）"粗加工"　用户生成了基体以后，就可以进入"粗加工"阶段，这个阶段利用 UG 的成形特征，例如在基体上打孔、开槽等辅助特征，使零件的基本形状显现出来。

（4）"精加工"　利用操作特征对零件进行处理，例如倒圆角、倒斜角、修剪等，完成零件的许多细节加工。

3. 应用 UG 进行基于特征的实体造型实例

UG 是采用参数化设计的、基于特征的实体模型化系统，工程设计人员采用具有智能特性的基于特征的功能去生成模型，如腔、壳、倒角及圆角，可以任意勾画草图，轻易改变模型。这一功能特性给工程设计者提供了在设计上从未有的简易和灵活。UG 具有强大的实体建模功能和直观的用户界面，可以用来进行零件设计、装配设计和工程绘图。零件模型、装配模型以及工程图是完全关联的，任何一方的改变会自动地反映在与之相联系的图形和部件上。图 4-16 所示为应用 UG 系统进行基于特征的实体造型的界面。

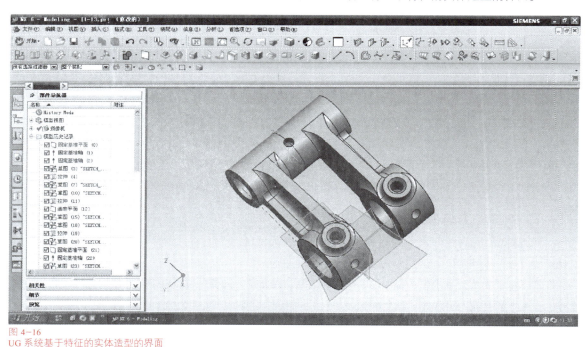

图 4-16
UG 系统基于特征的实体造型的界面

对于图 4-16 所示的零件，在 UG 系统中造型的主要步骤如下：

1）设计轴架基体：创建轴孔套、连接板、肋板、圆台，如图 4-17（a）所示；

2）生成埋头孔：在圆台的上表面生成埋头孔，如图 4-17（b）所示；

3）生成简单孔：在轴孔套上打孔，如图 4-17（c）所示；

4）倒圆角：在各零件连接处倒圆角，得到完整零件，如图 4-17（d）所示。

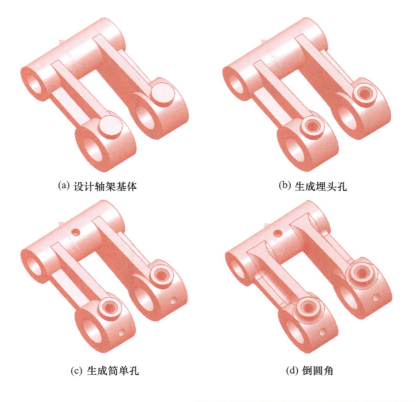

(a) 设计轴架基体　　　　　　　　　(b) 生成埋头孔

(c) 生成简单孔　　　　　　　　　　(d) 倒圆角

图 4-17
造型的主要步骤

4.2.5 CAD 应用软件的开发原则及开发实例

1. CAD 应用软件开发应遵循的原则

市场上提供的各种 CAD 支撑软件，为了扩大其使用范围，往往强调系统的通用性，从而能够满足多个行业的需要。正是强调了软件系统自身的广泛适应性，必然导致系统运行效率的降低。此外，各种不同类型的企业生产的产品和要求千差万别，软件系统开发者要想完全满足各种行业的特殊要求也是不可能的。因此，生产企业在购置了通用性商品化 CAD 支撑软件之后，还必须针对自身的特点和需要做进一步开发，即二次开发。这样，系统的运行效率才能得到进一步提高，系统功能才能得到充分的发挥。

CAD 应用软件具有良好的人机界面，并融合了大量专业设计人员的经验，使一般的设计人员能够使用计算机方便地进行产品设计，提高了设计效率和质量。

应用软件开发是一项复杂的系统工程，开发一个实用性强、结合本企业特点的应用软件应遵循以下几点原则：

1）高素质的软件开发人才。要求软件开发人员既掌握计算机应用技术，又懂得产品设计，熟悉了解用户的自然情况。

2）所开发的软件应方便用户使用，无须对用户做过多的训练工作。用户不必具有更多的计算机方面的专门知识和程序编写技能，只需简单地了解有关的计算机操作方法，就能够使用计算机方便地进行产品的设计工作。

3）应使用户尽量少记各种操作规则、专门名词和特殊符号，采用菜单的形式以方便用户操作。

4）采用灵活的提示信息。应用软件运行时，应能给出简单易懂的提示信息，使用户的工作能够顺利进行。

5）可以容忍的响应时间。人与计算机对话应保证计算机具有可以容忍的响应时间，如操作者输入一条简单的对话指令，系统应在两秒时间内做出反应，对于处理时间较长的命令应回答一个"正在处理"的反馈信息。

6）良好的出错处理。人们进行操作时，免不了会发生一些错误，一个好的系统在错误发生后可以复原到错误操作前的状态。

7）按照软件工程方法组织应用软件的开发。软件工程方法将软件从定义、设计、实现到运行维护的全过程分解为一系列步骤，每一步都有相应的技术来指导实施，软件工程方法是应用软件开发需要遵循的基本规范。

2. CAD 应用软件开发实例

CAD 应用软件的种类很多，如模具设计软件、机床设计软件、机械零件设计软件以及汽车、船舶、飞机设计专用软件等。下面对加工中心总体设计智能 CAD 系统做简单的介绍。

加工中心总体设计智能 CAD 系统根据分级模块化原理，将加工中心机床逐级划分为产品级、部件级、组件级和元件级，利用专家知识和 CAD 技术再将它们组合成各种功能模块，并将有限的模块组合成众多的可供用户选择的总体布局方案，不仅扩大了组合方案的灵活性，同时也便于知识库的描述和图形库的管理。本系统实现了专家设计思维过程，并将推理结果转化为机床布局和模块结构，最后自动绘出加工中心总体联系的尺寸图。

（1）系统总体结构　系统是由统一在中文 Windows 用户界面下的参数图形库、数据库与数据库管理系统、知识库和推理机组成的专家系统。参数化图形库子系统由模块库和布局形式库组成，机床的模块和布局采用三维结构描述图描述。该描述图记录了模块本身的几何关系、模块间的相互位置关系、所需模块的功能类型和名称等。数据库管理子系统是整个系统数据管理的核心，为参数化图形库提供所需的关键数据文件。系统采用 Windows、C++、AutoCAD 作为系统的开发平台，采用面向对象的 C++ 语言和 AutoLISP 语言进行开发。

系统根据被加工对象工艺信息和用户要求，自动选取设计规范和标准，提出设计方案，设计者在交互环境下只需输入少量信息，系统将自动完成总体布局并显示总体联系尺寸图。系统总体结构如图 4-18 所示。

加工中心总体设计智能 CAD 系统的任务是根据用户信息和设计要求，通过专家推理搜索知识库，生成用户要求的加工中心总体布局，分配运动，绘制加工中心总体联系尺寸图并输出主要技术参数。系统采用专家系统的原理进行设计，全部工艺决策原则以知识库的形式独立于程序之外，构成典型的知识库、推理机、数据库分离的结构。软件设计采用模块化结构，各模块之间相对独立，各模块之间的联系通过外部数据库和文件进行。系统具有良好的用户界面和完善的在线帮助功能，提供对话框和任务书两种输入方式，构成了系统输入、推理、绘图、输出以及知识库管理和维护的良好的集成环境。

（2）总体布局模块设计　加工中心主要技术参数可分为尺寸参数、运动参数、动力参数等。其中，立式加工中心由床身、Y 向导轨、工作台、滑座（包括 X 向导轨）、主轴箱、刀库、数控装置、主电动机、立柱（包括 Z 向导轨）、伺服装置及电源箱等组成。其总体布局设计流程如图 4-19 所示。

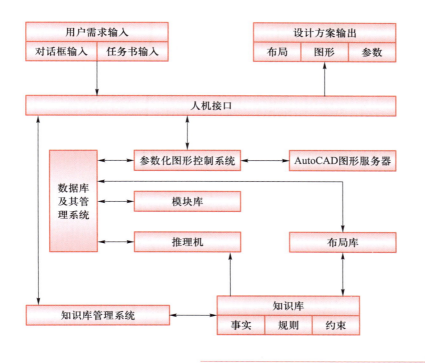

图 4-18
系统总体结构图

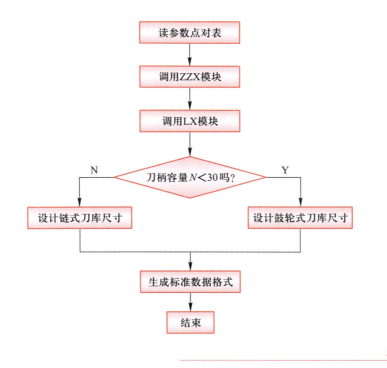

图 4-19
总体布局设计流程图

（3）功能模块的分类　在加工中心总体布局构思中，应努力减少机床所包含的总模块数，简化模块自身复杂程度，以避免模块组合时产生混乱。系统根据功能独立性和结构完整性等原则，对立式加工中心、卧式加工中心、车削加工中心在功能分析的基础上进行分类，划分并创建了一系列功能模块。其中立式加工中心的部分功能模块三维描述如图 4-20 所示。

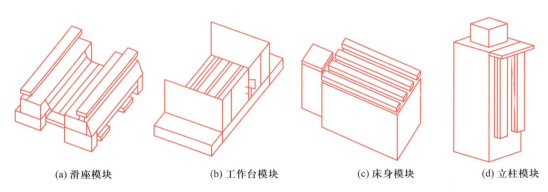

(a) 滑座模块　　(b) 工作台模块　　(c) 床身模块　　(d) 立柱模块

图 4-20
立式加工中心部分功能模块组

4.3　计算机辅助工艺过程设计（CAPP）

4.3.1　CAPP 系统的功能及结构组成

1. CAPP 系统的功能

　　CAPP 是应用计算机快速处理信息功能和具有各种决策功能的软件来自动生成工艺文件的过程。CAPP 能迅速编制出完整而详尽的工艺文件，大大提高了工艺人员的工作效率，可以获得符合企业实际条件的优化工艺方案，给出合理的工时定额和材料消耗，并有助于对工艺人员的宝贵经验进行总结和继承。CAPP 不仅能实现工艺设计自动化，还能把生产实践中行之有效的若干工艺设计原则及方法转换成工艺决策模型，并建立科学的决策逻辑，从而编制出最优的制造方案。CAPP 是连接 CAD 和 CAM 的桥梁，是实现 CAD/CAM 以至 CIMS 集成的一项重要技术。

　　CAPP 系统一般具有以下功能：输入设计信息；选择工艺路线、决定工序、机床、刀具；决定切削用量；估算工时与成本；输出工艺文件以及向 CAM 提供零件加工所需的设备、工装、切削参数、装夹参数以及反映零件切削过程的刀具轨迹文件等。

2. CAPP 系统的结构组成

　　CAPP 系统的种类很多，但其基本结构主要可分为以下五大组成模块：零件信息获取、工艺决策、工艺数据库 / 知识库、人 – 机交互界面和工艺文件管理 / 输出（图 4-21）。

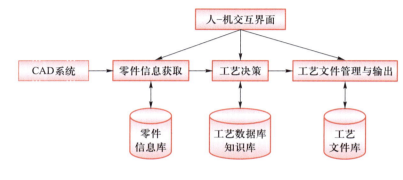

图 4-21
CAPP 系统的构成

　　（1）零件信息获取　零件信息是 CAPP 系统进行工艺过程设计的对象和依据，零件信息常用的输入方法主要有人机交互输入和从 CAD 造型系统所提供的产品数据模型中直接获取两种方法。

（2）工艺决策　工艺决策模块是以零件信息为依据，按预先规定的决策逻辑，调用相关的知识和数据，进行必要的比较、推理和决策，生成所需要的零件加工工艺规程。

（3）工艺数据库/知识库　工艺数据库/知识库是 CAPP 的支撑工具，它包含了工艺设计所要求的工艺数据（如加工方法、切削用量、机床、刀具、夹具、工时、成本核算等多方面信息）和规则（包括工艺决策、决策习惯、加工方法选择规则、工序工步归并与排序规则等）。

（4）人机交互界面　人机交互界面是用户的操作平台，包括系统菜单、工艺设计界面、工艺数据/知识输入界面、工艺文件的显示、编辑与管理界面等。

（5）工艺文件管理与输出　如何管理、维护和输出工艺文件是 CAPP 系统所要完成的重要内容。工艺文件的输出包括工艺文件的格式化显示、存盘和打印等内容。

4.3.2　CAPP 系统的类型及其工作原理

CAPP 系统是根据企业的类别、产品类型、生产组织状况、工艺基础及资源条件等各种因素而开发应用的，不同的系统有不同的工作原理，就目前常用的 CAPP 系统可分为派生式、创成式和综合式三大类。

1. 派生式 CAPP 系统

派生式 CAPP 系统是在成组技术的基础上，按零件结构和工艺的相似性，用分类编码系统将零件分为若干零件加工族，并给每一族的零件制定优化加工方案和编制典型工艺规程，以文件形式存储在计算机中。在编制新的工艺规程时，首先根据输入信息编制零件的成组编码，根据编码识别它所属的零件加工族，检索调出该零件加工族的标准工艺规程，然后进行编辑、筛选而得到该零件的工艺规程，产生的工艺规程可存入计算机供检索用。图 4-22 所示为派生式 CAPP 系统的工作原理图。

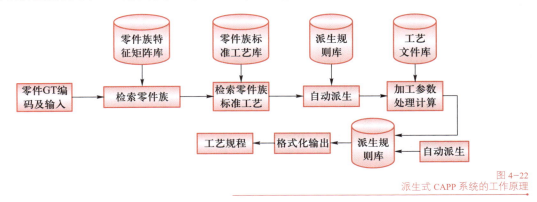

图 4-22
派生式 CAPP 系统的工作原理

派生式 CAPP 系统继承和应用了企业较成熟的传统工艺，应用范围比较广泛，有较好的实用性，但系统的柔性较差，对于复杂零件和相似性较差的零件，不适宜采用派生式 CAPP 系统。

2. 创成式 CAPP 系统

创成式 CAPP 系统是一个能综合零件加工信息，自动地为一个新零件创造工艺规程的系统。如图 4-23 所示，创成式 CAPP 系统能够根据工艺数据库的信息和零件模型，在没有人干预的条件下，系统自动产生零件所需要的各个工序和加工顺序，自动提取制造知识，自动完成机床、刀具的选择和加工过程的优化，通过应用决策逻辑，模拟工艺设计人员的决策过程，自动创成新的零件加工工艺规程。为此，在 CAPP 系统中要建立复杂的能模拟工艺人员思考问题、解决问题的决策系统，完成具有创造性的工作，故称之为创成式 CAPP 系统。

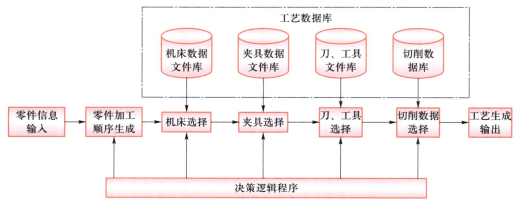

图 4-23
创成式 CAPP 系统的工作原理

创成式 CAPP 系统便于实现计算机辅助设计和计算机辅助制造系统的集成，具有较高的柔性，适应范围广，但由于系统自动化要求高，应用范围广，系统实现较为困难，目前系统的应用还处于探索发展阶段。

3. 综合式 CAPP 系统

综合式 CAPP 系统也称半创成式 CAPP 系统，它综合派生式 CAPP 与创成式 CAPP 的方法和原理，采用派生与自动决策相结合的方法生成工艺规程，如需对一个新零件进行工艺设计时，先通过计算机检索它所属零件加工族的标准工艺，然后根据零件的具体情况，对标准工艺进行自动修改，工序设计则采用自动决策产生，其工作原理如图 4-24 所示。

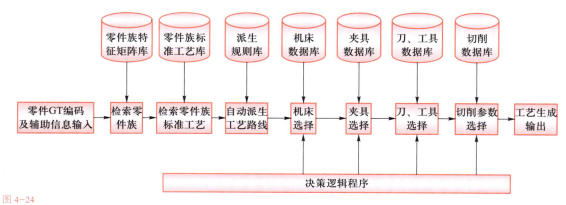

图 4-24
综合式 CAPP 系统的工作原理

综合式 CAPP 系统兼顾了派生式 CAPP 与创成式 CAPP 两者的优点，克服各自的不足，既具有系统的简洁性，又具有系统的快捷和灵活性，有很强的实际应用性。

4.3.3　CAPP 系统的基础技术

1. 成组技术

成组技术是一门生产技术科学，CAPP 系统的研究和开发与成组技术密切相关。成组技术的实质是利用事物的相似性，把相似问题归类成组并进行编码，寻求解决这一类问题相对统一的最优方案，从而节约时间和精力以取得所期望的经济效益。零件分类和编码是成组技术的两个最基本概念。根据零件特征将零件进行分组的过程是分类；给零件赋予代码则是编码。对零件设计来说，由于许多零件具有类似的形状，可将它们归并为若干设计族，设计一个新的零件可以通过修改一个现有同族典型零件而形成。对加工来说，由于同族零件要求类似的工艺过程，可以组建一个加工单元来制造同族零件，对每一个加工单元只考虑类似零件，就能使生产计划工作及其控制变得容易些。所以，成组技术的核心问题就是充分利用零件上的几何形状及加工工艺相似性进行设计和组织生产，以获得最大的经济效益。

2. 零件信息的描述与输入

零件信息的描述与输入是 CAPP 系统运行的基础和依据。零件信息包括零件名称、图号、材料、几何形状及尺寸、加工精度、表面质量、热处理以及其他技术要求等。准确的零件信息描述是 CAPP 系统进行工艺分析决策的可靠保证，因此对零件信息描述的简明性、方便性以及输入的快速性等方面都有较高的要求。常用的零件描述方法有分类编码描述法、表面特征描述法以及直接从 CAD 系统图库中获取 CAPP 系统所需要的信息。从长远的发展角度看，根本的解决方法是直接从 CAD 系统图库中获取 CAPP 系统所需要的信息，即实现 CAD 与 CAPP 的集成化。

3. 工艺设计决策机制

工艺设计方案决策主要有工艺流程决策、工序决策、工步决策以及工艺参数决策等内容。其中，工艺流程设计中的决策最为复杂，是 CAPP 系统中的核心部分。不同类型 CAPP 系统的形成，主要也是由于工艺流程生成的决策方法不同而决定的。为保证工艺设计达到全局最优，系统常把上述内容集成在一起，进行综合分析、动态优化和交叉设计。

4. 工艺知识的获取及表示

工艺设计随着各个企业的设计人员、资料条件、技术水平以及工艺习惯不同而变化。要使工艺设计能够在企业中得到广泛有效地应用，必须根据企业的具体情况，总结出适应本企业的零件加工典型工艺决策的方法，按所开发 CAPP 系统的要求，用不同的形式表示这些经验及决策逻辑。

5. 工艺数据库的建立

CAPP 系统在运行时需要相应的各种信息，如机床参数、刀具参数、夹具参数、量具参数、材料、加工余量、标准公差及工时定额等。工艺数据库的结构要考虑方便用户对数据库进行检索、修改和增删，还要考虑工件、刀具材料以及加工条件变化时数据库的扩充和完善。

4.3.4 开目 CAPP 软件功能简介

武汉开目信息技术股份有限公司是我国领先的离散制造企业智能工艺创新平台软件产品研发及方案提供公司。开目 CAPP 是一种简洁、实用、高效、开放的 CAPP 系统。

1. 开目 CAPP 的特点

开目 CAPP 具有如下的特点：

（1）工具化 满足企业工艺设计和工艺管理个性化的需求。在分析了数百家企业的工艺设计和工艺管理模式的基础上，针对企业工艺设计个性强、工艺需求不断变化的特点，开目提出了 CAPP 工具化的思想，通过采用基于组件的开放体系架构，提供工艺表格定义、工艺规程管理、企业资源管理、工艺设计平台等客户化工具，为企业快速搭建适合自己工艺设计与工艺管理需求的 CAPP 工作平台。

（2）集成化　强调 CAPP 的桥梁作用，满足企业整体信息化建设要求。工艺是设计和制造的中间桥梁，CAPP 是联系 CAD 与 PDM/ERP/MES 等系统的信息枢纽。开目 CAPP 基于集成化的设计理念，强调 CAPP 不仅仅要显著提高工艺设计的效率、标准化，更重要的是能够与企业其他的计算机应用系统集成，确保工艺信息的全程共享、一致性、安全性。开目 CAPP 已实现与各种主流的 CAD、PDM、ERP 等软件的集成。

（3）实用化　符合使用者习惯，使企业成功快速应用。采用软件设计中的人机工程的原则，界面简洁、清晰、符合使用者习惯。信息一次输入，全程共享；适时在线的工艺知识提醒可以辅助工艺人员的工艺决策；融数据库、图形、图像、表格、文字编辑于一体，图文并茂；拥有 CAD 全部的绘图功能，企业无须购买第三方绘图软件就可以快捷方便地绘制复杂的工艺简图；可以所见即所得地标注各种工程符号及特殊符号，包括尺寸偏差、粗糙度、形位基准、形位公差、焊接符号、加工面符号等；提供强大的表格填写功能，可以自动换行，自动压缩，自动续页；可以进行块拷贝、行拷贝等。

（4）开放性　提供丰富的二次开发接口，提高开发效率和质量。开目 CAPP 提供了丰富的二次开发接口，利用这些开发接口，用户无须了解开目 CAPP 数据结构的细节，就可以很方便地获得所需的工艺信息。开放的接口基于 COM/DCOM 技术，支持 COM 开发的语言如 VC、VB、PB、DELPHI、Java、VBS/JAVA SCRIPT 等流行的软件开发语言。由于采用国际流行的组件接口技术，文档对象模型提供完整一致的接口，提高了开发效率和质量，使得用户的二次开发着重于功能的实现，为用户的个性化开发和服务提供良好的平台。

2. 各功能模块概述

开目 CAPP 包括以下模块：

表格定义、工艺规程类型管理、开目 CAPP、开目 CAPP 浏览器、开目打印中心。

（1）表格定义模块　用于企业规划定义自己的各种工艺表格，包括工艺过程卡、工序卡、零件汇总卡、产品汇总卡等。

（2）工艺规程类型管理模块　用于为多种工艺规程配置过程卡片及工序卡。

（3）开目 CAPP 模块　主要用于生成工艺过程卡和工序卡，绘制工序简图以及通用技术文档（如设计任务书、更改文件通知书、验证书等文档类表格）的填写。

（4）开目 CAPP 浏览器模块　专门用于浏览开目 CAPP 编制的工艺文件和通用技术文件。

（5）开目打印中心　用于 CAD、CAPP 文件的拼图输出。

3. 开目 CAPP 系统建立及工艺编制流程

开目 CAPP 系统建立及编制工艺的一般流程如图 4-25 所示。

（1）建立工艺数据库　首先确定库结构，根据企业产品信息、零件信息及工艺信息等进行工艺数据分类输入，建立相应的工艺数据库。

（2）建立工艺表格　确定企业所用的工艺表格的形式，包括过程卡、工序卡等表格，用开目 CAD 或开目 CAPP 画出来，存入表格库。

（3）规划定义表格　运行表格定义模块以定义各种工艺表格（包括机加工过程卡、冲压过程卡、锻造过程卡、机加工工序卡、冲压工艺卡、锻造工艺卡等）的填写内容、填写格式等。示例如图 4-26 所示。

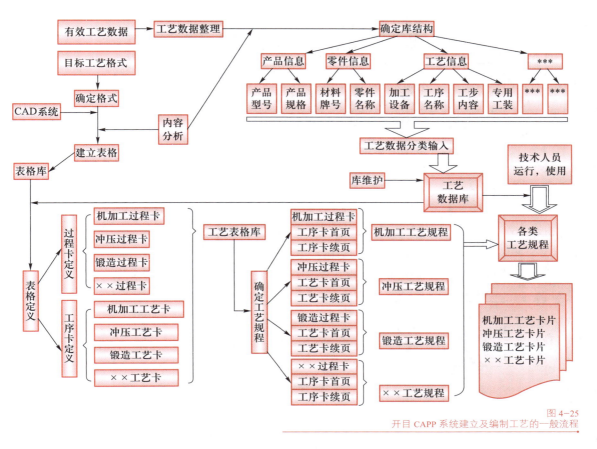

图 4-25
开目 CAPP 系统建立及编制工艺的一般流程

机械加工工艺过程卡片						产品型号		SCT	文件型号		SCZ		
						产品名称			文件名称		输出轴	共1页	第1页
材料编号	45		毛坯种类			毛坯形尺寸					kg	总工时	
工序号	工序名称		工序内容				车间	工艺	设备	工艺设备		工时	
												准编	自件
10	锻造	锻造毛坯					热处理	轴					
20	热处理	退火(消除内应力)					热处理	轴					
30	粗车	粗车圆柱面 φ176 及端面，钻中心孔					机加工	轴	CA6140	三爪自定心卡盘、心轴			
40	粗车	粗车圆柱面 φ55, φ60, φ65, φ75 及台阶面					机加工	轴	CA6140	三爪自定心卡盘、心轴			
50	精车	精车 φ176 外圆柱面及倒角					机加工	轴	CA6140	三爪自定心卡盘、心轴			
60	半精车	半精车圆柱面 φ55, φ60, φ65, φ75 及台阶面					机加工	轴	CA6140	三爪自定心卡盘、心轴			
70	精车	精车圆柱面 φ55, φ60, φ65, φ75 及台阶面					机加工	轴	CA6140	三爪自定心卡盘、心轴			
80	倒角	倒1×45° 角					机加工	轴	CA6140	三爪自定心卡盘			
90	粗镗	粗镗内孔 φ50, φ80, φ104					机加工	轴	CA6140	三爪自定心卡盘			
100	精镗	精镗内孔 φ50, φ80, φ104					机加工	轴	CA6140	三爪自定心卡盘			
110	钻	钻孔10×φ20					机加工	轴	Z525	专用夹具			
120	钻	扩孔10×φ20					机加工	轴	Z525	专用夹具			
130	钻	绞孔10×φ20					机加工	轴	Z525	专用夹具			
140	铣	铣键16×10					机加工	轴	X61W	专用夹具			
150	钻	钻2-φ8斜孔					机加工	轴	Z525	专用夹具			
装订号 160	去毛刺	去毛刺					机加工	轴					
170	检查	终检											
								设计(日期)	(日期)	标准化(日期)	合签(日期)		
标记	处数	更改文件号	签字	日期	标记	处数	更改文件号	签字	日期				

(a) 输出轴机械加工工艺过程卡

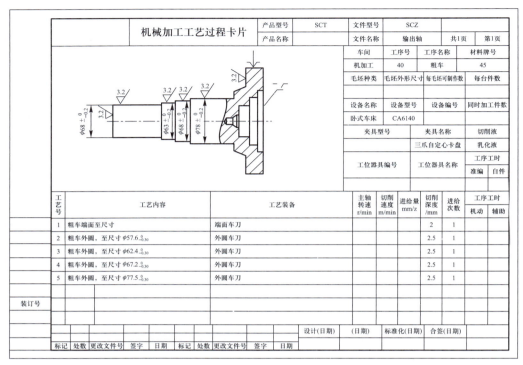

图 4-26
开目 CAPP 编制的变速器输出轴工艺流程示例

（4）运行工艺规程类型管理模块　为各种工艺规程配置工艺过程卡和工序卡，包括机加工过程卡、冲压过程卡、锻造过程卡、工序卡首页、工艺卡续页等。

（5）执行开目 CAPP 编制工艺路线、编写（修改）工艺过程卡和工序卡。

（6）打印或拼图输出工艺文件　其中第 1、2、3、4 步是企业第一次运行工艺系统所必须做的，当表格定义规划好后就无须再做了。

4.4　计算机辅助制造（CAM）技术

4.4.1　数控机床概述

1. 数控机床的概念及组成

数控机床是一种采用计算机、利用程序进行控制的高效、能自动化加工的机床。它能够按照各类数据和文字编码方式，把各种机械位移量、工艺参数（如主轴转速、切削速度）、辅助功能（如刀具变换、切削液自动供停）等，用数字、文字符号表示出来，经过程序控制系统，即数控系统的逻辑处理与计算，发出各种控制指令，实现要求的机械动作，自动完成加工任务。在被加工零件或作业变换时，它只需改变控制的指令程序就可以实现新的控制。所以，数控机床是一种灵活性很强、技术密集度及自动化程度很高的机电一体化加工设备，适用于小批量生产，也是柔性制造系统里必不可少的加工单元。

数控机床一般由加工程序载体、计算机数控装置、伺服驱动系统、机床本体、辅助控制装置以及其他一些附属设备组成，如图 4-27 所示。

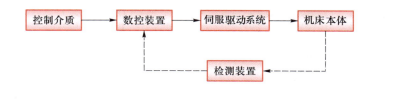

图 4-27
数控机床的组成

（1）加工程序载体 加工程序是数控机床自动加工零件的工作指令，含有加工零件所需的全部操作信息和刀具相对工件的位移信息等。编制程序的工作可由人工或者由自动编程计算机系统来完成，编好的数控程序可存放在信息载体上。常用的信息载体有穿孔纸带、盒式磁带、磁盘等。

（2）计算机数控装置 计算机数控（computer numerical control，CNC）装置是数控机床的核心，简称数控装置。它完成加工程序的输入、编辑及修改，实现信息存储、数据交换、代码转换、插补运算以及各种控制功能，最后通过输出装置将输出脉冲送至伺服控制系统。为适应柔性制造系统或计算机集成制造系统的要求，目前大多数 CNC 装置中都设有通信设备，承担网络通信任务。

（3）伺服驱动系统 伺服驱动系统是数控机床的必备部件，包括驱动主轴运动的控制单元及主轴电动机、驱动进给运动的控制单元及进给电动机。它接受来自数控系统的指令信息，通过伺服驱动系统来实现数控机床的主轴和进给运动。由于伺服系统是将数字信号转化为位移量的环节，因此它的精度及动态响应是决定数控机床的加工、表面质量和生产率的主要因素。

（4）机床机体 机床机体是数控机床的机械部分，包括床身、底座、立柱、横梁、导轨、各运动部件和各种工作台以及冷却、润滑、转位和夹紧等辅助装置。对于加工中心类的数控机床，还有存放刀具的刀库及交换刀具的机械手等部件。

（5）辅助控制装置 辅助控制装置的主要作用是接收数控装置输出的主运动变速、换向和启停，刀具的选择和交换以及其他辅助装置动作等指令信号，经必要的编辑、逻辑判断、功率放大后直接驱动相应的液压、气动、排屑、冷却、润滑等辅助装置完成指令规定的动作。此外，开关信号也经它的处理后送数控装置进行处理。

2. 数控机床的分类

数控机床的类型很多，归纳起来可以用下面几种方法进行分类。

（1）按控制系统分类 可分为点位控制数控机床、点位直线控制数控机床和轮廓控制数控机床。

点位控制数控机床的特点是数控系统只能控制机床移动部件从一个位置（点）精确地移动到另一个位置（点），在移动过程中不进行任何切削加工。为了保证定位的准确性，根据其运动速度和定位精度要求，可采用多级减速处理。点位数控系统结构较简单，价格也低廉。

点位直线控制数控机床的特点是数控系统不仅要控制两相关点之间的距离，还控制两相关点之间的移动速度和轨迹，这类系统一般可控轴数为 2～3 轴，但同时控制轴只有一个。

轮廓控制数控机床的特点是数控系统能够同时对两个或两个以上的坐标轴进行连续控制，加工时不仅要控制起点和终点，还要控制整个加工过程中每一点的速度和位置，也就是要控制移动轨迹，使机床加工出符合图样要求的复杂形状的零件。轮廓控制数控机床的数控装置的功能最齐全，控制系统最复杂。

（2）按伺服系统的特点分类 可分为开环控制数控机床、闭环控制数控机床和半闭环控制数控机床。

开环控制数控机床是早期数控机床通用的伺服驱动系统，其控制系统不带反馈检测装置，没有构成反馈控制回路，伺服执行机构通常采用步进电机或电液脉冲马达。

闭环控制数控机床的特点是其控制系统在机床移动部件上安装了直线位移检测装置，因为把机床工作台纳入了反馈回路，故称闭环控制系统，这种闭环控制系统的特点是定位精度高，调节速度快，但由于机床工作台惯量大，对系统稳定性带来不利影响，同时也使调试、维修困难，且系统复杂，成本高，故只有在精度要求很高的机床中才采用这种系统。

半闭环控制数控机床的特点将测量元件从工作台移到丝杠副端或伺服电机轴端，构成半闭环伺服驱动系统。这种半闭环控制系统的特点是调试比较方便，并且具有很好的稳定性，系统的控制精度和机床的定位精度比开环系统高，而比闭环系统低。目前在大多数数控机床都广泛采用这种半闭环控制系统。

（3）按加工方式分类　可分为金属切削数控机床、金属成形类数控机床、特种加工数控机床及其他类型机床。

金属切削数控机床如数控车床、加工中心、数控钻床、数控铣床等；金属成形类数控机床如数控折弯机、数控弯管机、数控压力机等；特种加工数控机床如数控线切割机床、数控电火花加工机床、数控激光加工机床等；其他类型机床如火焰切割数控机床、数控三坐标测量机等。

（4）按功能水平分类　可分为低档经济数控、中档数控系统和高档数控系统三类。

低档经济数控通常指由单板机、单片机和步进电动机组成的、功能比较简单、价格低廉的控制系统，主要用于车床、线切割机床以及旧机床的改造等。这类系统的伺服驱动系统采用开环伺服系统；联动轴数一般为 2 轴，最多为 3 轴；显示为数码或简单的 CRT（阴极射线管）字符显示；主芯片 CPU 多为 8 位芯片。

中档数控系统也称为标准数控系统，是数控机床、加工中心使用最多的数控系统。这类系统的伺服驱动系统采用半闭环直流或交流伺服系统；联动轴数为 2～4 轴；有字符、图像 CRT 显示系统、人机对话、自诊断等功能主芯片 CPU 多为 16 位芯片；有 RS−232 或 DNC（direct numerical control）接口和内装 PLC（programmable logic controller）进行辅助功能控制等。

高档数控系统是高精度、高功能的数控机床系统。这类系统的伺服驱动系统采用半闭环或闭环直流或交流伺服系统；联动轴数为 3～5 轴；显示除中档系统功能外，还可以有三维图形显示；主芯片 CPU 采用 32 位芯片；通信功能除有 RS−232 或 DNC 接口外，有的系统还装有 MAP（manufacturing automation protocol）通信接口，具有联网功能；具有功能很强的内装 PLC 和多轴控制扩展功能。

3. 数控机床的坐标系统

对数控机床的坐标轴和运动方向做出统一的规定，可以简化程序编制的工作和保证记录数据的互换性，还可以保证数控机床的运行、操作及程序编制的一致性。如图 4−28 所示，数控机床直线运动的坐标轴 X、Y、Z（也称为线性轴），规定为右手笛卡儿坐标系。Z 轴定义为平行于主轴的坐标轴，如果机床有一系列主轴，则选尽可能垂直于工件装夹面的主要轴为 Z 轴，其正方向定义为刀具远离工作台的运动方向；X 轴是水平的，并平行于工件的装夹平面，它平行于主要的切削方向，且以此方向为正方向；Y 轴的运动方向则可按右手笛卡尔坐标系来确定。三个旋转轴 A、B、C 相应的表示其轴线平行于 X、Y、Z 的旋转运动，A、B、C 的正向相应地为在 X、Y、Z 坐标正方向向上按右旋螺纹前进的方向。上述规定是工件固定、刀具移动的情况。反之若工件移动，则其正方向分别用 X'、Y'、Z' 表示。通常以刀具移动时的正方向作为编程的正方向。

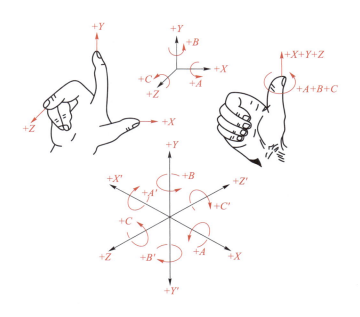

图 4-28
数控机床坐标系

4.4.2　计算机辅助数控编程

零件数控加工程序的编制是数控加工的基础，也是 CAD/CAM 系统中的重要模块之一。自数控机床问世至今，数控加工编程方法经历了手工编程、数控语言自动编程、图形交互式编程、CAD/CAM 集成系统编程几个发展时期。当前，应用 CAD/CAM 系统进行数控编程已成为数控机床加工编程的主流。

1. CAD/CAM 系统自动编程原理及特点

数控语言自动编程存在的主要问题是缺少图形的支持，除了编程过程不直观之外，被加工零件轮廓是通过几何定义语句一条条进行描述，编程工作量大。随着 CAD/CAM 技术的成熟和计算机图形处理能力的提高，直接利用 CAD 模块生成的几何图形，采用人机对话方式，在计算机屏幕上指定被加工部位，输入相应的加工参数，计算机便可自动进行必要的数学处理并编制出数控加工程序，同时在计算机屏幕上动态地显示出刀具的加工轨迹。这种利用 CAD/CAM 软件系统进行数控加工编程方法与数控语言自动编程相比，具有速度快、精度高、直观性好、使用简便、便于检查等优点，有利于实现 CAD/CAM 系统的集成，已成为当前数控加工自动编程的主要手段。

2. CAD/CAM 系统自动编程的基本步骤

不同的 CAD/CAM 系统其功能指令、用户界面各不相同，编程的具体过程也不尽相同。但从总体上讲，编程的基本原理及基本步骤大体是一致的。归纳起来可分为如图 4-29 所示的几个基本步骤。

（1）CAD 造型　利用 CAD 模块的三维实体造型功能（图 4-30），通过人机交互式方法建立被加工零件三维几何模型，并以相应的图形数据文件进行存储，供后继的 CAM 编程处理调用。

（2）加工工艺分析　包括分析零件的加工部位，确定工件的装夹位置，指定工件坐标系，选定刀具类型及其几何参数，输入切削加工工艺参数等。目前该项工作主要仍通过人机交互方式由编程员通过用户界面输入计算机（图 4-31）。

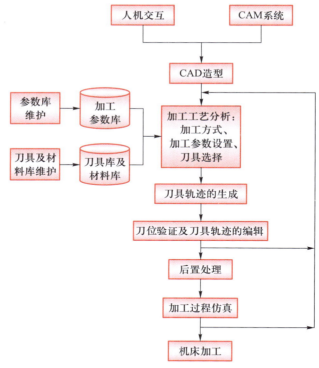

图 4-29
CAD/CAM 系统数控编程基本步骤

图 4-30
模具三维造型

（3）刀具轨迹的生成　刀具轨迹的生成是面向屏幕上图形交互进行的，用户可根据屏幕提示用光标交互选择加工表面、切入方式和走刀方式等，然后由软件系统自动生成走刀路线，并将其转换为刀具位置数据，存入指定的刀位文件（图 4-32）。

（4）刀位验证及刀具轨迹的编辑　根据所生成的刀位文件进行加工过程仿真（图 4-33），检查并验证走刀路线是否正确合理，有否碰撞或干涉现象，可对生成的刀具轨迹进行编辑修改、优化处理，以得到正确的走刀轨迹。若不满意，还可修改工艺方案，重新进行刀具轨迹的计算（图 4-34）。

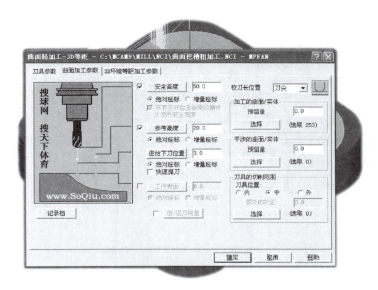

图 4-31
模具切削加工参数设置

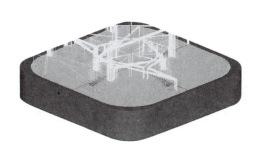

图 4-32
加工轨迹生成

图 4-33
对模具的加工过程进行仿真

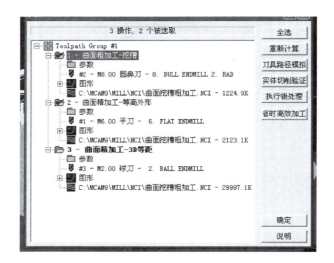

图 4-34
刀具轨迹的管理器

（5）后置处理　后置处理的目的是形成数控加工文件。由于各种机床使用的数控系统不同，所用的数控加工程序的指令代码及格式也不尽相同，为此必须通过后置处理将刀位文件转换成数控机床所需的数控加工程序。

（6）数控程序的输出（加工过程仿真与机床加工）　生成的数控加工程序可使用打印机打印出数控加工程序单，也可将数控程序写在磁带或磁盘上，提供给有磁带或磁盘驱动器的机床控制系统使用。对于有标准通用接口的机床控制系统，可以直接由计算机将加工程序送给机床控制系统进行数控加工。

4.4.3　计算机辅助制造过程仿真

随着科学技术的飞速发展和客户需求的日益多样化，制造业面临全球范围的激烈竞争，为了生产出低成本的产品以及满足客户个性化要求，提高市场竞争力，计算机辅助制造过程仿真技术成为现代制造技术研究中不可缺少的重要内容。

1. 虚拟数控仿真技术概念

在虚拟制造中，通过对数控机床及系统的建模进而虚拟地对数控加工过程进行仿真，这种过程不仅能节省资源、避免风险，而且可以通过真实地模拟机床及加工过程的行为来快速地对机床操作人员进行培训，帮助机床制造商向潜在的远程客户逼真地演示其产品。人能够感知计算机产生的三维仿真模型的虚拟环境，在设计新的方案或更改方案时能够在真实制造之前在虚拟环境中进行零件的数控加工，检查数控程序的正确性、合理性，对加工方案的优劣做出评估与优化。这种仿真系统真实感强、实时性好。

2. 虚拟数控仿真系统的构建

通过理论研究与实际应用相结合的方法，在强大的 CAD/CAM 功能基础上，对影响虚拟数控铣削加工仿真的因素进行理论研究，以 UG 软件作为系统平台为例，以 UG/ISV 模块为基础，通过 UG 二次开发技术，扩充软件功能，通过遗传算法得出优化的切削参数并对 NC 程序优化，从而缩短准备时间，降低操作难度，优化铣削结果，构建具有实用意义的铣削仿真系统。虚拟数控铣削几何及物理仿真系统的组成如图 4-35 所示。

系统主要由标准件库、虚拟机床库、虚拟加工工艺系统环境、数控加工过程仿真 ISV 等部分组成。其中，标准件库是运用二次开发技术新建的功能模块。由标准件库可快速创建零件、夹具的装配模型以及所

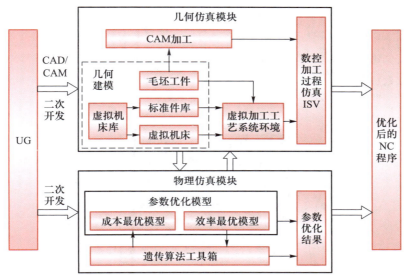

图 4-35
虚拟数控铣削几何及物理仿真系统的组成

需的虚拟机床，并按实际铣削工艺安排，建立起虚拟加工工艺系统环境模型。基于该模型，利用 UG/CAM 刀轨生成的功能即可生成刀位文件，以刀轨为驱动，在数控加工过程仿真 ISV 中完成干涉校验。利用 UG 后置处理器对校验无误后的刀位文件进行处理，生成直接可用的 NC 代码，再经过物理仿真模块优化铣削参数，从而得出优化后的 NC 程序。

（1）**虚拟机床几何模型的建立**　要建立虚拟机床几何装配模型，首先要根据机床结构和运动特性准确地划分各运动子模块，找出目标机床的两条运动链："工件—机架"运动链和"刀具—机架"运动链。根据运动链找出动力源、传动件和执行件，并以此为依据，划分出床身机座、主轴模块、X 向进给模块、Y 向进给模块、Z 向进给模块、工作台等，以及这些模块所包含的零部件。

现以本例对数控铣床结构进行分析，其运动传递示意图如图 4-36 所示：

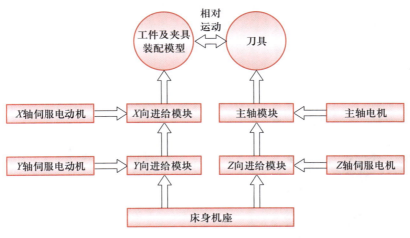

图 4-36
机床运动传递示意图

图 4-36 中涉及进给运动的两条运动链为：

1）刀具—主轴模块—Z 向进给模块—床身机座；

2）工件及夹具装配模型—X 向进给模块—Y 向进给模块—床身机座。

此时通过对比 UG 软件提供的许多创建零件的方法，选择一条适合的方法建立虚拟机床几何模型。通过采用 UG 二次开发建模技术，以江苏多棱 XH715 机床结构为模型建立虚拟机床各零部件模型，再参考这两条运动链绘出装配模型树，并在 UG 中建立了虚拟机床模型，如图 4-37 所示。

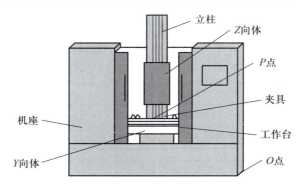

图 4-37
典型虚拟机床模型

（2）工件及夹具装配模型的建立　建立毛坯、工件和夹具模型的目的有两个：一是为了利用毛坯、工件信息并根据工艺要求生成加工所需的刀位文件；二是为了对刀位文件做刀轨检查时能检验出刀具、主轴和毛坯、压板、螺钉、夹具等的碰撞干涉问题。

通过采用建立虚拟机床的方法，利用 UG 二次开发技术中的程序设计法创建各种夹具库，其中孔系夹具标准件库的结构如图 4-38 所示。单击"基础件"则弹出如图 4-39 所示的对话框。该对话框在初始化的过程中，首先利用微软公司提供的类库 MFC 的 ODBC 类访问其对应的基础件几何参数数据库，将数据表中每一记录集中的所有数据项逐个取出，并通过"数据库读取"操作将数据显示于弹出的对话框中的"列表控件"（List Control）中。当用户选择了某一规格的零件后，程序会通过"数据库查找"操作找到数据表中该记录集的具体位置，然后读取这些参数，将其传递给对应的变量，然后再将变量传给该基础件实体用以创建程序。当用户单击"创建"按钮后，便可按所选参数执行对应的程序，创建基础件几何实体模型，从而实现了参数化的实体创建。采用上面介绍的方法逐一创建所需的孔系夹具实体零件、毛坯和工件的实体零件，然后利用 UG 软件的装配功能，按照实际机床的装配方位进行装配即可完成毛坯及夹具装配模型的创建，如图 4-40 所示。

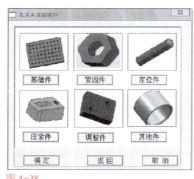

图 4-38
孔系夹具标准件库

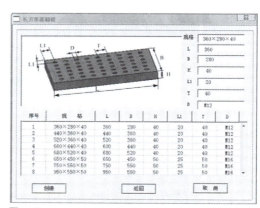

图 4-39
"基础件"对话框

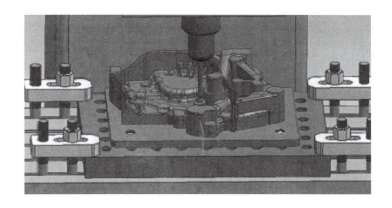

图 4-40
工件和夹具装配模型

（3）数控加工过程仿真 ISV　本例研究的虚拟数控几何仿真系统是基于 UG/ISV（integrated simulation verify）仿真模块下进行的。本功能模块可基于虚拟加工工艺系统环境对 CAM 生成的刀具路径进行仿真，即建立工件、工具、机床的实体模型，刀具沿着由工艺确定的轨迹切削，以发现一些不恰当的轨迹，并能监控机床、刀具、工件、夹具之间碰撞干涉情况，且仿真画面逼真；另外还能评估铣削工艺的工艺参数是否合适。

3. 仿真系统的实现过程

生成加工刀轨后，需要对加工刀轨进行干涉性检查，可按图 4-41 所示的加工环境动态实体仿真操作流程进行相应操作。

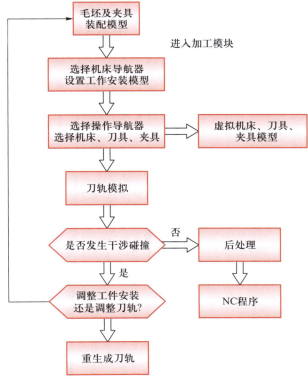

图 4-41
加工环境动态实体仿真操作流程图

131

4.5　CAD/CAM 集成技术

CAD/CAM 集成技术，是一项利用计算机帮助人完成设计与制造任务的新技术。它是随着计算机科学技术、制造工程技术的发展和需求，从早期的 CAD、CAPP、CAM 技术发展演进而来的。这种技术将传统的设计与制造彼此相对分离的任务作为一个整体来规划和开发，实现信息处理的高度一体化。同时，它也是现代制造技术的方向——CIMS 的主要组成部分。

4.5.1　CAD/CAM 集成技术的产生和发展

随着计算机应用技术的发展，计算机辅助技术逐步应用到机械产品的设计、工艺和制造等各个生产阶段，先后推出了许多优秀的商品化 CAD、CAPP 和 CAM 软件系统，这些独立系统分别在产品设计自动化、工艺过程设计自动化和数控编程自动化方面起到了重要的作用。但由于 CAD、CAPP 和 CAM 各项技术长期处于独立发展的状态，彼此间的模型定义、数据结构、外部接口均存有差异，各自只能独自运行。因而，在整个生产过程中自然形成了一个个自动化"孤岛"，不能实现系统之间信息自动传递和交换。采用这种方法，"孤岛"之间的信息传递效率较低，不仅造成了资源和时间上的浪费，影响了生产效率的进一步提高，而且还会由于人为的差错产生数据传递和转换的过程中的差错，降低了产品数据的可靠性。

为了充分利用现有的计算机软硬件资源和信息资源，进一步缩短企业产品开发周期，提高生产效率，消除各个领域的"孤岛"现象，20 世纪 80 年代初便出现了 CAD/CAM 集成技术。产品从市场需求分析开始，经过设计过程和制造过程，使之从抽象的概念变成具体的最终产品（图 4-42）。这一过程具体包括产品设计、工艺过程设计、数控编程、加工、检测、装配等阶段。前三者称为工程设计阶段，后三者称为制造实施阶段。上述过程就是所谓的 CAD/CAM 集成，即将 CAD、CAPP、CAM（狭义地指计算机辅助数控编程）以及零件加工等有关信息实现自动传递和转换。

图 4-42
CAD/CAPP/CAM 集成的产品生产过程

CAD/CAM 集成技术是解决多品种、小批量、高效率生产的最有效途径，是实现自动化生产的基本要素，也是提高设计制造质量和生产率的最佳方法，同时，它也是进一步实现计算机集成制造技术（CIMS）以及实现并行工程（CE）、敏捷制造（GM）、虚拟制造（VM）等众多先进生产模式的重要基础。

4.5.2　CAD/CAM 集成方式

CAD/CAM 集成是通过不同数据结构的映射和数据交换，利用各种接口将 CAD/CAPP/CAM 的各应用程序和数据库连接成一个集成化的整体。CAD/CAM 集成涉及网络集成、功能集成和信息集成等诸多方面，其中信息集成是 CAD/CAPP/CAM 集成的核心。目前 CAD/CAM 信息集成一般可由如下三种方式实现。

1. 通过专用格式文件的集成方式

在这种方式下，对于相同的开发和应用环境，可在各系统之间协调确定数据格式的文件层次上实现系统间的互联；而在不同的开发和应用环境下，则需要在各系统与专用数据文件之间开发专用的转换接口进行前置或后置处理，其集成方法如图 4-43 所示。该数据交换方式原理简单，转换接口程序易于实现，运行效率高，但无法实现广泛的数据共享，数据的安全性和可维护性较差。

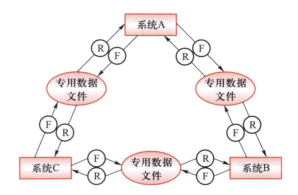

图 4-43
通过专用格式文件的集成方式
F—前处理器；R—后处理器

2. 通过标准格式数据文件的集成方式

在这种方式下，采用统一格式的中性数据文件作为系统集成的工具，各个应用子系统通过前置或后置数据转换接口进行系统间数据的传输，其实现方式如图 4-44 所示。在这种集成方法中，每个子系统只与标准格式的中性数据文件打交道，无须知道别的系统细节，减少了集成系统中的转换接口数，并降低了接口维护难度，便于应用者的开发和使用，是目前 CAD/CAM 集成系统应用较多的方法之一，许多图形系统的数据转换就是采用中性的标准格式数据文件，如 IGES、DXF 等。

3. 利用共享工程数据库的集成方式

这是一种较高水平层次的数据共享和集成方法，各子系统通过用户接口按工程数据库要求直接存取或操作数据库。采用工程数据库及其管理系统实现系统的集成，既可实现各子系统之间直接的信息交换，加快了系统的运行速度，又可使集成系统达到真正的数据一致性、准确性、及时性和共享性，该集成方法原理如图 4-45 所示。

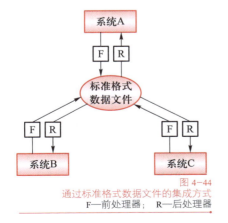

图 4-44
通过标准格式数据文件的集成方式
F—前处理器；R—后处理器

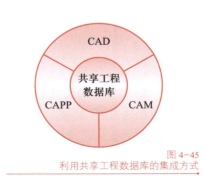

图 4-45
利用共享工程数据库的集成方式

4.5.3　CAD/CAM 集成的关键技术

CAD/CAM 集成就是按照产品设计与制造的实际进程，在计算机内实现各应用程序所需的信息处理和交换，形成连续的、协调的和科学的信息流。因而，产生共享信息的产品造型技术、存储和处理共享信息的工程数据库技术、进行数据交换的接口技术、对系统的资源进行统一管理、对系统的运行统一组织的执行控制程序以及实现系统内部的通信和数据等，构成了 CAD/CAM 系统集成的关键技术。这些技术的实施水平将成为衡量 CAD/CAM 系统集成度高低的主要依据。

1. 产品建模技术

为了实现信息的高度集成，产品建模是非常重要的。一个完善的产品设计模型是 CAD/CAM 系统进行信息集成的基础，也是 CAD/CAM 系统中共享数据的核心。传统的基于实体造型的 CAD 系统仅仅是产品几何形状的描述，缺乏产品制造工艺信息，从而造成设计与制造信息彼此分离，导致 CAD/CAM 系统集成的困难。将特征概念引入 CAD/CAM 系统，建立 CAD/CAPP/CAM 范围内相对统一的、基于特征的产品定义模型，该模型不仅支持从设计到制造各阶段所需的产品定义信息（包括几何信息、工艺信息和加工制造信息），而且还提供符合人们思维方式的高层次工程描述语言特征，能使设计和制造工程师用相同的方式考虑问题。它允许用一个数据结构同时满足设计和制造的需要，这就为 CAD/CAM 系统提供了设计和制造之间相互通信和相互理解的基础，使之真正实现 CAD/CAM 系统的一体化。因而就目前而言，基于特征的产品定义模型是解决产品建模关键技术的比较有效的途径。

2. 集成的数据管理技术

随着 CAD/CAM 技术的自动化、集成化、智能化和柔性化程度的不断提高，集成系统中的数据管理问题日益复杂，传统的商用数据库已满足不了上述要求。CAD/CAM 系统的集成应努力建立能处理复杂数据的工程数据处理环境，使 CAD/CAM 各子系统能够有效地进行数据交换，尽量避免数据文件和格式转换，清除数据冗余，保证数据的一致性、安全性和保密性。采用工程数据库方法将成为开发新一代 CAD/CAM 集成系统的主流，也是系统进行集成的核心。

3. 产品数据交换接口技术

数据交换的任务是在不同的计算机之间、不同操作系统之间、不同数据库之间和不同应用软件之间进行数据通信。为了克服以往各种 CAD/CAM 系统之间，甚至各功能模块之间在开发过程中的孤岛现象，统一它们的机内数据表示格式，使不同系统间、不同模块间的数据交换顺利进行，充分发挥用户应用软件的效益，提高 CAD/CAM 系统的生产率，必须制定国际性的数据交换规范和网络协议，开发各类系统接口。有了这种标准和规范，产品数据才能在各系统之间方便、流畅地传输。

4. 集成的执行控制程序

由于 CAD/CAM 集成化系统的程序规模大、信息源多、传输路径不一，以及各模块的支撑环境多样化，因而没有一个对系统的资源统一管理、对系统的运行统一组织的执行控制程序是不行的。这种执行控制程序是系统集成的最基本要素之一。它的任务是把各个相关模块组织起来，按规定的运行方式完成规定的作业，并协调各模块之间的信息传输，提供统一的用户界面，进行故障处理等工作。

4.5.4 基于产品数据管理（PDM）技术的集成方案

产品数据管理（product data management，PDM）是 20 世纪 80 年代兴起的一项管理企业产品生命周期内与产品相关数据的技术，PDM 继承和发展了设计资源管理、设计过程管理、信息管理等各类系统的优点，应用了并行工程方法学、网络技术、成组技术、客户化技术和数据库等技术，以一个共享数据库为中心，能够实现多平台的信息集成。

所谓 PDM 就是管理所有与产品相关的信息和过程的技术。与产品相关的信息包括 CAD/CAM 文件、材料清单、产品配置、事务文件、电子表格和供应商清单等各种产品信息；与产品相关的过程包括加工工序、加工指南、工作流程等对过程的定义管理。PDM 主要在企业中组织存取、控制所有的产品数据，将与产品整个生命周期相关的产品结构、开发过程和开发人员的信息都管理起来，它能有效地将产品从方案设计、理论设计、详细结构设计、工艺流程设计、生产计划制订、产品销售、维护直至产品淘汰的整个生命周期内各阶段的相关数据进行定义、组织和管理，保证产品数据的一致性、完整性和安全性，使设计人员、工艺员、材料采购人员和营销人员都能方便地使用有关数据。

PDM 一般具有如下的基本功能：

（1）电子资料室及文档管理　电子资料室是 PDM 最基本的功能。它一般建立在关系数据库的基础上，为用户和应用之间的数据传递提供安全性、完整性的保证。它提供生成、存储、查询、编辑和文件管理，允许用户快速访问企业的产品信息而不用考虑用户和数据的具体位置，为 PDM 的数据传递提供了一种安全手段。

（2）产品配置管理　产品配置管理是以电子资料室为底层支持，以材料清单（bill of material，BOM）为组织核心，将定义最终产品所有工程数据和文档联系起来，实现产品数据的组织控制和管理。其配置方法可通过产品对象的特征属性或主属性的值，如主要参数、日期、版本、价格和供应商等，在确定产品配置对象、配置任务、配置规则和取值范围后，进行数据的检索、判断和重组，形成不同的产品视图。

（3）工作流程管理　主要实现产品设计与修改过程的跟踪和控制，包括工程数据的提交、修改控制、监视审批、文档的分布控制、自动通知控制等。这一功能为产品开发过程的自动化管理提供了保证，并支持企业产品开发过程重组以及获得最大的经济效益。

（4）分类及检索功能　日益积累的设计结果是企业巨大的智力财富，PDM 的分类检索功能就是最大限度地支持现有设计的重新利用，以便开发出新的产品。这一功能包括零件数据库的接口、基于内容的而不是基于分类的检索、构造电子资料室属性编码过滤器等功能。

（5）项目管理　一个功能很强的项目管理器能够为管理者提供每一分钟的项目活动状态信息。通过 PDM 与流行的项目管理软件包接口，还可以获得资源的规格和重要路径报告等功能。

在集成化的开发环境下，PDM 作为集成框架的功能更为重要，它使所构建的集成环境具有良好的可伸缩性，使企业可以按需要来定做各种特定系统。作为 CAD、CAPP、CAM 的集成平台，PDM 不仅要为 CAD、CAPP、CAM 系统提供数据管理和协同工作的环境，同时还要为 CAD、CAPP、CAM 系统的集成运行提供支持。

PDM 支持分布、异构环境下不同软、硬件平台、不同网络和不同数据库，CAD、CAPP、CAM 系统都可通过 PDM 交换信息（图 4-46）。

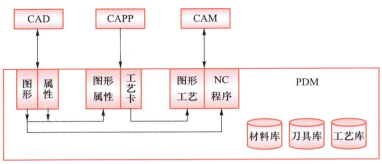

图 4-46
基于 PDM 的 CAD/CAPP/CAM 系统集成

　　从图 4-46 可以看出，PDM 系统管理来自 CAD 系统的信息，包括图形文件和属性信息。图形文件既可以是零部件的三维模型，也可以是二维工程视图；零部件的属性信息包括材料、加工、装配、采购、成本等多种与设计、生产和经营有关的信息。首先在 PDM 系统中建立了企业的基本信息库，如材料、刀具、工艺等与产品有关的基本数据。因此，在 PDM 环境下 CAPP 系统无须直接从 CAD 系统中获取零部件的几何信息，而是从 PDM 系统中获取正确的几何信息和相关的加工信息；根据零部件的相似形，从标准工艺库中获取相近的标准工艺，快速生成该零部件的工艺文件，从而实现 CAD 系统与 CAPP 系统的集成。同样 CAM 系统也通过 PDM 系统，及时准确地获得零部件的几何信息、工艺要求和相应的加工属性，产生正确的刀具轨迹和 NC 代码，并安全地保存在 PDM 系统中。由于 PDM 的数据具有一致性，确保 CAD、CAPP 和 CAM 数据得到有效的管理，因此真正实现了 CAD、CAPP、CAM 系统的无缝集成。

思考题与习题

1. 简述 CAD/CAM 系统的含义与主要单元技术。

2. 说明 CAD/CAM 系统的作业过程。

3. 综述 CAD/CAM 系统软件及硬件系统的基本组成。

4. CAD 系统按其工作方式和功能特征可分为几类？各有什么特点？

5. CAD 应用软件开发应遵循的原则是什么？

6. 什么是创成式 CAPP？什么是派生式 CAPP？简述二者的异同。

7. 简述 CAPP 系统的基础技术。

8. 简述计算机辅助数控编程的原理及特点。

9. 说明基于 PDM 的 CAD/CAPP/CAM 系统集成原理。

10. 综述 CAD/CAM 系统集成的关键技术。

第5章 工业机器人

5.1 工业机器人概述

5.1.1 工业机器人的定义及特点

工业机器人（industrial robot）是广泛用于工业领域的多关节机械手或多自由度的机器装置，具有一定的自动性，可依靠自身的动力能源和控制能力实现各种工业加工制造功能。工业机器人被广泛应用于电子、物流、化工等各个工业领域之中。工业机器人由操作机（机械本体）、控制器、伺服驱动系统和检测传感装置构成（图5-1），是一种仿人操作、自动控制、可重复编程、能在三维空间完成各种作业的机电一体化的自动化生产设备，特别适合于多品种、变批量的柔性生产。它对稳定和提高产品质量，提高生产效率，改善劳动条件和产品的快速更新换代起着十分重要的作用。

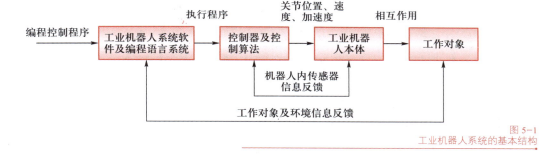

图 5-1
工业机器人系统的基本结构

1987年ISO对工业机器人进行的定义是："工业机器人是一种具有自动操作和移动功能，能完成各种作业的可编程操作机"。我国国家标准GB/T 12643—2013将工业机器人定义为"自动控制的、可重复编程、多用途的操作机，可对三轴及三轴以上进行编程，它可以是固定式或移动式，在工业自动化中使用。"综合上述有关定义，可以通俗地理解为"机器人是技术系统的一种类别，它能以其动作复现人的动作和职能，它与传统的（自动机或自动系统）的区别在于有更大的机动性和多目的用途，可以反复调整以执行不同的功能。"这一概念反映了人类研制机器人的最终目标是为了创造一种能够综合人的所有动作和智能特征，延伸人的活动范围，使其具有通用性、柔性和灵活性的自动控制机械。

工业机器人具有以下显著的特点：

（1）可编程　生产自动化的进一步发展是柔性自动化，工业机器人可随其工作环境变化的需要而再编程，因此它在小批量多品种具有均衡高效率的柔性制造过程中能发挥很好的功用，是柔性制造系统（FMS）中的一个重要组成部分。

（2）拟人化　工业机器人在机械结构上有类似人的行走、腰转、大臂、小臂、手腕、手部等部分，在控制上有计算机。此外，智能化工业机器人还有许多类似人类的"生物传感器"，如皮肤型接触传感器、力传感器、负载传感器、视觉传感器、声觉传感器、语言功能等。传感器提高了工业机器人对周围环境的自适应能力。

（3）通用性　除了专门设计的专用的工业机器人外，一般工业机器人在执行不同的作业任务时具有较好的通用性。比如，更换工业机器人手部末端操作器（手爪、工具等）便可执行不同的作业任务。

（4）机电一体化　工业机器人技术涉及的学科相当广泛，但是归纳起来是机械类和电类学科的结合——机电一体化技术。目前发展迅速的新一代智能机器人不仅具有获取外部环境信息的各种传感器，而且还具有记忆能力、语言理解能力、图像识别能力、推理判断能力等人工智能，这些都和微电子技术的应用，特别是计算机技术的应用密切相关。因此，机器人技术的发展必将带动其他技术的发展，机器人技术的发展和应用水平也可以验证一个国家科学技术和工业技术的发展和水平。

5.1.2　工业机器人的发展状况及发展趋势

1. 工业机器人的发展状况

20 世纪 50 年代末，工业机器人最早开始投入使用。约瑟夫·恩格尔贝格（Joseph F.Englberger）利用伺服系统的相关灵感，与乔治·德沃尔（George Devol）共同开发了一台工业机器人——"尤尼梅特"（Unimate），率先于 1961 年在通用汽车的生产车间里开始使用。最初的工业机器人构造相对比较简单，所完成的功能也是捡拾汽车零件并放置到传送带上这类简单动作，对其他的作业环境并没有交互的能力，就是按照预定的基本程序精确地完成同一重复动作。"尤尼梅特"的应用虽然是简单的重复操作，但展示了工业机械化的良好前景，也为工业机器人的蓬勃发展拉开了序幕。自此，在工业生产领域，很多繁重、重复的流程性作业陆续开始由各类工业机器人来代替人类完成。

20 世纪 60 年代，工业机器人的简单功能得到了进一步的发展。传感器的应用提高了机器人的可操作性，包括恩斯特采用的触觉传感器；托莫维奇和博尼在世界上最早的"灵巧手"上用到了压力传感器；麦卡锡对机器人进行改进，加入视觉传感系统，并帮助麻省理工学院推出了世界上第一个带有视觉传感器并能识别和定位积木的机器人系统。此外，利用声呐系统、光电管等技术，工业机器人可以通过环境识别来校正自己的准确位置。

自 20 世纪 60 年代中期开始，麻省理工学院、斯坦福大学、爱丁堡大学等陆续成立了机器人实验室，开始研究第二代带传感器的、"有感觉"的机器人，并向人工智能进发。

20 世纪 70 年代，随着计算机和人工智能技术的发展，机器人进入了实用化时代。像日立公司推出的具有触觉、压力传感器，7 轴交流电动机驱动的机器人；美国 Milacron 公司推出的世界上第一台小型计算机控制的机器人，由电液伺服驱动，可跟踪移动物体，用于装配和多功能作业；适用于装配作业的机器人还有日本山梨大学发明的 SCARA 平面关节型机器人等。

20 世纪 70 年代末，由美国 Unimation 公司推出的 PUMA 系列机器人，为多关节、多 CPU 二级计算机控制，全电动，有专用 VAL 语言和视觉、力觉传感器，这标志着工业机器人技术已经完全成熟。PUMA 系列机器人至今仍然工作在工厂第一线。

20 世纪 80 年代，机器人进入了普及期，随着制造业的发展，工业机器人在发达国家逐步普及，并向高速、高精度、轻量化、成套系列化和智能化方向发展，以满足多品种、少批量的需要。

到了 20 世纪 90 年代，随着计算机技术、智能技术的进步和发展，第二代具有一定感知功能的机器人已经实用化并开始推广，具有视觉、触觉、高灵巧手指、能行走的第三代智能机器人相继出现并开始走向应用。

2. 工业机器人的发展趋势

（1）人机协作　随着机器人从与人保持距离作业向与人自然交互并协同作业方向发展，拖动示教、人工教学技术的成熟，使得编程更简单易用，降低了对操作人员的专业要求，熟练技工的工艺经验更容易传递。

（2）自主化　目前机器人从预编程、示教再现控制、直接控制、遥控操作等被操纵作业模式向自主学习、自主作业方向发展。智能化机器人可根据实际工况或环境需求，自动设定和优化轨迹路径、自动避开奇异点、进行干涉与碰撞的预判并避障等。

（3）智能化、信息化、网络化　目前，越来越多的 3D 视觉、力传感器在机器人上得到应用，机器人也变得越来越智能化。随着传感与识别系统、人工智能等技术的进步，机器人从被单向控制向自行存储、自行应用数据方向发展，逐渐实现信息化。随着多机器人协同、控制、通信等技术进步，机器人也在从独立个体向相互联网、协同合作方向发展。

5.1.3　机器人的分类

目前对处于发展阶段的机器人还没有统一的分类标准，大致有以下几种分类方法。

1. 按系统功能分类

（1）专用机器人　这种机器人在固定地点以固定程序工作，无独立的控制系统。一般多为气动或液动，用行程开关、机械挡块来控制其工作位置，具有工作对象单一、动作较少、结构与系统简单、价格低廉的特点，如附属于加工中心机床的自动换刀机械手（图 5-2），比较适用于大批量生产系统中使用。

（2）通用机器人　这种机器人具有独立的控制系统，工作程序可变，动作灵活多样，以适应不同的工作对象（图 5-3）。它的机构较为复杂，工作范围大，定位精度高，通用性强，适合于以多品种、中小批量生产为特点的柔性制造系统。

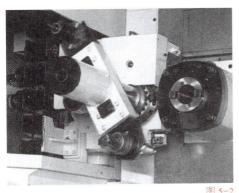

图 5-2
自动换刀机械手

图 5-3
通用机器人

（3）示教再现机器人　这种机器人具有记忆功能，可完成复杂动作，适用于多工位和经常变换工作路线的作业（图 5-4）。它在由人示教操作后，能按示教的顺序、位置、条件与其他信息反复重现示教作业。

（4）智能机器人　这种机器人具有各种感觉功能和识别功能，能做出决策自动进行反馈纠正（图 5-5）。它采用计算机控制，依赖于识别、学习、推理和适应环境等智能，决定其动作或作业。

图 5-4
可识别语音指令的示教再现机器人

图 5-5
智能机器人

2. 按驱动方式分类

（1）液压式机器人　这种机器人采用液压传动，传动平稳、结构紧凑、动作灵敏，使用较为广泛。

（2）气动式机器人　这种机器人以一种压缩空气来驱动执行机构的运动，具有动作迅速、结构简单、成本低的特点。适用于在高速轻载、高温和粉尘大的环境中作业。

（3）电力式机器人　这种机器人由交直流伺服电机、直线电动机或功率步进电机驱动，不需要中间转换机构，故机械结构简单。近年来，机械制造业大部分采用这种电力式机器人。

3. 按结构形式分类

（1）直角坐标型机器人（图 5-6a）　这种机器人的运动形式由三个相互垂直的直线移动组成，其工作空间图形为长方体。它在各个轴向的移动距离，可在各坐标轴上直接读出，直观性强，易于位置和姿态的编程计算，定位精度高，结构简单，但机体所占空间体积大、灵活性较差。

（2）圆柱坐标型机器人（图 5-6b）　这种机器人的运动形式是通过一个转动，两个移动，共三个自由度组成的，工作空间图形为圆柱形。它与直角坐标型比较，在相同的工作空间条件下，机体所占体积小，而运动范围大。

（3）球坐标型机器人（图 5-6c）　球坐标型机器人又称极坐标型机器人，这种机器人的运动形式是由两个转动和一个直线移动所组成，其工作空间图形为一球体，可以作上下俯仰动作并能够抓取地面上或较低位置的工件，具有结构紧凑、工作空间范围大的特点，但结构较复杂。

（4）关节型机器人（图 5-6d）　关节型机器人又称回转坐标型机器人，这种机器人的手臂与人体上肢类似，其前三个关节都是回转关节，这种机器人一般由立柱和大、小臂组成，立柱与大臂间形成肩关节，大臂与小臂间形成肘关节。其特点是工作空间范围大，动作灵活，通用性强，能抓取靠近机座的物体，也能绕过机体和目标间的障碍物去抓取工件，是最常用的机器人。

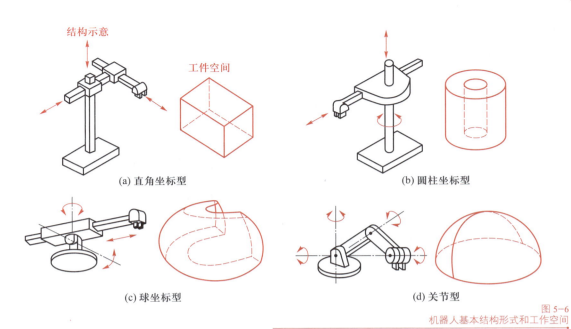

结构示意
工件空间

(a) 直角坐标型　　　　　　　　　　　(b) 圆柱坐标型

(c) 球坐标型　　　　　　　　　　　　(d) 关节型

图 5-6
机器人基本结构形式和工作空间

各种坐标型机器人结构实体图如图 5-7 所示。

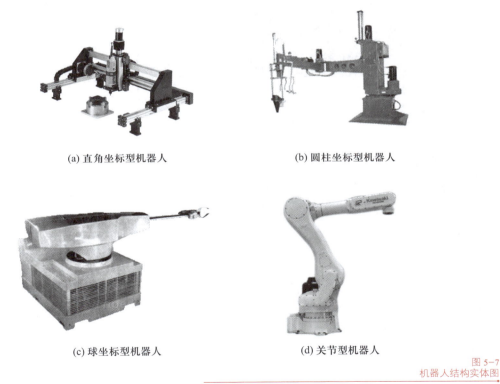

(a) 直角坐标型机器人　　　　　　　　(b) 圆柱坐标型机器人

(c) 球坐标型机器人　　　　　　　　　(d) 关节型机器人

图 5-7
机器人结构实体图

4. 按使用行业、部门和用途分类

（1）工业机器人（图 5-8a）　它们又可按作业类型分为锻压、焊接、表面喷涂、装卸、装配、检测等机器人。

（2）采掘机器人（图 5-8b）　如海洋探矿机器人等。

（3）军用机器人（图 5-8c）

（4）服务机器人（图 5-8d）　如医疗机器人、家用机器人、教学机器人等。

(a) 工业机器人

(b) 采掘机器人

(c) 军用机器人

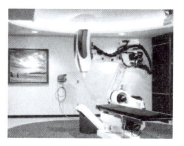

(d) 服务机器人

图 5-8
机器人分类

5.1.4　工业机器人的组成

　　如图 5-9 所示，工业机器人由三大部分六个子系统组成。三大部分是机械部分、传感部分和控制部分。六个子系统是驱动系统、机械结构系统、感受系统、机器人－环境交互系统、人－机交互系统和控制系统。下面将分述这几个子系统。

1. 驱动系统

　　机器人的驱动系统是由驱动器、减速器、检测元件等组成的部件，是用来为操作机各部件提供动力和运动的装置。目前驱动方式主要有气动、液压和电动三种。气动驱动具有成本低、控制简单的特点，但噪声大、输出小、难以准确地控制位置和速度。液压驱动具有输出功率大、低速平稳、防爆等特点，但需要液压动力源，成本较高。采用伺服电机驱动具有使用方便、易于控制的特点，大多数工业机器人采用伺服电机驱动。伺服电机还可以分为直流伺服电机和交流伺服电机。使用伺服电机驱动时，控制系统中还要有为伺服电机供电的电源。

2. 机械结构系统

　　工业机器人的机械结构系统由机身、手臂（包括腕部）及末端操作器三大件组成，如图 5-10 所示。每一大件都有若干自由度，构成一个多自由度的机械系统。

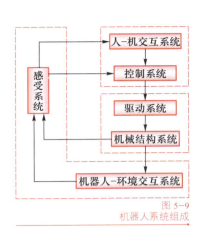

图 5-9
机器人系统组成

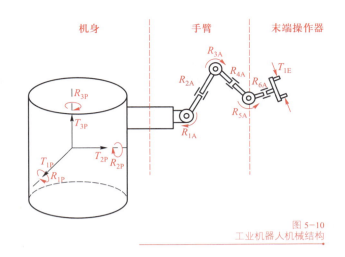

图 5-10
工业机器人机械结构

（1）机身　它是工业机器人机构中相对固定并承受相应力的基础部件。若机身具备行走机构便构成行走机器人；若机身不具备行走及腰转机构，则构成单机器人臂。其中行走机构主要有轮式、足式及特殊机构等类型。

（2）手臂　它由操作机的动力关节、连接杆件和腕部等构成，是用于支承和调整末端执行器位置的部件。手臂有时不止一条，而且每条手臂也不一定只有一节（如关节型），有时还应包括肘和肩的关节，因而扩大了手部姿态的变化范围和运动范围。

腕部是支撑和调整末端执行器姿态的部件，主要用来确定和改变末端执行器的方位和扩大手臂的动作范围，一般具有 2～3 个回转自由度以调整末端执行器的姿态。有些专用机器人可以没有手腕而直接将末端执行器安装在手臂的端部。

（3）末端操作器　它是操作机直接执行工作的装置，直接装在手腕上的一个重要部件，它可以是二手指或多手指的手爪，也可以是喷漆枪、焊具等作业工具，如图 5-11 所示。

图 5-11
机器人手爪实物图

3. 感受系统

它由内部传感器模块和外部传感器模块组成，获取内部和外部环境状态中有意义的信息。

内部传感器模块用于检测各关节的位置、速度等变量，常用的内部传感器为光电码盘，也有采用电位计、旋转变压器、测速发电机的，如图 5-12 所示。外部传感器模块用于检测机器人与周围环境之间的一些状态变量，如距离、接近程度和接触情况的，用于机器人引导和物体识别及处理，如图 5-13 所示。使用外

图 5-12
内部传感器模块

图 5-13
外部传感器模块

部传感器模块可使机器人以灵活的方式对它所处的环境作出反应，赋予机器人以一定的智能。常用的外部传感器有视觉、触觉、力传感器等。

现简单介绍触须传感器的工作原理（图 5-14）。

触须传感器如图 5-14a 所示，由须状触头及其检测部分构成，触头由具有一定长度的柔性软丝构成，它与物体接触所产生的弯曲由根部的检测单元检测。与昆虫触角的功能一样，触须传感器的功能是识别接近的物体，用于确认所设定动作的结束，以及根据接触发出回避动作的指令或搜索对象物的存在。

图 5-14b 所示的是机器人脚下安装的多个触须传感器，依据接通传感器的个数可以检测脚与台阶的接触程度。

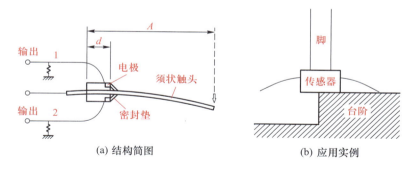

(a) 结构简图　　　　**(b) 应用实例**

图 5-14
触须传感器

4. 机器人-环境交互系统

工业机器人的机器人 - 环境交互系统是实现工业机器人与外部环境中的设备相互联系和协调的系统。工业机器人与外部设备集成为一个功能单元，如加工制造单元、焊接单元、装配单元等，也可以是多台机器人、多台机床或设备、多个零件存储装置等集成一个可执行复杂任务的功能单元。

5. 人-机交互系统

人 - 机交互系统（图 5-15）是使操作人员参与机器人控制，与机器人进行联系的装置。归纳起来可分为两大类：指令给定装置和信息显示装置。如微型机的标准终端、指令控制台、信息显示板及危险信号报警器等。

6. 控制系统

控制系统的任务是根据机器人的作业指令程序以及从传感器反馈回来的信号支配机器人的执行机构去完成规定的运动和功能。若工业机器人不具备信息反馈特征，则为开环控制系统，若具备信息反馈特征，则为闭环控制系统；根据控制原理可分为程序控制系统、适应性控制系统和人工智能控制系统；根据控制运动的形式可分为点位控制和轨迹控制。

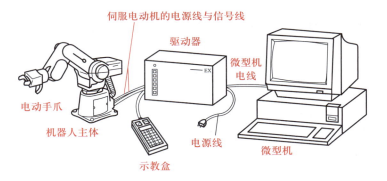

伺服电动机的电源线与信号线
驱动器
微型机电线
电动手爪
机器人主体
电源线
微型机
示教盒

图 5-15
人 - 机交互系统

5.2 工业机器人的机械结构

操作机是工业机器人的机械本体部分，它是多自由度的高精度空间运动机械，与普通机械设备相比，设计时必须考虑机器人运动的灵活性、准确性以及动态性能的平稳性，不仅要满足强度、刚度和可靠性的要求，还必须具有轻巧的构形。下面针对操作机的臂部、腕部和手部（末端执行器）对工业机器人的机械结构进行简要分析。

5.2.1 工业机器人的臂部结构

机器人的臂部一般要求具有前后伸缩、上下升降、左右回转（或摆动）等运动功能。机器人的臂部由大臂和小臂组成，大臂完成回转、升降或上下摆运动，小臂完成伸缩运动。工业机器人的臂部一般具有2~3个自由度，总重量较大，受力一般较复杂，在运动时，直接承受腕部、手部和工件（或工具）的静、动载荷，尤其高速运动时，将产生较大的惯性力（或惯性力矩），引起冲击，影响定位的准确性。因此，臂部结构刚度要求高、导向性要好、重量要轻、运动要平稳、定位精度要高。

根据手臂的结构形式区分，手臂有单臂和双臂等形式；根据手臂的运动形式区分，手臂有直线运动和回转运动两种运动形式。下面针对手臂直线运动和回转运动机构进行简单介绍。

1. 手臂直线运动机构

机器人手臂的伸缩、横向移动均属于直线运动。实现手臂往复直线运动的机构形式比较多，常用的有活塞缸、齿轮齿条机构、丝杠螺母机构以及连杆机构等。由于活塞缸的体积小、重量轻，因而在机器人的手臂结构中应用比较多。

2. 手臂回转运动机构

实现机器人手臂回转运动的机构形式是多种多样的，常用的有叶片式回转缸、齿轮传动机构、链传动机构、活塞缸和连杆机构等。

图 5-16 所示为采用活塞缸和连杆机构的一种双臂机器人手臂的结构图。手臂的上下摆动由铰接活塞缸和连杆机构来实现，当铰接活塞缸 1 的两腔通压力油时，通过连杆 2 带动曲柄 3（即手臂）绕轴心 O 作 90°的上下摆动（如双点画线所示位置）。手臂下摆到水平位置时，其水平和侧向的定位由支承架 4 上的定位螺钉 6 和 5 来调节。此手臂结构具有传动结构简单、紧凑和轻巧等特点。

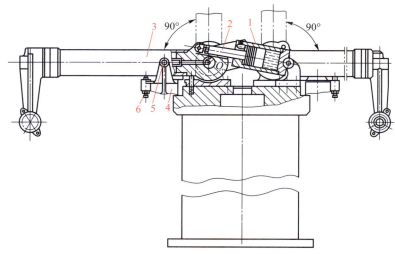

图 5-16
双臂机器人的手臂结构
1—铰接活塞缸；2—连杆（即活塞杆）；3—手臂（即曲柄）；4—支承架；5、6—定位螺钉

5.2.2 工业机器人的腕部结构

工业机器人的腕部是连接手部与臂部的部件，起到支承手部的作用。机器人一般具有六个自由度才能使手部（末端操作器）达到目标位置和处于期望的姿态，手腕上的自由度主要是实现所期望的姿态。为了使手部能处于空间任意方向，要求腕部能实现对空间三个坐标轴 X、Y、Z 的转动，即具有翻转、俯仰和偏转三个自由度。通常也把手腕的翻转叫作 roll，用 R 表示；把手腕的俯仰叫作 pitch，用 P 表示；把手腕的偏转叫作 yaw，用 Y 表示。

腕部实际所需要的自由度数目应根据机器人的工作性能要求来确定。在有些情况下，腕部具有两个自由度，翻转和俯仰或翻转和偏转；有的腕部为了特殊要求还有横向移动自由度。一些专用机械手也可以没有腕部。

手腕按自由度数目来分，可分为单自由度手腕、二自由度手腕及三自由度手腕。

（1）单自由度手腕，如图 5-17 所示　这是一种翻转（roll，用 A 表示）关节，它把手臂纵轴线和手腕关节轴线构成共轴线形式，这种 R 关节翻转角度大，可达到 360°以上。图 5-17b、c 是一种折曲（bend，用 B 表示）关节，关节轴线与前、后两个连接件的轴线相垂直。这种 B 关节因为受到结构上的干涉，旋转角度小，大大限制了方向角。图 5-17d 所示为移动关节，也叫 T 关节。

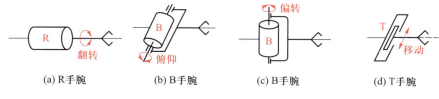

(a) R手腕　　　　(b) B手腕　　　　(c) B手腕　　　　(d) T手腕

图 5-17
单自由度手腕

（2）二自由度手腕，如图 5-18 所示　二自由度手腕可以由一个 R 关节和一个 B 关节组成 BR 手腕，如图 5-18a 所示；也可以由两个 B 关节组成 BB 手腕，如图 5-18b 所示。但是，不能由两个 R 关节组成 RR 手腕，因为两个 R 关节共轴线，所以退化了一个自由度，实际只构成了单自由度手腕，如图 5-18c 所示。

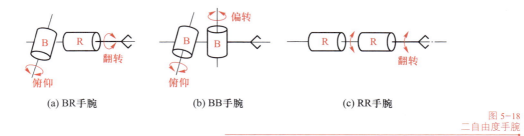

图 5-18
二自由度手腕

（3）三自由度手腕，如图 5-19 所示　三自由度手腕可以由 B 关节和 R 关节组成许多种形式，图 5-19a 所示为通常见到的 BBR 手腕，使手部具有俯仰、偏转和翻转运动，即 RPY 运动。图 5-19b 所示为一个 B 关节和两个 R 关节组成的 BRR 手腕，为了不使自由度退化，使手部获得 RPY 运动，第一个 R 关节必须如图偏置。图 5-19c 所示为三个 R 关节组成的 RRR 手腕，它也可以实现手部 RPY 运动。图 5-19d 所示为 BBB 手腕，很明显，它已经退化为二自由度手腕，只有 PY 运动。此外，B 关节和 R 关节排列的次序不同，也会产生不同的效果，也产生了其他形式的三自由度手腕。为了使手腕结构紧凑，通常把两个 B 关节安装在一个十字接头上，这对于 BBR 手腕来说大大减小了手腕的纵向尺寸。

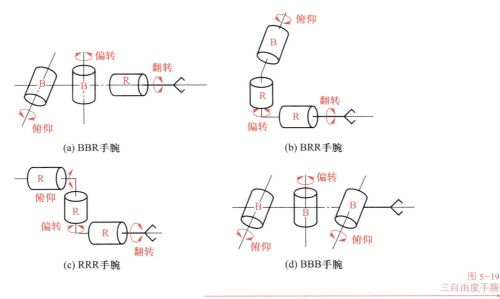

图 5-19
三自由度手腕

图 5-20 所示为一种单自由度手腕机构的机器人，该手腕机构只有一个绕垂直轴旋转的自由度，手腕转动的目的在于调整装配件的方位，适合于电子线路板的插件作业。

现以 MOTOMAN SV3 机器人的手腕结构（图 5-21）为例进行简单介绍。

MOTOMAN SV3 机器人的手腕关节由 R 轴、B 轴和 T 轴组成，具有三个自由度。其中 R 轴以小臂中心线为轴线，由交流伺服电机驱动，首先通过同步带传动，然后通过摆线针轮传动减速，驱动小臂绕 R 轴旋转。为了减小转动惯量，其电动机安装在肘关节处，即和 B 轴的电机交错安装。B 轴的轴线与 R 轴的轴线垂直，驱动 B 轴的交流伺服电机安装在小臂内部末端，先通过同步带将动力传到 B 轴，然后通过谐波齿轮减速器减速，驱动腕关节产生俯仰运动。T 轴的轴线与 B 轴垂直，驱动电机为交流伺服电机，减速机构采用谐波齿轮减速器，驱动法兰盘绕 T 轴转动。T 轴的驱动电机直接安装在腕部。末端操作器通过法兰盘安装在机器人手臂末端。

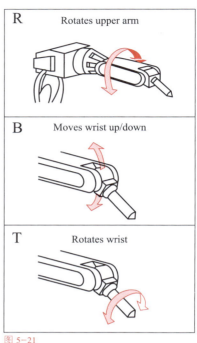

图 5-20
SCARA 机器人

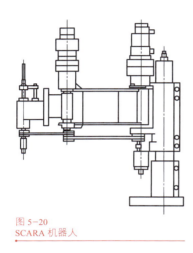

图 5-21
MOTOMAN SV3 机器人的手腕结构

由上面的分析可知，该机械手的驱动系统均采用交流伺服电动机驱动，而传动系统则采用谐波齿轮减速器、摆线针轮传动减速器和同步带传动。当要求末端操作器执行某个任务时，由控制系统协调各轴的运动，按给定轨迹运动。

5.2.3　工业机器人的手部结构

机器人的手部（末端执行器）是用来握持工件或工具的部件。由于被握持工件的形状、尺寸、重量、材质及表面状态的不同，手部机构是多种多样的。大部分的手部机构都是根据特定的工件要求而专门设计的，各种手部的工作原理不同，故其结构形态各异。通常一个机器人配有多个手部装置或工具，因此要求手部与手腕处的接头具有通用性和互换性。

常见的机器人末端执行器有夹持式、勾托式、吸附式和拟手指式等几种形式。

图 5-22 所示为一种夹持式末端执行器，由手爪、驱动机构、传动机构及连接与支承元件组成，通过手爪的开、合动作实现对物体的夹持。

图 5-23 所示为勾托式手部，它并不靠夹紧力来夹持工件，而是利用工件本身的重量，通过手指对工件的勾、托、捧等动作来托持工件。应用勾托方式可降低对驱动力的要求，简化手部结构，甚至可以省略手部驱动装置。它适用于在水平面内和垂直面内搬运大型笨重的工件或结构粗大而重量较轻且易变形的工件。勾托式手部又有无驱动式装置和有驱动式装置两种类型。

图 5-24 所示为一种气流负压吸附式末端执行器，利用流体力学原理，当需要原料时，压缩空气高速流经喷嘴 5 时，其出口处的气压低于吸盘腔内的气压，于是腔内的气体被高速气流带走而形成负压，完成取料动作。当需要释放时，切断压缩空气即可。

图 5-25 所示为一种三指手爪的外形图，每个手指是独立驱动的。这种三指手爪与二指手爪相比可以抓

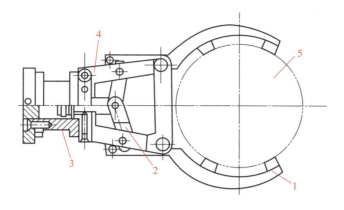

图 5-22
夹持式末端执行器
1—手爪；2—传动机构；3—驱动机构；4—支架；5—工件

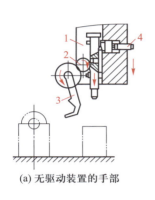

(a) 无驱动装置的手部

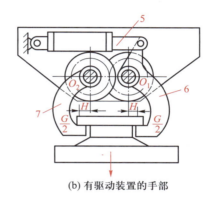

(b) 有驱动装置的手部

图 5-23
勾托式手部示意图
1—齿条；2—齿轮；3—手指；4—销子；5—驱动油缸；6、7—杠杆手指

取如立方体、圆柱体、球体等不同形状的物体。人手是最灵巧的夹持器，如果模拟人手结构，就能制造出机构最优的末端夹持器。

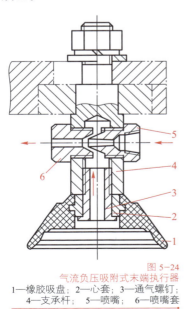

图 5-24
气流负压吸附式末端执行器
1—橡胶吸盘；2—心套；3—通气螺钉；
4—支承杆；5—喷嘴；6—喷嘴套

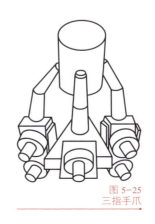

图 5-25
三指手爪

5.2.4　机器人的基本参数和性能特征

机器人的基本参数和性能特征影响机器人的工作效率和可靠性，通常应考虑如下几方面：

1. 运动自由度

自由度是指机器人所具有的独立坐标轴运动的数目，有时还包括手爪（末端操作器）的开合自由度。自由度越多，机器人可以完成的动作越复杂，通用性越强，应用范围也越广，但相应带来的技术难度也越大。一般情况下，通用机器人有 3～6 个自由度，例如，A4020 装配机器人具有 4 个自由度，可以在印制电路板上接插电子器件；PUMA562 机器人具有 6 个自由度，可以进行复杂空间曲面的弧焊作业。以图 5-26 所示的球坐标型机器人为例，6 个基本运动中，3 个是臂部和机身的，3 个是腕部的。

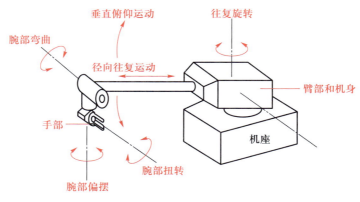

图 5-26
球坐标型机器人的六个自由度

2. 工作空间

工作空间是指机器人手臂末端或手腕中心所能到达的所有点的集合，机器人的工作空间取决于机器人的结构形式和每个关节的运动范围。图 5-6 所示的直角坐标型机器人的工作空间是矩形体，圆柱坐标型机器人的工作空间为圆柱体，而球坐标型机器人的工作空间是球体。工作空间的形状和大小反映了机器人工作能力的大小。工作范围的形状和大小是十分重要的，机器人在执行某作业时可能会因为存在手部不能到达的作业死区而不能完成任务。因而，工作空间是选用机器人时应考虑的一个重要参数。

3. 承载能力

承载能力是指机器人在工作范围内的位姿上所能承受的最大重量。承载能力不仅决定于载荷的大小，而且还与机器人运行的速度和加速度的大小和方向有关。为了安全起见，承载能力这一技术指标是指高速运行时的承载能力。通常承载能力不仅指负载，而且还包括了机器人末端操作器的重量。

4. 运动速度

运动速度影响机器人的运动周期和工作效率，它与机器人所提取的重量和位置都有密切的关系。运动速度高，机器人所承受的动载荷变大，并同时承受着加、减速时较大的惯性力，从而影响机器人的工作平稳性和位置精度。到目前为止，国内外通用机器人的最大直线运动速度大多在 1 000 mm/s 以下，最大回转运动速度一般不超过 120°/s。

5. 位置精度

位置精度是衡量机器人工作质量的又一项重要指标。位置精度的高低取决于位置控制方式以及机器人运动部件本身的精度和刚度，此外还与提取重量和运动速度等因素有密切的关系。典型的工业机器人的定位精度一般在（±0.02～±5）mm 的范围内。

5.3　工业机器人的控制与驱动

5.3.1　工业机器人的控制

控制系统是工业机器人的主要组成部分，它的机能类似于人脑。工业机器人要与外围设备协调动作，共同完成作业任务，就必须具备一个功能完善、灵敏可靠的控制系统。工业机器人的控制系统可分为两大部分：一部分是对其自身运动的控制，另一部分是工业机器人与周边设备的控制。图 5-27 所示为工业机器人控制系统构成要素。

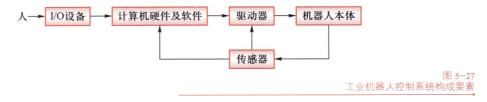

图 5-27
工业机器人控制系统构成要素

1. 工业机器人控制系统的特点

工业机器人的控制系统一般是以机器人的单轴或多轴运动协调为目的的控制系统。机器人的结构是一个开链机构，其各个关节的运动是独立的，为了实现末端点的运动轨迹，需要多关节的运动协调。因此，其控制系统与普通的控制系统相比要复杂得多，工业机器人控制系统有如下特点：

1）传统的自动机械是以自身的动作为重点，而工业机器人的控制系统更看重本体与操作对象的关系。无论多么高的精度控制手臂，若不能夹持并操作物体到达目的位置，作为工业机器人来说，那就失去了意义，这种相互关系是首要的。

2）把多个独立的伺服系统有机地协调起来，使其按照人的意志行动，甚至赋予机器人一定的"智能"，这个任务只能由计算机来完成。因此，机器人控制系统必须是一个计算机控制系统，计算机软件担负着艰巨的任务。

3）工业机器人控制系统本质上是一个非线性系统。引起机器人非线性的因素很多，机器人的结构、传动件、驱动元件等都会引起系统的非线性。

4）工业机器人的运动描述复杂。机器人的控制与机构运动学及动力学密切相关，机器人手足的状态可以在各种坐标下进行描述，应当根据需要，选择不同的参考坐标系，并作适当的坐标变换。

5）工业机器人的动作往往可以通过不同的方式和路径来完成，因此存在一个"最优"的问题。较高级的机器人可以用人工智能的方法，用计算机建立起庞大的信息库，借助信息库进行控制、决策、管理和操作。根据传感器和模式识别的方法获得对象及环境的工况，按照给定的指标要求，自动地选择最佳的控制规律。

6）工业机器人还有一种特有的控制方式——示教再现控制方式，如图 5-28 所示。当要工业机器人完成某作业时，可预先移动工业机器人的手臂，来示教该作业顺序、位置以及其他信息，在执行时，依靠

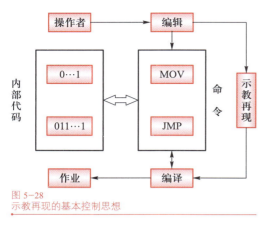

图 5-28
示教再现的基本控制思想

工业机器人的再现功能，可重复进行该作业。

总而言之，机器人控制系统是一个与运动学和动力学原理密切相关的、有耦合的、非线性的多变量控制系统。由于它的特殊性，经典控制理论和现代控制理论都不能照搬使用。因此到目前为止，机器人的控制理论还不完整、不系统，相信随着机器人技术的发展，机器人控制理论必将日趋成熟。

2. 工业机器人控制系统的分类

机器人控制系统从基本工作原理和系统结构可以分成非伺服型控制系统和伺服型控制系统两类。

非伺服型控制系统适用于作业相对固定、作业程序简单、运动精度要求不高的场合，它具有成本低，操作、安装、维护简单的特点。图 5-29a 所示为未采用反馈信号的开环非伺服型控制系统框图。控制系统的控制程序是在进行作业之前预先编定，作业时程序控制器按程序根据存储数据控制驱动单元带动操作机运动。在控制过程中没有反馈信号。采用步进电机驱动，以离散的步距实现顺序控制的机器人都属于这一类型。图 5-29b 所示为采用开关反馈的非伺服型控制系统框图。在该系统中利用机械挡块、行程开关等在预定位置上发出反馈信号，用以起动或停止某一运动。机械挡块位置可调整（作业运动期间不可调整），若在运动路线上设置多个挡块或利用带微处理器的可编程序控制器则可完成更为复杂、灵活的控制。

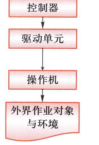

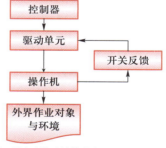

(a) 未采用反馈信号的开环非伺服型控制系统　　(b) 采用开关反馈的非伺服型控制系统

图 5-29
非伺服型控制系统

闭环伺服控制系统的特点是系统中采用检测传感器连续测量关节位置、速度等关节参数，并反馈到驱动单元构成闭环伺服系统。在伺服系统控制下，各关节的运动速度、停留位置由有关的程序控制，而程序的编制、修改简便灵活，所以能方便地完成各种复杂的操作。其系统结构虽比非伺服型控制复杂，价格较高，但仍得到广泛应用。目前绝大多数高性能的多功能工业机器人都采用伺服型控制系统。

伺服控制机器人执行机构的每一个关节分别由一个伺服控制系统驱动，其关节运动参数来自主控制计算机的输出。图 5-30 所示为一具有位置和速度反馈的典型伺服控制系统，它由以下结构组成：

（1）伺服控制器　伺服控制器的基本部件是比较器、误差放大器和各种补偿器。输入信号除参考信号外，还有各种反馈信号，从而构成具有位置、速度反馈回路的伺服系统。控制器可以采用模拟器件组成，主要用集成运算放大器和阻容网络实现比较、补偿和放大等功能，构成模拟伺服系统。控制器也可以采用数字器件，如采用微处理器组成数字伺服系统。其中比较、补偿、放大等功能由软件完成，这种系统灵活，

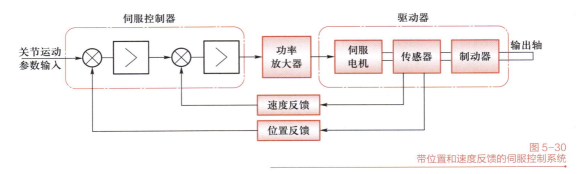

图 5-30
带位置和速度反馈的伺服控制系统

便于实现各种复杂的控制，获得较高的性能指标。

（2）功率放大器　功率放大器的作用是将控制器输出的控制信号放大，驱动伺服机构运动。由于机器人伺服驱动功率不大，但快速性要求较高。常采用脉宽调制（PWM）放大原理，选用双极型大功率管或功率场效应管，在一些大型电力驱动机器人中可采用可控硅功率放大器。

（3）伺服驱动器　伺服驱动器通常由伺服电机、位置传感器、速度传感器和制动器组成。其输出轴直接和操作机关节轴相连接，以完成关节运动的控制和关节位置、速度的检测，失电时制动器能自行制动，保持关节原位静止不动

3. 工业机器人控制系统的控制方式

工业机器人的控制方式多种多样，根据作业任务的不同，主要分为点位控制方式、连续轨迹控制方式、力（力矩）控制方式和智能控制方式。

（1）点位控制方式（PTP）　很多机器人要求能准确地控制末端执行器的工作位置，而路径却无关紧要。点位控制方式的特点是只控制工业机器人末端执行器在作业空间中某些规定的离散点上的位姿，控制时只要求工业机器人快速、准确实现相邻各点之间的运动，而对到达目标点的运动轨迹则不做任何规定，如图 5-31a 所示。这种控制方式的主要技术指标是定位精度和运动所需的时间，由于其存在控制方式易于实现、定位精度要求不高的特点，因而常被应用在上、下料，搬运，点焊和在电路板上安插元件等只要求目标点处保持末端执行器位姿准确的作业中。一般来说，这种方式比较简单，但是，要达到 $2 \sim 3\ \mu m$ 的定位精度是相当困难的。

（2）连续轨迹控制方式（CP）　在弧焊、喷漆、切割等工作中，要求机器人末端执行器按照示教的轨迹和速度运动，如果偏离预定的轨迹和速度，就会使产品报废。其控制方式类似于控制原理中的跟踪系统，可称之为轨迹伺服控制，故连续轨迹运动方式要求末端执行器严格按照预定的轨迹和速度在一定的精度范围内运动，而且速度可控，轨迹光滑，运动平稳，以完成作业任务，如图 5-31b 所示。工业机器人各关节连续、同步地进行相应的运动，其末端执行器即可形成连续的轨迹。

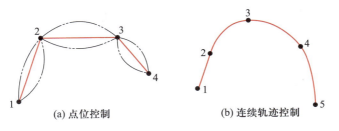

(a) 点位控制　　　　(b) 连续轨迹控制

图 5-31
点位控制与连续轨迹控制

（3）力（力矩）控制方式 在完成装配、抓放物体等工作时，除要准确定位之外，还要求使用适度的力或力矩进行工作，这时就要利用力（力矩）伺服方式。这种方式的控制原理与位置伺服控制原理基本相同，只不过输入量和反馈量不是位置信号，而是力（力矩）信号，因此系统中必须有力（力矩）传感器。有时也利用接近、滑动等传感功能进行自适应式控制。

（4）智能控制方式 机器人的智能控制是通过传感器获得周围环境的知识，并根据自身内部的知识库作出相应的决策。采用智能控制技术，使机器人具有较强的环境适应性及自学习能力。智能控制技术的发展有赖于近年来人工神经网络、基因算法、遗传算法、专家系统等人工智能的迅速发展。

5.3.2　工业机器人的驱动

1. 工业机器人的驱动方法

驱动装置是带动臂部到达指定位置的动力源，是使机器人各个关节运行起来的传动装置。通常动力是直接或经电缆、齿轮箱或其他方法送至臂部。机器人的驱动方法一般有三种：液压驱动、气压驱动及电动驱动。

（1）液压驱动 液压驱动以高压油作为工作介质，驱动机构可以是闭环或者是开环的，可以是直线的或者是旋转的。液压驱动机器人的抓取能力可达上百公斤，液压可达 7 MPa，传动平稳，但对密封性要求高。

（2）气压驱动 在所有的驱动方式中，气压驱动是最简单的，在工业上应用很广。气动执行元件既有直线气缸，也有旋转气压马达，其工作介质是高压空气。气动控制阀简单、便宜，而且工作压力也低得多，故这种机器人结构简单，动作迅速，价格低廉。但由于空气具有可压缩性，因此这种机器人的工作速度慢，稳定性差；其气压一般为 0.7 MPa，因而抓取力小。

（3）电动驱动 电动驱动是在工业机器人中用得最多的一种。早期多采用步进电机（SM），后来发展了直流伺服电机（DC），目前交流伺服电机（AC）得到了更为广泛的应用。交流伺服电机具有坚固耐用、经济可靠且动态响应性好、输出功率大等优点。

2. 工业机器人的驱动机构

（1）直线驱动机构 机器人采用的直线驱动方式包括直角坐标结构的 X、Y、Z 向驱动，圆柱坐标结构的径向驱动和垂直升降驱动，以及极坐标结构的径向伸缩驱动。直线运动可以直接由气缸或液压缸和活塞产生，也可以采用齿轮齿条、丝杠螺母等传动元件把旋转运动转换成直线运动。

1）齿轮齿条装置：在齿轮齿条装置中，齿条通常是固定不动的，当齿轮传动时，齿轮轴连同拖板沿齿条方向做直线运动。这样，齿轮的旋转运动就转换成为拖板的直线运动，如图 5-32 所示。该装置的回差较大。

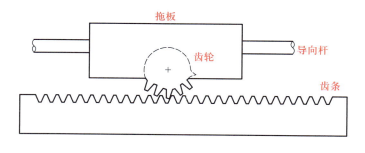

图 5-32
齿轮齿条装置

2）普通丝杠：普通丝杠驱动是由旋转的精密丝杠驱动螺母沿丝杠轴向移动。由于普通丝杠的摩擦力较大，效率低，惯性大，在低速时容易产生爬行现象，精度低，回差大，所以在机器人上很少采用。

3）滚珠丝杠：滚珠丝杠因其摩擦力很小且运动响应速度快，在机器人上得到广泛应用。由于滚珠丝杠在丝杠与螺母的螺旋滚道间装有滚珠，传动过程中所受的摩擦力是滚动摩擦，可极大地减小摩擦力，因此传动效率高，消除了低速运动时的爬行现象，在装配时施加一定的预紧力，可消除回差。如图5-33所示，滚珠丝杠里的滚珠从钢套管中出来，进入经过研磨的导槽，转动2～3圈以后，返回钢套管。滚珠丝杠的传动效率可以达到90%，所以只需要使用极小的驱动力，并采用较小的驱动连接件，就能够传递运动。通常人们还使用两个背靠背的双螺母对滚珠丝杠进行预加载来消除丝杠和螺母之间的间隙，提高运动精度。

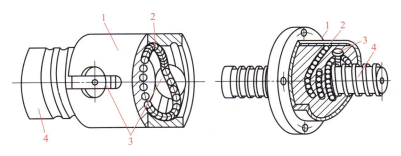

图5-33
滚珠丝杠
1—螺母；2—滚珠；3—回程引导装置；4—丝杠

4）液压驱动：液压驱动是由高精度的缸体和活塞一起完成的。活塞和缸体采用滑动配合，压力油从液压缸的一端进入，把活塞推向液压缸的另一端，调节液压缸内部活塞两端的液体压力和进入液压缸的油量即可控制活塞的运动。许多早期的机器人都是采用由伺服阀控制的液压缸产生直线运动。液压缸功率大，结构紧凑，价格便宜，虽然高性能的伺服阀价格较贵，但由于不需要把旋转运动转换成直线运动，可以节省转换装置的费用。美国公司生产的 Unimation 型机器人采用了直线液压缸作为径向驱动源（图5-34），Versatran 机器人也使用直线液压缸作为圆柱坐标式机器人的垂直驱动源和径向驱动源。目前高效专用设备和自动线大多采用液压驱动，因此配合作业的机器人可直接使用主设备的动力源。对于单独的机器人机构，今后的发展将以电动驱动为主要方向。

5）气压驱动：与液压驱动相比，气压驱动的特点是：压缩空气黏度小，容易达到高速；利用工厂集中的空气压缩机站供气，不必添加动力设备；空气介质对环境无污染，使用安全，可直接应用于高温作业；气动元件工作压力低，故制造要求也比液压元件低。它的不足之处是：压缩空气常用压力为0.4～0.6 MPa，若要获得较大的输出力矩，其结构就要相对增大；空气压缩性大，工作平稳性差，速度控制困难，要达到准确的位置控制很困难；压缩空气的除水问题是一个很重要的问题，处理不当会使钢类零件生锈，导致机器人失灵；此外，排气还会造成噪声污染。

（2）旋转驱动机构 多数普通电动机和伺服电机都能够直接产生旋转运动，但其输出力矩比所需要的力矩小，转速比所需要的转速高。因此，需要采用各种齿轮链、带传动装置或其他传动机构，把较高的转速转换成较低的转速，并获得较大的力矩。有时也采用直线液压缸或直线气缸作为动力源，这就需要把直线运动转换成旋转运动。这种运动的传递和转换必须高效率地完成，并且不能有损于机器人系统所需要的特性，特别是定位精度、重复精度和可靠性。运动的传递和转换可以选择下列方式：

1）齿轮传动：齿轮传动（图5-35）是由两个或两个以上的齿轮组成的传动机构。它不但可以传递运动角位移和角速度，而且可以传递力和力矩。使用齿轮传动机构应注意两个问题：一是齿轮传动的引入会改变系统的等效转动惯量，从而使驱动电动机的响应时间减少，这样伺服系统就更加容易控制，输出轴转动惯量转换到驱动电动机上，等效转动惯量的下降与输入输出齿轮齿数的平方成正比；二是在引入齿轮传动的同时，由于齿轮间隙误差，将会导致机器人手臂的定位误差增加，如不采取一些补救措施，齿隙误差还会引起伺服系统的不稳定性。

2）同步带传动：同步带（图 5-36）类似于工厂的风扇带和其他传动带，所不同的是这种带上具有许多型齿，它们和同样具有型齿的同步带轮齿相啮合。工作时，它们相当于柔软的齿轮，具有柔性好、价格便宜两大优点。另外，同步带传动还被用于输入轴和输出轴方向不一致的情况，只要同步带足够长，使带的扭角误差不太大，同步带仍能够正常工作。此外，同步带比齿轮传动价格低得多，加工也容易得多。有时，齿轮传动和同步带结合起来使用更为方便。

图 5-34
Unimation 机器人

图 5-35
齿轮传动

图 5-36
同步带传动

3）谐波齿轮传动：虽然谐波齿轮已问世多年，但直到最近才得到广泛的应用。目前，机器人的旋转关节有 60%～70% 都使用谐波齿轮。谐波齿轮传动机构由刚性齿轮、谐波发生器和柔性齿轮三个主要零件组成，如图 5-37 所示。由于自然形成的预加载谐波发生器啮合齿数较多以及齿的啮合比较平稳，谐波齿轮传动的齿隙几乎为零，因此传动精度高，回差小。但是柔性齿轮的刚性较差，承载后会出现较大的扭转变形，引起一定的误差，而对于多数应用场合，这种变形将不会引起太大的问题。

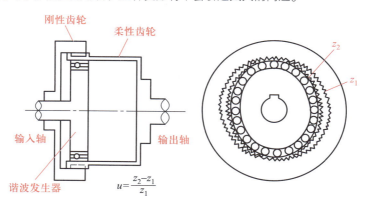

$$u = \frac{z_2 - z_1}{z_1}$$

图 5-37
谐波齿轮传动

5.4　工业机器人的编程语言

机器人的主要特点之一是其通用性，使机器人具有可编程能力是实现这一特点的重要手段。机器人编程必然涉及机器人语言。机器人语言是使用符号来描述机器人动作的方法。它通过对机器人动作的描述，使机器人按照编程者的意图进行各种操作。机器人语言的产生和发展是与机器人技术的发展以及计算机编程语言的发展紧密相关的。编程系统的核心问题是操作运动控制问题。

机器人编程是机器人运动和控制问题的结合点，也是机器人系统最关键的问题之一。当前实用的工业机器人常为离线编程或示教，在调试阶段可以通过示教控制盒对编译好的程序一步一步地执行。调试成功后可投入正式运行，机器人语言系统可用图 5-38 表示。

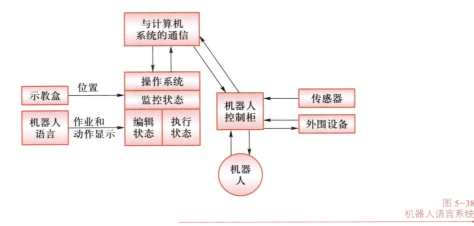

图 5-38
机器人语言系统

机器人语言系统包括 3 个基本的操作状态：监控状态、编辑状态、执行状态。

5.4.1　机器人编程语言的分类

机器人编程语言是方法、算法和编程技巧的结合，由于机器人的类型、作业要求、控制装置、传感信息种类等因素多种多样，所以编程语言也是各种各样，功能、风格差别都很大。目前流行有多种机器人编程语言，如果按照编程功能，可以分为如下几个不同的级别：

1. 面向点位控制的编程语言

这种语言要求用户采用示教盒上的操作按钮或移动示教操作杆引导机器人做一系列的运动，然后将这些运动转变成机器人的控制指令。

2. 面向运动的编程语言

这种语言以描述机器人执行机构的动作为中心。编程人员使用编程语言来描述操作机所要完成的各种动作序列，数据是末端执行器在基座坐标系（或绝对坐标系）中位置和姿态的坐标序列。语言的核心部分是描述手部的各种运动语句，语言的指令由系统软件解释执行，如 VAL、EMUY、RCL 语言等。

3. 结构化编程语言

这种语言是在 PASCAL 语言基础上发展起来的，具有较好的模块化结构。它由编译程序和运行时间系统组成。编译程序对原码进行扫描分析和校验，生成可执行的动作码，将动作码和有关控制数据送到运行时间系统进行轨迹插补及伺服控制，以实现对机器人的动作控制，如 AL、MCL、MAPL 语言等。

4. 面向任务的编程语言

这类语言是以描述作业对象的状态变化为核心，编程人员通过工件（作业对象）的位置、姿态和运动来描述机器人的任务。编程时只需规定出相应的任务（如用表达式来描述工件的位置和姿态，工件所承受的力、力矩等），由编辑系统根据有关机器人环境及其任务的描述，做出相应的动作规则，如根据工件几何形状确定抓取的位置和姿态、回避障碍等，然后控制机器人完成相应的动作，如 AutoPASS 语言。

5.4.2　几种工业机器人编程语言简介

机器人编程语言最早是在 20 世纪 70 年代初期出现的，到目前为止，已经有多种机器语言问世，其中有的是研究室里的实验语言，有的是实用的机器人语言。前者中比较有名的有美国斯坦福大学开发的 AL 语言、IBM 公司开发的 AutoPASS 语言、英国爱丁堡大学开发的 RAFT 语言等；后者中比较有名的有由 AL 语言演变而来的 VAL 语言，日本九州大学开发的 IML 语言，IBM 公司开发的 AML 语言等。开发机器人编程语言的途径大约有两条：一条是根据某一种机器人的需要单独开发的；另一条是在数控编程语言 APT 的基础上开发的。目前，按前一种途径开发的语言占多数。下面简要介绍几种不同应用范围的机器人编程语言。

1. AL 语言

AL 语言是由斯坦福大学 1974 年在 1973 年研发的 WAVE 语言基础上开发的一种高级程序设计系统，描述诸如装配一类的任务。它有类似 ALGOL 的源语言，有将程序转换为机器码的编译程序和由控制操作机械手和其他设备的实时系统。编译程序采用高级语言编写，可在小型计算机上实时运行，近年来该程序已能够在微型计算机上运行。AL 语言对其他语言有很大的影响，在一般机器人语言中起主导作用。

2. AML 语言

AML 语言是由 IBM 公司开发的一种交互式面向任务的编程语言，专门用于控制制造过程（包括机器人）。它支持位置和姿态示教、关节插补运动、直线运动、连续轨迹控制和力觉控制，提供机器人运动和传感器指令、通信接口和很强的数据处理功能（能进行数据的成组操作）。这种语言已商品化，可应用于内存不少于 192 KB 的小型计算机控制的装配机器人。

3. MCL 语言

MCL 语言是由美国麦道飞机公司为工作单元离线编程而开发的一种机器人语言。工作单元可以是各种形式的机器人及外围设备、数控机械、触觉和视觉传感器。它支持几何实体建模和运动描述，提供手爪命令，其软件是在 IBM 360 APT 的基础上用 FORTRAN 和汇编语言写成的。

4. SERF 语言

SERF 语言是由日本三协精机制作所开发的控制 SKILAM 机器人的语言。它包括工件的插入、装箱、手爪的开合等。与 BASIC 相似，这种语言简单，容易掌握，具有较强的功能，如三维数组、坐标变换、直线及圆弧插补、任意速度设定、子程序、故障检测等，其动作命令和 I/O 命令可并行处理。

5. SIGLA 语言

SIGLA 语言是由意大利 Olivetti 公司开发的一种面向装配的语言，其主要特点是为用户提供了定义机器人任务的能力。Sigma 型机器人的装配任务常由若干个子任务组成，如取螺钉旋具、在上料台上取螺钉、搬运该螺钉、螺钉定位、螺钉装入和拧紧螺钉等。为了完成对子任务的描述及将子任务进行相应的组合，SIGLA 语言还设计了 32 个指令定义字。SIGLA 语言支持多臂协调、手爪操作、触觉与力觉反馈、平行处理、工具操作、与外围设备的交互作用、相对与绝对运动、回避碰撞的命令，可在微型计算机上运行。

6. AutoPASS 语言

AutoPASS 语言是一种对象级语言。对象级语言是靠对象物状态的变化给出大概的描述，把机器人的工作程序化的一种语言。AutoPASS、LUMA、RAFT 等都属于这一级语言。AutoPASS 是 IBM 公司下属的一个研究所研发出的机器人语言，它是针对机器人操作的一种语言，程序把工作的全部规划分解成放置部件、插入部件等宏功能状态变化指令来描述。

5.5 工业机器人的应用

工业机器人最早应用于汽车制造工业，常用于焊接、喷漆，上、下料和搬运。工业机器人延伸和扩大了人的手、足和大脑功能，它可代替人从事危险、有害、有毒、低温和高热等恶劣环境中的工作；代替人完成繁重、单调的重复劳动，提高劳动生产率，保证产品质量。工业机器人与数控加工中心、自动搬运小车以及自动检测系统可组成柔性制造系统（FMS）和计算机集成制造系统（CIMS），实现生产自动化。

5.5.1 焊接机器人

1. 点焊机器人

工业机器人首先应用于汽车的点焊作业，点焊机器人广泛应用于焊接车体薄板件。装焊一台汽车车体一般需要完成 3 000～4 000 个焊点，其中 60% 是由点焊机器人完成的。在有些大批量汽车生产线上，服役的点焊机器人数量甚至高达 150 多台。图 5-39 所示为德国产 IR662/100 型点焊机器人总图，它是一种用于地面安装的工业机器人。

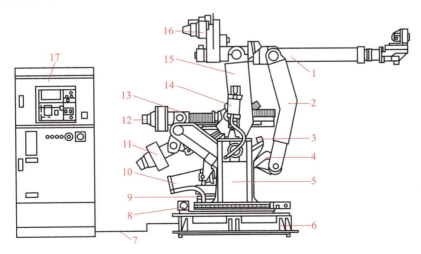

图 5-39
IR662/100 型点焊机器人

1—手臂及手腕；2—臂架；3—橡胶缓冲器；4—肘形节杆；5—回转台；6—基座；7—连接电缆；8—转台缓冲器；9—第一轴（转台）电动机（M1）；10、14—平衡气缸；11—第二轴（臂架）电动机（M2）；12—第三轴螺杆；13—第三轴臂架；15—驱动臂架；16—电动机组（M4、M5、M6）；17—控制柜

点焊机器人主要性能要求：安装面积小，工件空间大；快速完成小节距的多点定位；定位精度高（±0.25 mm），以确保焊接质量；持重大（490～980 N），以便携带内装变压器的焊钳；示教简单，节省工时。

2. 弧焊机器人

弧焊机器人应用于焊接金属连续结合的焊缝工艺，绝大多数可以完成自动送丝、熔化电极和气体保护下的焊接工作。弧焊机器人应用范围很广，除汽车行业外，在通用机械、金属结构等许多行业中都有应用。弧焊机器人应是包括各种焊接附属装置在内的焊接系统，而不只是一台以规划的速度和姿态携带焊枪移动的单机。图 5-40 所示为弧焊机器人系统的基本组成。适合机器人应用的弧焊方法主要有惰性气体保护焊、二氧化碳保护焊、混合气体保护焊、二氧化碳保护药芯焊丝点弧焊、自保护药芯焊丝点弧焊、埋弧焊、钨极惰性气体保护焊和等离子弧焊接。

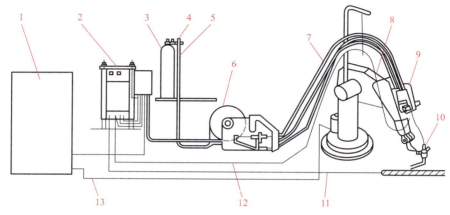

图 5-40
弧焊机器人系统的基本组成
1—机器人控制柜；2—焊接电源；3—气瓶；4—气体流量计；5—气路；6—焊丝轮；7—柔性导管；
8—弧焊机器人；9—送丝机器人；10—焊枪；11—工件电缆；12—焊接电缆；13—控制 / 动力电缆

弧焊机器人的主要性能要求：在弧焊作业中，要求焊枪跟踪工件的焊道运动，并不断填充金属形成焊道。因此，运动过程中速度的稳定性和轨迹是两项重要指标，一般情况下，焊接速度取 $5 \sim 50$ mm/s，轨迹精度为 $\pm（0.2 \sim 0.5）$ mm；由于焊枪的姿态对焊缝质量也有一定影响，因此希望在跟踪焊道的同时，焊枪姿态的可调范围尽量大。此外，还有一些其他性能要求，这些要求包括：设定焊接条件（电流、电压、速度等）、抖动功能、坡口填充功能、焊接异常检测功能（断弧、工件熔化）及焊接传感器（起始焊点检测、焊道跟踪）的接口功能。

为了得到优质焊缝，作业时往往需要在动作的示教以及焊接条件（电流、电压、速度）的设定上花费大量的劳力和时间，所以除了上述性能方面的要求外，如何使机器人便于操作也是一个重要课题。

5.5.2 喷漆机器人

喷漆机器人广泛应用于汽车车体、家电产品和各种塑料制品的喷漆作业。喷漆机器人在使用环境和动作要求上有如下特点：

1）工作环境的空气中含有易爆的喷漆剂蒸气；

2）沿轨迹高速运动，途经各点均为作业点；

3）多数被喷漆部件都搭载在传送带上，边移动边喷漆。

图 5-41 所示为日本 TOKICO 公司生产的 RPA856RP 关节式喷漆机器人。该机器人由操作机、控制箱、修正盘和液压源四部分组成；有 6 个自由度，可连接工件传送装置做到同步操作。手腕为伺服控制型。末端接口可安装两个喷枪同时工作（系统配有两套可同时使用的气路）。

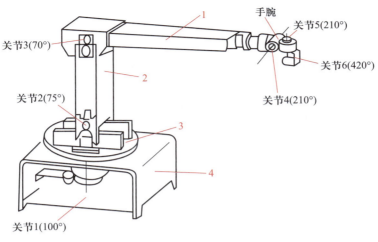

图 5-41
RPA856RP 机器人基本组成及关节轴回转角度
1—小臂；2—大臂；3—转台；4—基座

5.5.3 装配机器人

装配在现代工业生产中占有十分重要的地位。有关资料统计表明，装配劳动量占产品生产劳动量的 50%～60%，在有些场合，这一比例甚至更高。例如，在电子器件厂的芯片装配、印制电路板的生产中，装配劳动量占产品生产劳动量的 70%～80%。因此，用机器人来实现自动化装配作业是十分重要的。

带有力反馈机构的精密装配作业机器人的装配作业如图 5-42 所示。该机器人将三个基座零件、连接套和小轴组装起来，其视觉系统为摄像机。主、辅机器人各抓取所需要组装的零件，两者互相配合，使零件尽量接近，而主机器人向孔的中心方向移动。由于手腕的柔性，所抓取的小轴会产生稍微的倾斜；当小轴端部到达孔的位置附近时，由于弹簧力的作用，轴端会落入孔内。柔性机构在 Z 方向的位移变化可以检测，使主机器人控制位置时获得探索阶段已完成的信息。进入插入阶段，由触觉传感器检测轴线对中心线的倾斜方向，一边对轴的姿态进行修正，一边进行插入，完成装配作业。

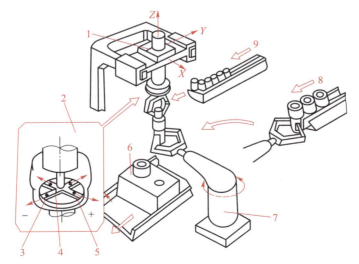

图 5-42
精密装配作业机器人的装配作业
1—主机器人；2—柔性手腕；3、5—触觉传感器（应变片）；4—弹簧片；
6—基座零件；7—辅助机器人；8—连接套供料机构；9—小轴供料机构

5.5.4　机器人柔性装配系统

　　机器人正式进入装配作业领域是在"机器人普及元年"的 1980 年前后，引入装配作业的机器人在早期主要用来代替装配线上手工作业的工序，随后很快出现了以机器人为主体的装配线。装配机器人的应用极大地推动了装配生产自动化的进展。装配机器人建立的柔性自动装配系统能自动装配中小型、中等复杂程度的产品，如电机、水泵齿轮箱等，特别适应于中小批量生产的装配，可实现自动装卸、传送、检测、装配、监控、判断、决策等机能。

　　机器人柔性装配系统是以极少数的机器人完成多种装配作业，生产成品或半成品的装配系统。图 5-43 是一个机器人柔性装配系统的例子，由图中可见，输送带上排列着两种类型的连杆，两台机器人承担涂抹润滑脂，压装轴承、卡箍，安装轴、链轮、碟形弹簧等多道装配作业。

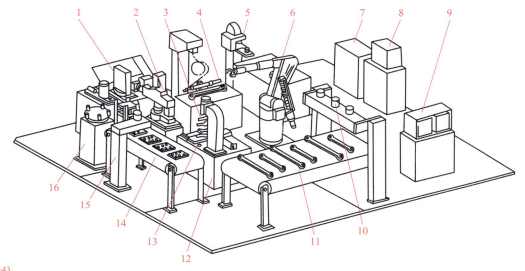

图 5-43
机器人柔性装配系统示例
1—给料器；2、6—装配机器人；3 —润滑脂涂抹器；4—螺栓紧固器；5 —加热炉；7、8—机器人控制器；
9—视觉监视器；10、13、15 —摄像机；11、14—传送带；12—压装机；16—工作台

　　机器人柔性装配系统通常以机器人为中心，并有诸多周边设备，如零件供给装置、工件输送装置、夹具、涂抹器等与之配合，此外还常备有可换手等。但是如果零件的种类过多，整个系统将过于庞大，效率降低，这是不可取的。在机器人柔性装配系统中，机器人的数量可根据产量选定，而零件供给装置等周边设备则视零件和作业的种类而定。因此，和装配线比较，产量越少，机器人柔性装配系统的投资越大。

5.5.5　机器人在 FMS 中的应用

　　工业机器人是柔性制造单元（FMC）和柔性制造系统（FMS）的主要组成部分，主要用于物料、工件的装、卸和储运，可用它来将工件从一个输送装置送到另一个输送装置，或将加工完的工件从一台机床再安装到另一台机床上。

　　图 5-44 所示是由两台车削中心、四台加工中心、一条往复式传输带和两台工业机器人组成的一个柔性制造系统。这两台机器人的任务是完成工件装、卸和搬运工作，第一台机器人为两台车削中心服务，第二台机器人为四台加工中心服务。FMS 除了采用典型的搬运机器人结构之外，有的也采用龙门吊车式机械手或在运输小车上安装机械手完成搬运工作。机器人的提升质量有限，通常只用于质量在 1～20 kg 范围内的

工件。

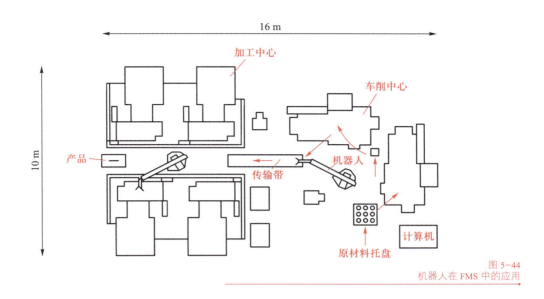

图 5-44
机器人在 FMS 中的应用

5.5.6　恶劣工作环境及危险工作

　　压铸车间及核工业等领域的作业是一种有害于健康并危及生命，或不安全因素很大而不宜于人去做的作业，用工业机器人做是最适合的。图 5-45 所示为核工业上沸腾水式反应堆（BWR）燃料自动交换机。

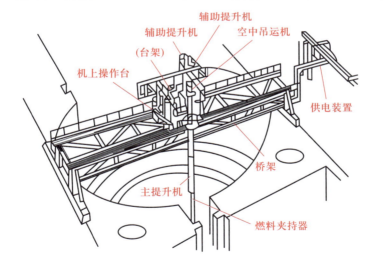

图 5-45
燃料自动交换机

思考题与习题

　　1. 在 ISO 标准中工业机器人是如何定义的？

　　2. 工业机器人的发展趋势是什么？

　　3. 工业机器人的分类方法有哪些？都是如何进行分类的？

　　4. 简述工业机器人的基本组成。

　　5. 简述工业机器人控制系统的特点。

6. 工业机器人的驱动方式有哪些？ 各有什么特点？

7. 点位控制方式（PTP 控制）与连续轨迹控制方式（CP 控制）的特点和区别是什么？

8. 工业机器人的驱动方法有哪些？

9. 按照编程功能，工业机器人的编程语言可以分为哪几种不同的级别？

10. 工业机器人的典型应用有哪些？

第6章　柔性制造技术

随着市场对产品多样化、低制造成本及短制造周期等需求日趋迫切，同时由于微电子技术、计算机技术、通信技术、机械与控制设备的进一步发展，制造技术已经向以信息密集的柔性自动化生产方式及知识密集的智能自动化方向发展。柔性制造技术是电子计算机技术在生产过程及其装备上的应用，是将微电子技术、智能化技术等与传统加工技术融合在一起，具有先进性、柔性化、自动化、效率高的现代制造技术。柔性制造技术的发展还进一步推动了生产模式的变革，是实现计算机集成制造（CIM）、智能制造（IM）、精益生产（LP）、敏捷制造（AM）等先进制造生产模式的基础。

6.1　柔性制造系统（FMS）概述

6.1.1　FMS 的发展状况

机械制造自动化已有几十年的历史，从 20 世纪 30 年代到 50 年代，人们主要在大量生产领域里，建立由自动车床、组合机床或专用机床组成的刚性自动化生产线。这些生产线具有固定的生产节拍，要改变生产品种是非常困难和昂贵的。由于从 20 世纪 60 年代开始到 70 年代计算机技术得到了飞速发展，计算机控制的数控机床（CNC 机床）在自动化领域中取代了机械式的自动机床，使建立适合于多品种、小批量生产的柔性加工生产线成为可能。作为这种技术具体应用的柔性制造系统（FMS）、柔性制造单元（FMC）和柔性制造自动线（FML）等柔性制造设备纷纷问世，其中柔性制造系统（FMS）最具代表性。FMS 是一种高效率、高精度、高柔性的加工系统，是制造业向现代自动化发展（计算机集成制造系统、智能制造系统、无人工厂）的基础设备，如图 6-1 所示。柔性制造技术将数控技术、计算机技术、机器人技术以及生产管理技术等融为一体，通过计算机管理和控制实现生产过程的实时调度，最大限度地发挥设备的潜力，减少工件搬运过程中的等待时间损失，使多品种、中小批量生产的经济效益接近或达到大批量生产的水平，从而解决了机械制造业高效率与高柔性之间矛盾的难题，被称为是机械制造业中一次划时代的技术革命。世界上第一条 FMS 是英国 Molins 公司于 20 世纪 60 年代生产的 Molins System，此后柔性制造系统就显示出强大的生命力。

图 6-1
FMS 设备

20 世纪 60 年代末期，美国的 Allis Chalmers 系统（图 6-2），是由 6 台加工中心和 4 台双分度头机床组成的自动牵引车工件搬运系统。日本、德国等也都在 60 年代末至 70 年代初，先后开展了 FMS 的研制工作。

1976 年，日本发那科公司展出了由加工中心和工业机器人组成的柔性制造单元（简称 FMC），为发展 FMS 提供了重要的设备形式。柔性制造单元（FMC）一般由 1~2 台数控机床与物料传送装置组成，有独立的工件储存站和单元控制系统，能在机床上自动装卸工件，甚至自动检测工件，可实现有限工序的连续生产，适于多品种小批量生产应用。

20 世纪 70 年代末期，柔性制造系统在技术上和数量上都有较大发展，20 世纪 80 年代初期已进入实用阶段，其中以由 3~5 台设备组成的柔性制造系统为最多，但也有规模更庞大的系统投入使用。

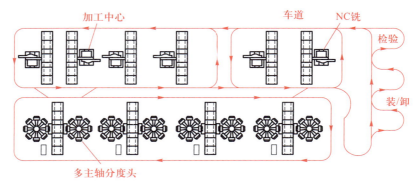

图 6-2
Allis Chalmers 系统

20 世纪 80 年代 FMS 从探索阶段走向了实用化和商品化阶段，成为机械制造技术进步的重要标志。一方面是由于单项技术如 NC 加工中心、工业机器人、CAD/CAM、资源管理及高技术等的发展，提供了可供集成一个整体系统的技术基础；另一方面，世界市场发生了重大变化，由过去传统、相对稳定的市场，发展为动态多变的市场，为了在市场中求生存、求发展，提高企业对市场需求的应变能力，人们开始探索新的生产方法和经营模式。特别是对一些原来采用大批量自动化生产线进行生产的离散型金属制品企业来说，如果想在保证产品质量的前提下提高利润和生产率，FMS 是一种很好的选择。

1982 年，日本发那科公司建成自动化电机加工车间，由 60 个柔性制造单元（包括 50 个工业机器人）和一个立体仓库组成，另有两台自动引导台车传送毛坯和工件，此外还有一个无人化电机装配车间，它们都能连续 24 h 运转。

这种自动化和无人化车间的运用，是向实现计算机集成的自动化工厂迈出的重要一步。与此同时，还出现了若干仅具有柔性制造系统的基本特征，但自动化程度不很完善的经济型柔性制造系统 FMS，使柔性制造系统 FMS 的设计思想和技术成果得到更大程度的普及应用。

迄今为止，全世界有大量的柔性制造系统投入了应用，国际上以柔性制造系统生产的制成品已经占到全部制成品生产的 75% 以上，而且比例还在持续增加。

6.1.2　FMS 的基本组成及主要功能

1. FMS 的定义及基本组成

国际生产工程研究协会指出：柔性制造系统是一个自动化的生产制造系统，在最少人的干预下，能够生产较大范围的产品族，系统的柔性通常受到系统设计时所考虑的产品族的限制。

美国国家标准局把 **FMS** 定义为：由一个传输系统联系起来的一些设备，传输装置把工件放在其他联结装置上送到各加工设备，使工件加工准确、迅速和自动化。中央计算机控制机床和传输系统，柔性制造系统有时可同时加工几种不同的零件。

我国目前一些标准中把 **FMS** 定义为：柔性制造系统是由数控加工设备、物料运贮装置和计算机控制系统组成的自动化制造系统，它包括多个柔性制造单元，能根据制造任务或生产环境的变化迅速进行调整，适用于多品种、中小批量产品的生产。

简单地说，**FMS** 是由若干数控设备、物料运贮装置和计算机控制系统组成的并能根据制造任务和生产品种变化而迅速进行调整的自动化制造系统。

从上述定义可看出，**FMS** 主要由以下三部分组成：多于 2 加工工位的数控加工系统、自动化的物料储运系统和计算机控制的信息系统。其构成框图如图 6-3 所示。

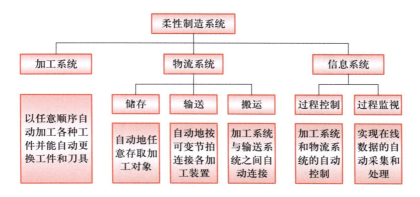

图 6-3
FMS 的构成框图

（1）加工系统　加工系统的功能是以任意顺序自动加工各种工件，并能自动地更换工件和刀具。通常由两台以上的数控机床、加工中心或柔性制造单元（FMC）以及其他的加工设备所组成，例如测量机、清洗机、动平衡机和各种特种加工设备等。

加工系统是 **FMS** 最基本的组成部分，也是 **FMS** 中耗资最多的部分，**FMS** 的加工能力很大程度上是由它所包含的加工系统所决定的。

对加工系统的要求：

1）工序集中；

2）控制功能强、可扩展性好；

3）高刚度、高精度、高速度；

4）使用经济性好；

5）操作性好、可靠性好、维修性好；

6）具有自保护性和自维护性；

7）对环境适应性与保护性好；

8）其他方面如技术资料齐全，机床上的各种显示、标记等清楚，机床外形合理、颜色美观且与系统协调。

（2）物流系统　在 **FMS** 中，工件、工具流统称为物流，物流系统即物料储运系统，是柔性制造系统中的一个重要组成部分。合理地选择 **FMS** 的物料储运系统，可以大大减少物料的运送时间，提高整个制造系统的柔性和效率。

　　物流系统由输送系统、储存系统和操作系统组成，通常包含有传送带、有轨小车、无轨小车（AGV）、搬运机器人、上下料托盘、交换工作台等机构，能对刀具、工件和原材料等物料进行自动装卸和储运。如图 6-4 所示为机器人与 AGV，图 6-5 所示为平行式上、下料托盘交换器。

图 6-4
机器人与 AGV

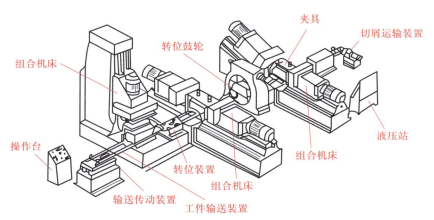

图 6-5
平行式上、下料托盘交换器

　　（3）信息系统　信息系统包括过程控制及过程监视两个系统，其功能分别为：过程控制系统进行加工系统及物流系统的自动控制；过程监视系统进行在线状态数据自动采集和处理。信息系统能够实现对 FMS 的运行控制、刀具监控和管理、质量控制，以及 FMS 的数据管理和网络通信。

　　图 6-6 是一个典型的柔性制造系统示意图。该系统由 4 台卧式加工中心、3 台立式加工中心、2 台平面磨床、2 台自动导向小车、2 台检验机器人组成，此外还包括自动仓库、托盘站和装卸站等。在装卸站由人工将工件毛坯安装在托盘夹具上；然后由物料传送系统把毛坯连同托盘夹具输送到第一道工序的加工机床旁边，排队等候加工；一旦该加工机床空闲，就由自动上下料装置立即将工件送上机床进行加工；当每道工序加工完成后，物料传送系统便将该机床加工完成的半成品取出，并送至执行下一道工序的机床处等候。如此不停地运行，直至完成最后一道加工工序为止。在这整个运作过程中，除了进行切削加工之外，若有必要还需进行清洗、检验等工序，最后将加工结束的零件入库储存。

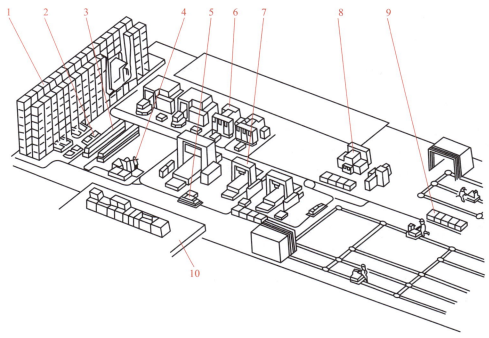

图 6-6
典型的柔性制造系统
1—自动仓库；2—装卸站；3—托盘站；4—检验机器人；5—自动小车；6—卧式加工中心；
7—立式加工中心；8—磨床；9—组装交付站；10—计算机控制室

2. FMS 的主要功能

常见的 FMS 一般具有以下功能：

1）能自动管理工件的生产过程，自动控制制造质量，自动进行故障诊断及处理，自动进行信息收集及传输。

2）简单地改变软件或系统参数，便能制造出某一零件族的多种零件。

3）物料的运输和储存必须是自动的（包括刀具等工装和工件的自动传输）。

4）能解决多机床条件下工件的混流加工，且不用额外增加费用。

5）具有优化调度管理功能，能实现无人化或少人化加工。

柔性制造系统的上述功能，是在计算机系统的控制下，协调一致地、连续地、有序地实现的。制造系统运行所必需的作业计划以及加工或装配信息，预先存放在计算机系统中，根据作业计划，物流系统从仓库调出相应的毛坯、工夹具，并将它们交换到对应的机床上。在计算机系统的控制下，机床依据已经传送来的程序，执行预定的制造任务。柔性制造系统的"柔性"，就是计算机系统赋予的，被加工的零件种类变更时，只需变换其"程序"，不必改动设备。

6.1.3 FMS 的优点及效益

尽管 FMS 只具有中等生产能力，但它通过将机床、运送装置和控制系统有机地结合起来，在获得最大的机床利用率和提高生产率的同时又能保持所需的柔性，从而解决了多品种，中、小批量生产时生产率与柔性之间的矛盾，有利于发展新品种和扩大变形产品的生产。从 FMS 的构成和功能可以看出，FMS 具有下列的优点和效益：

（1）**有很强的柔性制造能力**　由于 FMS 备有较多的刀具、夹具以及数控加工程序，对零件族具有良好的柔性，能迅速重新组合，以生产属于同族的各种各样的零件，有的企业将多至 400 种不同的零件安排在一个 FMS 中加工。

（2）**提高设备利用率**　通过调整和编程，零件可随机插入到 FMS 中刚好有空的机床上，使之能够实现同一零件组不同种类零件的同时生产，从而减少了零件在各工序间的等候时间及更换零件所需的调整时间，缩短了生产周期，提高了生产的持续性和主要设备的利用率。因而，零件在加工过程中其等待时间大大减少，从而可使机床的利用率提高到 75%～90%。在多品种、中小批量生产中，一般加工时间仅占约 5% 的生产时间，其余 95% 均为周转等待时间；加工时间中真正进行切削的时间不足 30%，如图 6-7 所示。

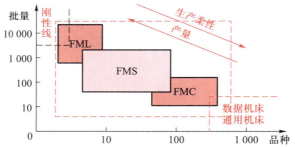

图 6-7
零件品种、批量与自动化加工方式

（3）**减少设备成本与占地面积**　机床利用率的提高使得每台机床的生产率提高，相应地可以减少设备数量。据美国通用电气公司的资料表明，一条具有 9 台机床的 FMS 代替了原来 29 台机床，还使加工能力提高了 38%，占地面积减少了 25%。

（4）**减少直接生产工人，提高劳动生产率**　FMS 除了少数操作由人力控制外（如装卸、维修和调整），绝大多数工作是由计算机自动控制的。在这一控制水平下，FMS 通常实施 24 小时工作制，将所有靠人力完成的操作集中安排在白班进行，晚班除留一人看管之外，系统完全处于无人操作状态下工作，直接生产工人大为减少，劳动生产率提高。

（5）**减少在制品数量，提高对市场的反应能力**　由于 FMS 具有高柔性、高生产率以及准备时间短等特点，能够对市场的变化做出较快的反应，没有必要保持较大的在制品和成品库存量。按日本 MAZAK 公司报道，使用 FMS 可使库存量减少 75%，可缩短 90% 的制造周期；另据美国通用电气公司提供的资料反映，FMS 使全部加工时间从原来的 16 天减少到 16 小时。

（6）**产品质量提高**　在 FMS 中采用实时在线检测，能及时发现机床、刀具及加工过程中的质量问题，采用相应的解决措施。FMS 本身所具有的高自动化水平、工件装夹次数和经过的机床台数少、夹具优质等因素，使产品具有极好的一致性，保证和提高了产品质量。

（7）**FMS 可以逐步地实现实施计划**　若建一条刚性自动线，要等全部设备安装调试建成后才能投入生产，因此它的投资必须一次性投入。而 FMS 则可进行分步实施，每一步的实施都能进行产品的生产，因为 FMS 的各个加工单元都具有相对独立性。

下面将从加工系统、物料输送与储存系统、刀具管理系统及控制系统几个方面对 FMS 做进一步的分析和介绍。

6.2 FMS 的加工系统

6.2.1 自动加工系统的功能和机床配置

1. 加工系统的作用和机床设备的选用

FMS 是一个计算机化的自动制造系统，能以最少的人工干预加工任一范围零件族的零件。在 FMS 中，用于把原料转变为最后产品的机床设备与夹具、托盘和自动上、下料机构等机床附件一道共同构成了 FMS 的加工系统。加工子系统中所用的刀具必须标准化、系列化以及具有较长的刀具寿命，以减少刀具数量和换刀次数。加工子系统中还应具备完善的在线检测和监控功能以及排屑、清洗、装卸和去毛刺等辅助功能。加工系统是 FMS 最基本的组成部分，FMS 的加工能力很大程度上是由它所包含的加工系统所决定的。

FMS 的加工能力由它所拥有的加工设备决定。而 FMS 里的加工中心所需的功率、加工尺寸范围和精度则由待加工的工件族决定。

加工系统的结构形式以及所配备的机床的数量、规格、类型取决于工件的形状、尺寸和精度要求，同时也取决于生产的批量及加工自动化程度。

目前，在 FMS 上加工的零件可分为两大类：一类为棱体类零件、如箱体、框架等；另一类为回转体类零件。表 6-1 所列为加工单元机床配置。由于箱体、框架类工件在采用 FMS 加工时经济效益显著，故在现有的 FMS 中，加工箱体类工件的 FMS 的比重较大。由于 FMS 所加工的零件多种多样，因此所构造的柔性制造系统机床形式也是多种多样的。常见加工中心的分类：按工艺用途可分为镗铣加工中心、车削加工中心、钻削加工中心、攻螺纹加工中心及磨削加工中心等；按主轴在加工时的空间位置可分为立式加工中心、卧式加工中心、立卧两用（也称万能、五面体、复合）加工中心。

表 6-1　加工单元机床配置

加工零件类型	机床配置
箱体类	CNC 加工中心
回转体类	CNC 车削中心、CNC 磨床
箱体类 + 回转体类	CNC 加工中心 +CNC 车削中心
特殊类	专用 CNC 机床

图 6-8 所示为一台车削加工中心，从图示可看出，它有一个回转刀架；在机床的右侧，设有一个小刀库；位于机床上端的机械手，用于交换刀库和回转刀架中的刀具；在机床左端，还配备有一个上、下工件的机器人，以供上、下工件使用；工件存放在机床左前方的转盘内。

2. FMS 对加工设备的要求及配置形式

（1）FMS 对机床的要求　柔性制造系统对集成于其中的加工设备是有一定要求的，不是任何加工设备均可纳入柔性制造系统。它对加工机床的具体要求如下：

1）加工工序集中：由于 FMS 是高度自动化的制造系统，价格昂贵，因此要求加工工位尽可能地减少，并能接近满负荷工作。根据统计，80% 的现有柔性制造系统的加工工位的数目不超过 10 个。此外，加工工位较少可以减轻物料的运送负担，还可减少装夹次数，保证零件的加工质量，所以，工序集中已作为 FMS 中机床的主要特征。

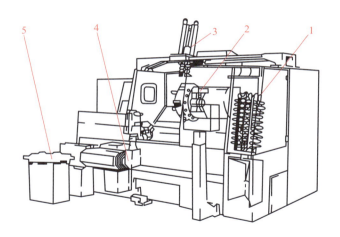

图 6-8
车削加工中心
1—刀具库；2—回转刀架；3—换刀机械手；4—上下工件机器人；5—工件储存站

2）控制方便：柔性制造系统是由计算机控制的集成化制造系统，机床的控制系统不仅要能够实现自动加工循环，还要能够适应加工对象改变，易于快速调整。近年来发展起来的计算机数字控制系统（CNC）和可编程序逻辑控制器（PLC），在柔性制造系统的机床和输送装置的控制中获得日益广泛的应用。

3）兼顾柔性和生产率：这是一个有较高难度的要求。为了兼顾柔性和生产率的要求，近年来在机床设计制造上形成两种发展趋势：一是标准机床设计模块化，即把通用的加工中心机床设计成由若干标准模块组成，根据加工对象的不同要求组合成不同的加工中心；二是组合机床柔性化，如自动更换主轴箱机床和转塔式主轴箱机床，以此把过去适合大批量生产的组合机床进行柔性化。

4）具有通信接口：FMS 中所有的机床设备是由自身的控制系统和 FMS 控制系统进行调度和指挥的，要想实现动态调度、资源共享、提高效率，就必须在各机床控制器与 FMS 控制器之间建立必要的通信接口，以便准确及时地实现数据通信与交换，使各生产设备、储运系统、控制系统协调一致地工作。

除以上具体要求以外，加工机床还应该满足自保护与自维护性好、使用经济性高、对环境的适应性与保护性好等方面的性能要求。

（2）FMS 机床配置形式　柔性制造系统在兼顾柔性和生产率的要求之外，还要考虑到系统的工作可靠性和机床的负荷率。因此，数控加工设备在 FMS 中的配置有互替形式（并联）、互补形式（串联）和混合形式（串、并联）三种，其特征如图 6-9 所示。

机床配置形式与特征比较			
特征	互替形式	互补形式	混合形式
简图	输入→[机床1 / 机床2 / ⋮ / 机床n]→输出	输入→机床1→机床2… 输出←机床n←机床n−1	输入→[机床1 / 机床2 / ⋮ / 机床k]→[机床k+1 / 机床k+2 / ⋮ / 机床n]→输出
生产柔性	低	中	高
生产率	低	高	中
技术利用率	低	中	高

续表

机床配置形式与特征比较			
特征	互替形式	互补形式	混合形式
系统可靠性	高	低	中
投资强度比	高	低	中

图 6-9
机床配置形式和特征比较

互替式配置：当所选定零件族的全部工序可以被一种机床独立完成时，FMS 可以只配置数量足够的相同型号机床，这些机床之间是可以相互代替的。从系统的输入和输出角度来看，互替式配置的各机床之间是一种并联的关系，若某一台机床发生故障，系统仍然可维持正常的工作，因此增加了系统的可靠性。

互补式配置：当所选定零件族的全部工序不能被一种机床独立完成时，FMS 需要配置几种不同型号的机床，各自完成特定的工作，这些机床之间是互相补充的，不能相互替代。但是，互补式配置的柔性较低，由于工艺范围较窄，因而加工负荷往往不满。从系统的输入和输出角度来看，互补式配置的各机床之间是一种串联的关系，降低了系统的可靠性，即当一台机床发生故障时，系统就不能正常地工作。

鉴于互替式和互补式配置的各自特点，现在的 FMS 大多采取互替机床和互补机床的混合使用形式，是一种串、并联关系，即在 FMS 中的有些设备按互替形式布置，而另一些机床则以互补形式安排，以发挥各自的优点。

6.2.2　机床辅具及自动上、下料装置

1. 机床夹具

在机床上对工件进行加工时，为了保证加工表面的尺寸和位置精度，需要使工件在机床上有一准确的位置，并在加工过程中能承受各种力的作用而始终保持这一准确位置不变。在机床上装夹工件所使用的工艺装备称为机床夹具。由于 FMS 所加工的零件类型多，其夹具的结构种类也多种多样。

FMS 机床夹具的合理选用具有如下主要作用：易于保证加工精度，并使一批工件的加工精度稳定；缩短辅助时间，提高劳动生产率，降低生产成本；减轻工人操作强度，使操作简捷、方便、安全；扩大机床的工艺范围，实现一机多能；减少生产准备时间，缩短新产品试制周期。

目前，用于 FMS 机床的夹具有两个重要的发展趋势：其一，大量使用组合夹具，使夹具零部件标准化，可针对不同的加工对象快速拼装出所需的夹具，使夹具的重复利用率提高，组合夹具如图 6-10 所示；其二，开发柔性夹具，使一台夹具能为多个加工对象服务，图 6-11 所示为德国斯图加特大学研究所利用双向旋转原理研制的柔性夹具。

2. 托盘

它是 FMS 加工系统中的重要配套件。对于棱柱体类工件，通常是在 FMS 中用夹具将它安装在托盘上，进行存储、搬运、加工、清洗和检验等。因此在物料（工件）流动过程中，托盘不仅是一个载体，也是各单元间的接口。对加工系统来说，工件被装夹在托盘上，由托盘交换器送给机床并自动在机床支承座上定位、夹紧，这时托盘相当于一个可移动的工作台。又由于工件在加工系统中移动时，托盘及装于其上的夹具也跟随着一起移动，故托盘连同装于其上的夹具一起被称为随行夹具。

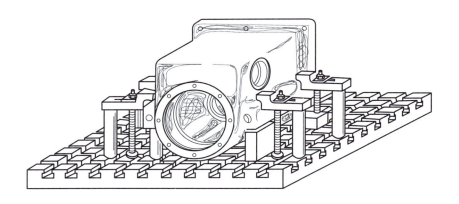

图 6-10
组合夹具

图 6-12 所示为 ISO 标准规定的托盘基本形状。

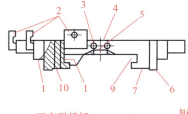

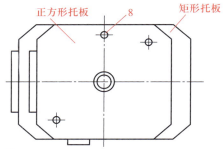

正方形托板　　　　矩形托板

图 6-12
ISO 标准规定的托盘基本形状
1—托盘导向面；　2—侧面定位面；　3—安装螺孔；
4—工件安装面；　5—中心孔；　6—托盘搁置面；
7—底面；　8—工件固定孔；　9—托盘夹紧面；
10—托盘定位面

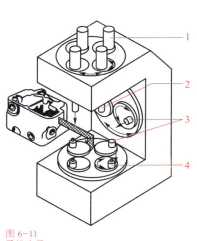

图 6-11
柔性夹具
1—液压缸；　2—夹紧元件；
3—支撑元件；　4—定位元件

　　加工系统对托盘的要求有：在加工设备、托盘交换器及其他存储设备中能够通用；机械结构合理，材料性能稳定，有足够的刚度，能在大切削力的作用下不变形或变形量微小，使用寿命长；工件在托盘上装夹方便，精度高；托盘被送往机床后能快速、准确定位，夹持安全、可靠，且都是自动地进行；在加工循环中不需要人工的任何干预；能在加工过程中的苛刻环境（如切削热、湿气、振动、高压切削液等）下，可靠工作；定位、夹紧和排屑等，不影响工件的精度和已加工完的工件表面质量；便于控制与管理，保证在安装工件、输送及加工中不混乱和不出差错。

　　托盘结构形状一般类似于加工中心机床的工作台，通常为正方形结构，它带有大倒角的棱边和 T 形槽，以及用于夹具定位和夹紧的凸榫，以保证装夹和自身的定位。

3. 自动上、下料装置

　　这里所谓的自动上、下料装置是指机床与托盘站之间工件/托盘的装卸装置，常见的这类装置有托盘自动交换装置（automated pallet changing，APC）、多托盘库运载交换器、机器人等。

常用的托盘交换装置有下面两种形式：

（1）回转式托盘交换器　回转式托盘交换器如图 6-13 所示，其上有两条平行的导轨以供托盘移动导向之用，托盘的移动和交换器的回转通常由液压驱动。这种托盘交换器有两个工作位置，前方是待交换位置，机床加工完毕后，交换器从机床工作台上移出装有已加工零件的托盘，然后旋转 180°，将装有待加工零件的托盘再送到机床的加工位置。

（2）往复式托盘交换装置　图 6-14 所示为 6 位往复式两托盘交换装置，它由一个托盘库和一个托盘交换器组成，托盘库可以存放 5 个托盘。当机床加工完毕后，工作台横向移动到卸料位置，将装有加工好的工件托盘移至托盘库的空位上；然后工作台横移至装料位置，托盘交换器再将待加工的工件移至工作台上。带有托盘库的交换装置允许在机床前形成一个小小的待加工零件队列，以起到小型中间储料库的作用，补偿随机和非同步生产的节拍差异。

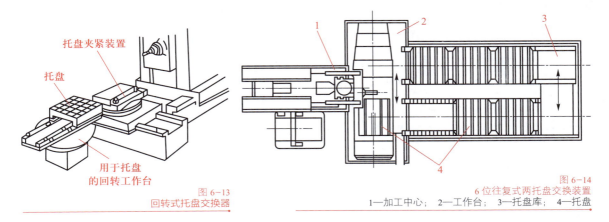

图 6-13
回转式托盘交换器

图 6-14
6 位往复式两托盘交换装置
1—加工中心；　2—工作台；　3—托盘库；　4—托盘

6.2.3　FMS 对加工系统的控制功能和其他项目的要求

FMS 的加工系统除了包括加工机床、夹具、托盘、自动上、下料装置、刀库和自动换刀装置之外，还配有控制装置、冷却、润滑、排屑、照明和保护等支持设备。这些设备除具备应有的基本功能之外，作为 FMS 的一个组成部分，还应从系统角度提出一些具体要求。

1. FMS 对控制装置的要求

1）加工系统的控制装置必须是 CNC 或相当的设备，并具有 DNC 通信和数据交换功能，其加工控制程序应为整个 FMS 控制系统的一个组成部分。

2）必须提供自动和手动两种操作方式。自动方式：所要输入的命令、程序和数据可由 FMS 控制器及输入设备自动进行输入；手动方式：通过按钮或键盘由人工进行输入。这样，以保证在 FMS 出现故障或调整时机床能独立地进行工作。

3）具有足够存储容量，以便存储任意工位加工所需最大零件加工程序，零件程序必须能随机地而不是按照顺序地进行选择。

4）必须提供确定的手段，保证零件在开始下一道切削工序之前完成前一道工序。

5）在电源中断或其他非计划停机的情况下，至少在 12 小时内不应丢失控制装置中任何数据和失去任何同步。

2. FMS 对支持设备的要求

1）系统中每台机床在接受夹具、托盘、刀具、零件程序时应具有互换性。

2）机床应备有足够容量和速度的切屑输送装置，以便清除所有零件加工时产生的切屑。

3）喷射冷却系统应在无需人工调整的情况下，不管刀具的长度和直径如何，都能使切削液指向所有正在工作的刀具刃部进行喷射。提供可靠的切削液回收系统，保证向任意长的加工工序提供足够的、并经过过滤的切削液。

4）要为所有机床安装切屑和切削液溅射防护罩，并安装合适的工作照明设备。

5）如果主控制设备安装在其他地方，则应在装卸工位再提供一个悬垂式操纵板或小型控制台。它应包括主轴起动 / 停止、紧急停机、加工循环准备 / 中断、托盘运送 / 停止、程序输入、进给停止等控制项目。

6.3 FMS 的物料输送与储存系统

6.3.1 物料输送与储存系统简介

物料输送与储存系统是柔性制造系统中的一个重要组成部分。一个工件从毛坯到成品的整个生产过程中，只有相当少的一部分时间是用于机床的切削加工，而大部分时间则消耗于物料的输送与储存过程。合理地选择 FMS 的物料输送与储存系统，可以大大减少物料的运送时间，提高整个制造系统的柔性和效率。

FMS 的物流系统包括：工件流支持系统和刀具流支持系统（图 6-15）。

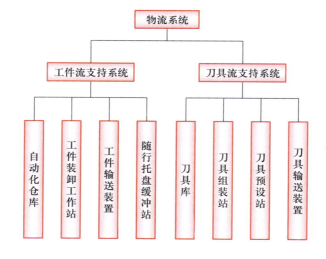

图 6-15
物流系统的组成框图

工件流支持系统主要有两种形式：面向大中批量生产的柔性制造系统（图 6-16）；面向中小批量生产的柔性制造系统。

FMS 中的物流系统与传统的自动化或流水线有很大的差别，它的工件输送系统是不按固定节拍运送工件的，而且也没有固定的顺序，甚至是几种工件混杂在一起输送的。也就是说，整个工件输送系统的工件状态是可以随机调度的，而且均设置有储料库以调节各工位上加工时间的差异。

在柔性制造系统中，自动化物流系统执行搬运的输送装置目前比较实用的主要有三种：有轨运输车、无轨运输车和机器人。物料储存设备主要有：自动化仓库（包括堆垛机）、托盘站和刀具库。

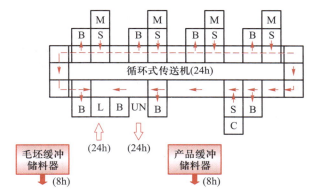

图 6-16
面向大中批量生产的柔性制造系统
L—上料；UN—卸料；M—机床；B—缓冲站；C—检验机；S—加工工位；MIS—清洗装置

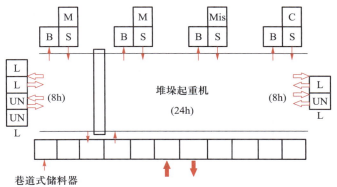

图 6-17
面向中小批量生产的柔性制造系统
L—上料；UN—卸料；M—机床；B—缓冲站；
C—检验机；S—加工工位；MIS—清洗装置

　　自动化物料储运设备的选择与生产系统的布局和运行直接相关，且要与生产流程和生产设备类型相适应，对生产系统的生产效率、复杂程度、占用资金多少和经济效益都有较大的影响。如图 6-18 所示，为自动物料储运设备的组成和分类。

6.3.2　物料的输送系统

1. 有轨运输车（RGV）

　　有轨运输车（rail guided vehicle，RGV），用于直线往返输送物料。它往返于加工设备、装卸站与立体仓库之间，按指令自动运行到指定的工位（加工工位、装卸工位、清洗站或立体仓库位等）自动存取工件。常见的有轨运输车有以下两种：一种是链条牵引小车（图 6-19），它是在小车的底盘前后各装一个导向销，地面上布设一组固定路线的沟槽，导向销嵌入沟槽内，保证小车行进时沿着沟槽移动；另外一种是在导轨上走，由车辆上的电动机牵引（图 6-20）。

　　有轨运输车有三种工作方式：

　　（1）**在线工作方式**　运输车接受上位计算机的指令工作。

　　（2）**离线自动工作方式**　可利用操作面板上的键盘来编制工件输送程序，然后按启动按钮，使其按所编程序运行。

177

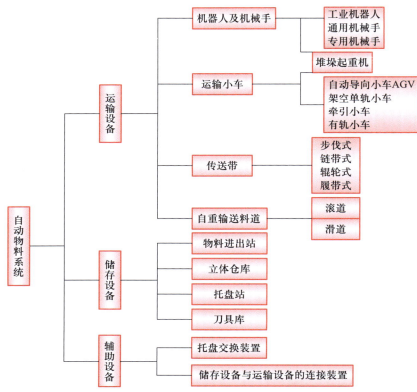

图 6-18
自动物料储运设备的组成和分类

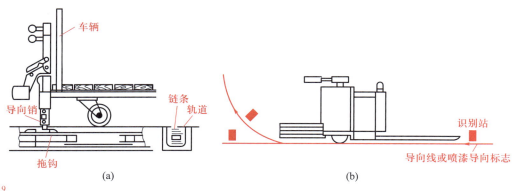

(a)　　　　　　　　　　　　　　　(b)

图 6-19
有轨运输车（一）

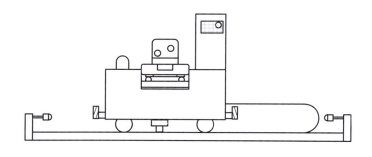

图 6-20
有轨运输车（二）

（3）**手动工作方式**　可通过操作按钮进行手动控制。

有轨运输车沿轨道方向有较高的定位精度要求（一般为 ±0.2mm），通常采用光电码盘检测反馈的半闭环伺服驱动系统。

有轨小车的优点如下：

1）控制技术相对成熟，可靠性比无轨小车好。

2）控制系统相对简单，因而制造成本低，便于推广应用。

3）加速过程和移动速度都比较快，适合搬运重型工件。

4）轨道固定，行走平稳，停车时定位精度较高，输送距离长。

有轨小车的缺点是一旦将轨道铺设好，就不宜改动，另外转弯半径不能太小，轨道一般宜采用直线布置。

2. 无轨运输车（AGV）

无轨运输车即自动导向小车（automatic guided vehicle，AGV）。AGV 是 FMS 实际工作中广泛使用的运输工具。30 多年前，当 AGV 刚刚问世时，被称为无人小车，近年来，随着电子技术的进步，AGV 具有更多的柔性和功能，真正为各种类型的用户所接受，形成了现代自动化物流系统中的主要输送装置之一。AGV 的结构如图 6-21 所示，AGV 的主体是无人驾驶小车，小车的上部为一平台，平台上装备有托盘交换装置，托盘上安装着夹具和工件，小车的开停、行走和导向均由计算机控制，小车的两端装有自动刹车缓冲器，以防意外。

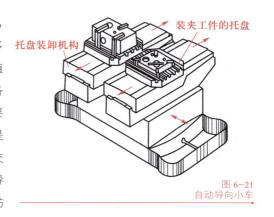

图 6-21
自动导向小车

AGV 具有以下特点：

1）配置灵活，可实现随机存取，几乎可完成任意回流曲线的输送任务。当主机配置有改动或增加时，很容易改变巡行路线及扩展服务对象。适应性、可变性好，具有一定的柔性。

2）由于不设输送轨道等固定式设备，因此不占用车间地面及空间，与机床的可接近性好，便于机床的管理和维修。

3）可保证物料分配及输送的优化，使用数量最少的托盘，减少产品损坏和物流噪声。

4）使托盘和其他物料储存库简化，并远离加工设备区，能够与各种外围系统，如机床、机器人和传输系统相连接。

5）AGV 能以低速运行，一般在 10~70 m/min 范围内运行。通常 AGV 由微处理器控制，能同本区的控制中心通信，可以防止相互之间的碰撞，以及工件卡死的现象。

6）缺点是制造成本高，技术难度较大。全方位无轨智能小车如图 6-22 所示。

图 6-22
全方位无轨智能小车

根据应用及环境的要求，可将 AGV 按制导系统分为几种不同的类型，见表 6-2。

表6-2 AGV制导分类

制导类型	说明
牵引	早期装置机械"轨道小车"。由埋入地下的链条/缆绳牵引
有线制导	由小车的天线测向并跟随埋入地板下的带电导线行走
惯性制导	根据预定程序用车载微处理器驾驶小车，用声呐传感器检测障碍，用回转器改变方向
红外	发射红外线，并且用设备顶部的反射物反射红外光，类似于雷达的探测器传送信号到计算机进行计算和测量以确定行走位置和方向
激光	激光扫描安装在壁面上的条形码反射器，通过已知小车的前轮行走，对距离和方向的测量可以准确地操作和定位AGV
光学	采用带有荧光材料的油漆或色带在地板上绘制出运输路线图，由光传感器识别（感应）信号，控制AGV沿着绘制的路线行走
教学型	由于沿着要求的路线移动编程小车，小车实际上就在学习新路径，将其反馈并存储在计算机中，然后由主计算机告诉新路径上的其他AGV

目前在柔性制造系统中用得较多的是感应线导引式输送车物料输送装置。图6-23为感应线导引式输送车自动行驶的控制原理。控制行驶路线的控制导线埋于车间地面下的沟槽内，由信号源发出的高频控制信号在控制导线内流过。车底下部的检测线圈接收制导信号，当车偏离正常路线时，两个线圈接收信号产生差值并作为输出信号，此信号经转向控制装置处理后，传至转向伺服电机，实现转向和拨正行车方向。在停车地址监视传感器所发出的监视信号，经程序控制装置处理（与设定的行驶程序相比较）后，发令给传动控制装置，控制行驶电动机，实现输送车的起动、加减速、停止等动作。还有一种AGV的制导方式是激光灯台制导，其原理如图6-24所示。

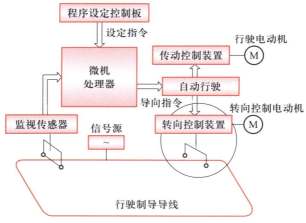

图6-23
感应线导引式输送车自动行驶控制原理

3. 物料输送系统的基本回路

物料输送系统是为FMS服务的，它决定着FMS的布局及运行方式，但物料运送线路的布局往往是一个比较复杂的问题，其主要原因为：

1）运输路线较长，柔性很大的机器人无法使用。

2）运送物料的种类多，除了工件之外，至少还需考虑刀具运输问题。由于多种物料同时运输，因而影

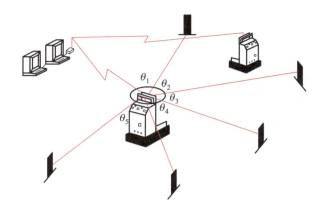

图 6-24
激光灯台制导原理

响运输系统的结构和管理方法。

3）连接点的性质不一。除通常的加工工作站作为连接点之外，往往还需要连接自动化仓库、装卸站、托盘缓冲站以及各种辅助处理工作站。由于连接点的工作性质不同，使输送路线、位置以及交换设备各不相同。

尽管物料运送线路的布局可能很复杂，但经分析可知，它们必定是由通过连接点、分支点和汇总点的一些基本回路组成的。归纳起来，FMS 中物料输送系统的基本回路可分为以下 5 种形式（图 6-25）：

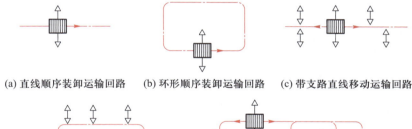

(a) 直线顺序装卸运输回路　(b) 环形顺序装卸运输回路　(c) 带支路直线移动运输回路

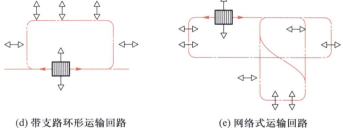

(d) 带支路环形运输回路　　　　(e) 网络式运输回路

图 6-25
FMS 中物料输送系统的基本回路

▨ 运输工具；↑ 上下料机构工作方向；→ 运输工具运动方向；◁▷ 有支路移动

（1）直线顺序装卸运输回路　如图 6-25a 所示，运载工具只能沿线路单向移动，顺序地在各个连接点装卸物料。运输工具不能反向移动，图 6-26 所示为直线形 FMS 输送形式。

（2）环形顺序装卸运输回路　如图 6-25b 所示，运载工具只能沿环形线路单向移动，顺序到达各个连接点，通过环形线路自动返回起始点，图 6-27 所示为环形 FMS 输送形式。

以上两种回路在传统制造系统中用得很普遍，它们的柔性很小。在 FMS 开发初期，由于受传统习惯的影响，几乎都采用了这两种形式。

（3）带支路直线移动运输回路　如图 6-25c 所示，运载工具具有随时改变运动方向的能力，且包含有

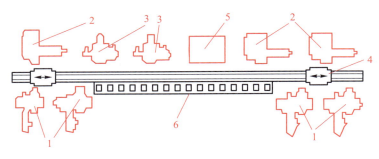

图 6-26
直线形 FMS 输送形式
1—加工中心；2—钻削中心；3—立式六角车床；4—有轨小车；5—检验站；6—装卸站

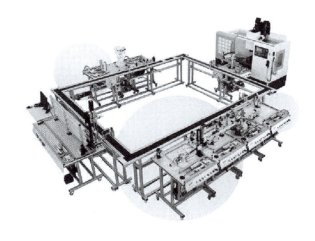

图 6-27
环形 FMS 输送形式

支路，运载工具可随机地进入其他的支路。这种回路便于实现随机存取，具有较大的柔性，但由于增加了分支点，使管理复杂化。

（4）**带支路环形运输回路**　如图 6-25d 所示，它是以一个环形回路作为基础，包含有若干支路，运载工具无论沿哪一方向进行均可返回起始点。

（5）**网络式运输回路**　如图 6-25e 所示，这种运输形式是随着各类自动导向小车的研制和应用而发展起来的，由于它在地面布线，输送线路的安排具有很大的柔性，而且具有机床敞开性好，零件运输灵活性高等优点，在中、小批量多品种生产的 FMS 中应用越来越多。它是由多个回路交叉组成的。运载工具可由一个环路移动到另一环路。环路交叉点的管理较为复杂，用通常联锁装置还不足以防止碰撞，需要按一般交通管理方法由计算机进行控制管理。

用基本回路设计的物料输送系统，可使系统的线路规格化，有利于系统的扩展。实际中的 FMS 输送系统常常采用几种基本回路的组合形式。

6.3.3　自动化储存与检索系统

自动化储存与检索系统，通常称为 ASRS。它与机器人、AGV 和传输线等其他设备连接，以提高加工单元和 FMS 的生产能力。对大多数工件来说，可将自动化储存与检索系统视为库房工具，用以跟踪记录材料和工件的输入、储存的工件、刀具和夹具，必要时随时对它们进行检索。库房工具管理系统具有两大功能：

其一是处理物料从入库到存放于高层料架或由高层料架出库和再入库需要的关于搬运的必要信息，对输送机、堆垛机等机械进行控制，并对其动作过程进行监控；

其二是处理与出库、入库作业相关的管理信息，处理以料架文件为中心的库存管理信息。

1. 工件装卸站

工件装卸站设在 FMS 的入口处，用于完成工件的装卸工作。在这里，通常由人工完成对毛坯和待加工零件的装卸。FMS 如果采用托盘装夹运送工件，则工件装卸站必须有可与小车等托盘运送系统交换托盘的工位。为了方便工件的传送以及在各台机床上进行准确的定位和夹紧，通常先将工件装夹在专用的夹具中，然后再将夹具夹持在托盘上。这样，完成装夹的工件将与夹具和托盘组合成为一个整体在系统中进行传送。工件装卸站的工位上安装有传感器，与 FMS 的控制管理系统连接，指示工位上是否有托盘。工件装卸站设有工件装卸站终端，也与 FMS 的控制管理系统连接，用于装卸工装卸结束的信息输入，以及要求装卸工装卸的指令输出。

2. 托盘缓冲站

在 FMS 物流系统中，除了必须设置适当的中央料库和托盘库外，还必须设置各种形式的缓冲储存区来保证系统的柔性。

托盘缓冲站是一种待加工零件的中间存储站，也称为托盘库。由于 FMS 不可能像单一的流水线或自动线那样到达各机床工作站的节拍完全相等，因而避免不了会产生加工工作站前的排队现象，托盘缓冲站正是为此目的而设置的，起着缓冲物料的作用。另外，因为在生产线中会出现偶然的故障，如刀具折断或机床故障。为了不致阻塞工件向其他工位的输送，因此，在 FMS 中，建立适当的托盘缓冲站或托盘缓冲库是非常必要的。托盘缓冲站一般设置在加工机床的附近，有环形和往复直线形等多种形式，可储存若干工件或托盘组合体，为了节约占地面积，可采用高架托盘缓冲库。若机床发出已准备好接受工件信号时，通过托盘交换器便可将工件从托盘缓冲站送到机床上进行加工。在托盘缓冲站的每个工位上安装有传感器，直接与 FMS 的控制管理系统连接。

3. 自动化仓库

在激烈的市场竞争中，为实现现代化管理、加速资金周转、保证均衡及柔性生产，提出了自动化仓库的概念。

自动化仓库是指使用巷道式起重堆垛机的立式仓库。自动化仓库在 FMS 中占有非常重要的地位，以它为中心组成了一个毛坯、半成品、配套件或成品的自动存储、自动检索系统。在管理信息系统的支持下，自动化仓库与加工系统、输送设备等一道成为 FMS 的重要支柱。

自动化仓库主要由库房、货架、堆垛机、控制计算机、状态检测器等组成。自动化仓库示意图如图 6-28 所示。图 6-29 所示为立体仓库的 FMS。

（1）货架　货架是仓库的主体结构，是存放物料的架子。

FMS 的自动化仓库属于专用性车间级仓库，即针对既定的产品类型存放毛坯、原材料、半成品、成品以及各种工艺装备。所有这些物料都存放在标准规格的货架上，货架在结构上应保证物料的快速出入库，便于管理和操作。货架之间留有巷道，根据需要可以安排一到多条巷道。一般情况下出入库口都布置在巷道的某一端，有时也设计在巷道的两端，巷道的长度一般有几十米。

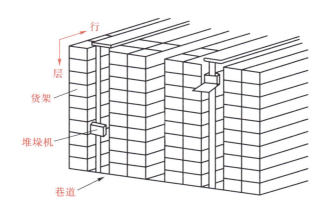

图 6-28
自动化仓库示意图

图 6-29
立体仓库的 FMS

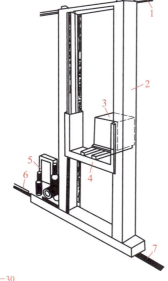

图 6-30
堆垛机结构示意图
1—顶部导轨；2—支柱；3—物料；
4—托架；5—移动电动机；6—位置传感器；
7—底部导轨

每个巷道都配有自己专用的堆垛机，用来负责物料的存取。

自动化仓库内物料按品类和细目分别存入在货架的一个个储存笼内，每个储存笼均有固定的地址编码，每种物料也都有物料码，这些代码按一一对应的关系存储在计算机内，这样可以方便地根据储存笼的地址查找所存放的物料代码，也可根据物料代码反过来找到它的存储地址。

货架的材料一般采用金属结构，货架上的托架有时也可以用木制结构（用于放置轻型物料）。

（2）堆垛机　堆垛机是一种安装了起重机的有轨或无轨小车，其外形结构如图 6-30 所示，为了增加工作的稳定性，一般都采用有轨方式，在比较高的货架之间一般应用上下均装有导轨的设计。它由托架、移动电动机、支柱、上下导轨以及位置传感器构成。堆垛机上有检测横向移动和起升高度的传感器，以辨认货位的位置和高度，还可以阅读货箱内工件的名称以及其他信息。堆垛机由装在上面的电动机带动堆垛机移动和托架的升降，

184

一旦堆垛机找到需要的货位，就可以将物料或货箱自动推入货架的储存笼内，或将货箱和物料从货架的货格中拉出。

由于自动化仓库具有节约劳动力、作业迅速准确、提高保管效率、降低物流费用等优越性，不仅在制造业，而且在商业、交通等领域也受到了广泛重视。

6.4　FMS 的刀具管理系统

6.4.1　FMS 的刀具管理系统的组成及其作业过程

刀具管理系统主要负责刀具的运输、存储和管理，适时地向加工单元提供所需的刀具，监控并管理刀具的使用，及时取走已报废或耐用度已耗尽的刀具，在保证正常生产的同时，最大限度地降低刀具的成本，刀具管理系统的功能和柔性程度直接影响到整个 FMS 的柔性和生产率。

典型的 FMS 的刀具管理系统通常由刀库系统、刀具预调站、刀具装卸站、刀具交换装置以及管理控制刀具流的计算机组成，如图 6-31 所示。FMS 的刀库系统包括机床刀具库和中央刀具库两个独立部分。机床刀具库存放加工单元当前所需的刀具，其刀具容量有限，一般存放 40～120 把刀具；而中央刀具库的容量很大，一条由 10 台加工中心组成的 FMS，大约需要 3 000～5 000 把刀具。若低于这个数目，生产线可能会由于等待刀具而造成停工。刀具预调站一般设置在 FMS 之外，用于对加工中所使用的刀具按规定要求进行预先调整。

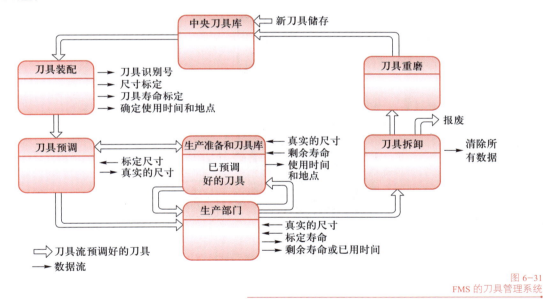

图 6-31
FMS 的刀具管理系统

FMS 的刀具管理系统的作业过程（图 6-32）可大致描述如下：

首先按照工艺规程或刀具调整单的要求，将某一加工任务的刀具与标准刀柄刀套进行组装，然后在刀具预调仪（图 6-33）上进行预调，再将刀具的几何参数、刀具代码以及其他有关信息输入到刀具管理计算机。预调好的刀具，一般是由人工搬运到刀具装卸站，准备进入系统。刀具交换装置通常由换刀机器人或刀具运送小车来实现，它们负责完成在刀具装卸站、中央刀具库以及各加工单元（机床）之间的刀具交换。刀具在刀具装卸站上只是暂存一下。根据刀具管理计算机的指令，刀具交换装置将刀具从刀具装卸站搬移到中央刀具库，以供加工时调用；同时再根据生产计划和工艺规程的要求，刀具交换装置从中央刀具库将各加工单元需求的刀具取出，送至各加工单元的刀具库担负加工任务。工件加工完成后，如发现刀具需要刃磨或某些刀具暂时不再使用，根据刀具管理计算机的指令，刀具交换装置再将这些已使用过的刀具从各个加工单元刀具库中取出，送回中央刀具库；如有一些需要重磨、需要重新调整以及一些断裂报废的刀具，刀具交换装置可直接将它们送至刀具装卸站进行更换和重磨，否则就存储在中央刀具库，供下次某个加工单元需要时调用。

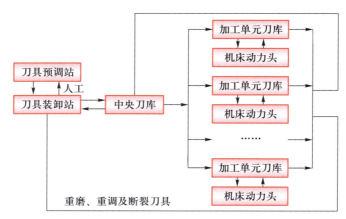

图 6-32
刀具管理系统的作业过程

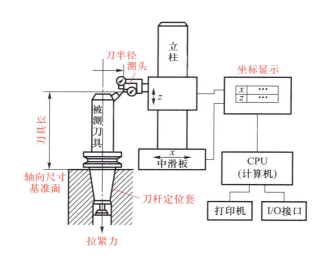

图 6-33
刀具预调仪示意图

6.4.2 刀具的交换与存储

FMS 中的刀具运载通常由换刀机器人或刀具运输小车来实现。它们负责完成刀具装卸站、中央刀具库以及各加工单元（机床）之间的刀具搬运和交换。FMS 中的刀具交换包含三个方面的内容：1）加工机床刀具库与工作主轴之间的刀具交换，它由加工机床附设的换刀装置自动完成换刀任务；2）刀具装卸站、中央刀具库以及各加工单元之间的刀具交换；3）AGV 运载刀架与机床刀具库之间的刀具交换

1. 加工机床刀具库与工作主轴之间的刀具交换

FMS 中的所有加工中心都备有自动换刀装置（ATC），用于将机床刀具库中的刀具更换到机床主轴上，

并取出使用过的刀具放回到机床刀具库。

　　自动换刀装置应当满足换刀时间短、刀具重复定位精度高、足够的刀具储存量、刀具占地面积小以及安全可靠等基本要求。机械手是一种常见的自动换刀装置，具有灵活性大、换刀时间短的优点。换刀机械手一般具有一个或两个刀具夹持器，因而又可称为单臂式机械手和双臂式机械手。由于双臂式机械手换刀时，可在一只手臂从刀具库中取刀的同时，另一只手臂从机床主轴上拔下已用过的刀具，这样既可缩短换刀时间又有利于使机械手保持平衡，所以被广泛采用。常用双臂式机械手的手爪结构形式有钩手、抱手、伸缩手和叉手，图 6-34 所示为双臂式机械手。此外，还有多机械手换刀方式，即刀具库中每把刀都有一个机械手。这些机械手都能够完成抓刀、拔刀、回转、换刀以及返回等全部动作过程。有些加工中心为降低成本，不用机械手而是直接利用主轴头的运动机能换刀。

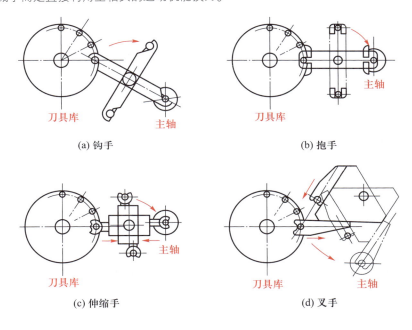

(a) 钩手　　　　　　　　　　　　　　(b) 抱手

(c) 伸缩手　　　　　　　　　　　　　(d) 叉手

图 6-34
双臂式机械手

　　目前常用的加工中心机床自动换刀的方式有如下几种：

　　（1）顺序选择方式　这种方式是将所需使用的刀具按加工顺序依次放入刀库的每个刀座内。每次换刀时，刀具按顺序转动一个刀座的位置取出所需的刀具，并将已使用过的刀具放回原来的刀位。这种换刀方式不需要刀具识别装置，驱动控制比较简单，可以直接由刀具库的分度机械来实现。缺点是同一刀具在不同工序中不能重复使用，因而必须增加相同刀具的数量和刀库容量；另一缺点是装刀顺序不能搞错，否则将产生严重事故。这种换刀方式已较少使用。

　　（2）刀座编码方式　刀座编码方式是对刀库的刀座进行编码，并将与刀座编码相对应的刀具一一放入指定的刀座内，然后根据刀座编码选取刀具。刀座编码方式分为永久性和临时性（图 6-35）。这种方式可以使刀柄结构简化，能够采用标准刀柄，刀具识别装置可以放在合适的位置。但用完后的刀具必须放回原来的刀座内，增加了刀具库动作的复杂性。若放错仍然会造成事故。这种换刀方式使用较方便。

　　（3）刀具编码方式　这种方式采用特殊刀柄结构对每把刀具进行编码，这种编码方式分为接触式和非接触式（图 6-36）。换刀时，根据控制系统发出的换刀指令代码，通过编码识别装置从刀具库中寻找出所需要的刀具。由于每把刀具都有代码，因而刀具可放入刀具库中任何一个刀座内，每把刀具可供不同工序多次重复使用。这种方式装刀换刀方便，刀库容量较小，可避免因刀具顺序的差错所造成的损伤事故。

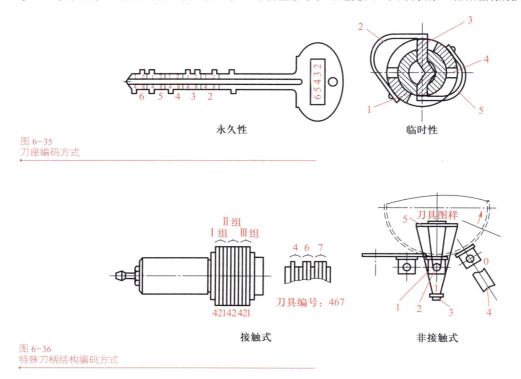

图 6-35
刀座编码方式

永久性　　　　　　　　临时性

图 6-36
特殊刀柄结构编码方式

接触式　　　　　　　　非接触式

刀具编号：467

2. 刀具装卸站、中央刀具库以及各加工机床之间的刀具交换

在 FMS 的刀具装卸站、中央刀具库以及各加工机床之间进行远距离的刀具交换，必须有刀具运载工具的支持。刀具运载工具如同工件的运载工具一样也有许多种类，常见的有换刀机器人和刀具输送小车。若按运行轨道的不同，刀具运载工具也可分为有轨和无轨两种。无轨刀具运载工具价格昂贵，而有轨的价格相对较低，且工作可靠性高，因此在实际系统中多采用有轨的换刀装置。

有轨刀具运载工具又可分为地面轨道（图 6-37）和高架轨道两种。高架轨道的空间利用率高，结构紧凑，但技术难度较地面轨道式结构要大一些。高架轨道一般采用双列直线式导轨，平行于加工中心和中央刀具库布局，这样便于换刀机器人在加工中心和中央刀具库之间进行移动。为了能满足换刀机器人方便地到达中央刀具库的每个角落，高架导轨一般都比较长。高架导轨的刀具交换装置，其核心部分为换刀机器

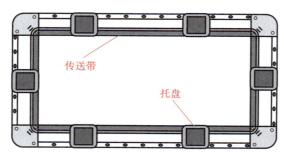

传送带

托盘

图 6-37
地面轨道

人，它由纵向行走的横梁、横向移动的滑台、垂直升降体、手臂旋转关节和手爪五部分组成。图 6-38 所示为高架导轨的平面布置图，从图中可见，换刀机器人能够在刀具装卸站、中央刀具库和加工机床之间自由地运送刀具。

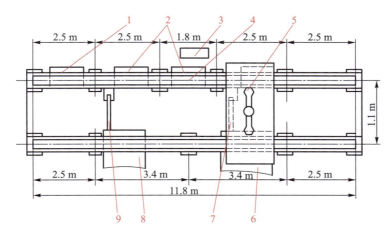

图 6-38
高架导轨平面布置图
1—刀具装卸站；2—中央刀具库；3—机器人控制柜；4—导轨
5—换刀机器人；6、8—加工中心；7、9—盛屑器

刀具装卸站是刀具进入 FMS 的门户，其结构多为框架式。刀具交换装置是一种在刀具装卸站、中央刀具库和机床刀具库之间进行刀具传递和搬运的工具。

3. 运载工具（如 AGV）上的刀架与机床刀具库之间的刀具交换

有些柔性制造系统是通过 AGV 将待交换的刀具输送到各台加工机床，在 AGV 上放置一个装载刀架，该刀架可容纳 5～20 把刀具，由 AGV 将这个刀架运送到机床旁边。

在如今的 FMS 中，将刀具由 AGV 装载刀架自动装入机床刀具库的方法通常有以下几类：

（1）采用过渡装置　利用机床主轴作为过渡装置，把刀具由 AGV 装载刀架自动装入机床刀具库。这种方法要求装载刀架设计得便于主轴的抓取，通常它只能容纳少量的刀具（5～10 把），由 AGV 像运送托盘及工件那样，将该装载刀架送到机床工作台上；然后利用主轴和工作台的相对移动，把刀具装入机床主轴；再通过机床自身的自动换刀装置，将刀具一把一把地装入机床刀具库。这种方法简单易行，但需占用机床工时。

（2）采用专门的刀具取放装置　如 CCM 公司的 FMS 有两台加工中心机床，每台机床刀具库可容纳 50 把刀具。系统备有一个中央刀具库，可容纳 600 把刀具支持这两台机床工作。在中央刀具库和每台机床上都配备了一台刀具取放装置。装载刀架为鼓形结构，可容纳 20 把刀具。AGV 把装载刀架运送到机床尾部，在那里通过刀具取放装置将刀架上的刀具逐个装入机床刀具库内，并把旧刀具送回装载刀架。这种方法的优点在于可在机床工作时进行交换刀具，其不足之处是增加了设备费用。

（3）AGV-ROBOT 换刀方式　在 AGV 上装有专用换刀机械手，当 AGV 到达换刀位置时，由机械手进行刀具交换操作。其原理如图 6-39 所示。

（4）更换刀具库以实现刀具的交换　将机床刀具库作为交换对象进行刀具交换，日本 YAMAZAKI 公司的 FMS 即采用这一方案。机床上的刀具库可以拆卸，另一个备用刀具库放在机床旁边的滑台上，交换时机床上的刀具库滑到 AGV 上，将滑台上的刀具库装入机床。这种可交换式刀具库的容量较小，大约有 25 把刀左右。这是一种新型刀具交换方法，很有发展前途。

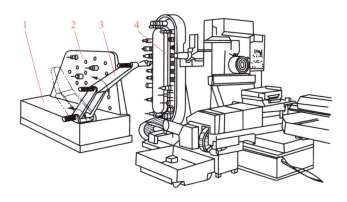

图 6-39
AGV-ROBOT 换刀方式
1—AGV；2—装载刀架；3—机器人；4—机床刀具库

6.4.3　刀具的监控与信息管理

FMS 工作时，刀具始终处于动态的变化过程。由于 FMS 中所使用的刀具品种多、数量大、规格型号不一，涉及的信息量较大，刀具的实际工作状态对加工质量、切削效率、制造系统正常运行有直接影响，因此刀具的监控与信息管理就显得十分复杂和必要。

1. 刀具的监控

刀具的监控主要是为了及时地了解每时每刻所使用的刀具因磨损、破损而发生的性质的变化。目前，刀具的监控主要从刀具寿命、刀具磨损、刀具断裂以及其他形式的刀具故障等方面进行。加工系统的刀具监控分加工前、加工中、加工后三个时间段。加工前和加工后的监控通常采用离线直接测量法，加工中的监控主要采用在线间接测量法，因而要求检测方法快速、准确、稳定、可靠。当刀具装入机床之后，通过计算机监控系统统计各刀具的实际工作时间，并将这个数值适时地记录在刀具文件内，当班管理员可通过计算机查询刀具的使用情况，由计算机检索刀具文件，并经过计算分析向管理员提供刀具使用情况报告，其中包括各机床工作站缺漏刀具表和刀具寿命现状表。管理员根据这些报告，查询有关刀具的供货情况，并决定当前刀具的更换计划。

2. 刀具的信息管理

FMS 中的刀具信息可以分为动态信息和静态信息两个部分。所谓动态信息是指在使用过程中不断变化的一些刀具参数，如刀具寿命、工件直径、工件长度以及参与切削加工的其他几何参数。这些信息随加工过程的延续，不断发生变化，直接反映了刀具使用时间的长短、磨损量的大小、对工件加工精度和表面质量的影响。而静态信息是一些加工过程中固定不变的信息，如刀具的编码、类型、属性、几何形状以及一些结构参数等。

刀具管理的基础是刀具数据管理，刀具数据管理与数据载体有很大关系。由于便于刀具信息的输入、检索、修改和输出控制，FMS 以不同的形式对刀具信息进行集中管理。传统的刀具数据是记录在纸上的（数据表），只能由人来识别所记录的数据，很难实现计算机处理。另一种数据载体是条形码，条形码可以用条形码阅读器读取数据，由计算机处理，但条形码的数据量是有限的，且很难记录变化属性的数据。半导体存储器是较为先进的数据载体，它具有读写方便，数据容量大，便于计算机处理等一系列优点。刀具数据的组织和数据流如图 6-40 所示。

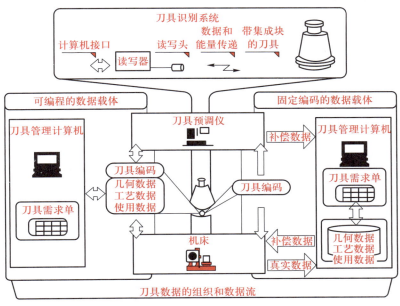

图 6-40
刀具数据的组织和数据流

为便于刀具信息的输入、检索、修改和输出控制，**FMS** 以数据库形式对刀具信息进行集中的管理，其数据库模式通常采用四层次式结构，如图 6-41 所示。

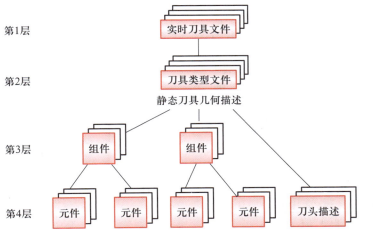

图 6-41
FMS 的刀具数据库的层次结构

刀具信息除了为刀具管理服务外，还可作为信息源，向实时过程控制系统、生产调度系统、库存管理系统、物料采购和订货系统、刀具装配站、刀具维修站等部门提供有价值的信息和资料。例如：刀具装配人员可根据刀具类型文件所描述的刀具组成进行所需刀具的装配；采购人员可根据组件和元件文件所描述的规格标准进行采购；生产调度系统可根据刀具实时动态文件，了解 **FMS** 中拥有的刀具类型、位置分布以及刀具的使用寿命，合理地进行生产的管理和调度。

6.5 FMS 的控制系统

6.5.1 对 FMS 控制系统结构的要求

作为柔性制造系统（flexible manufacture system）核心部件的控制系统，对 FMS 的性能起着决定性的作用。一个 FMS 整体性能的优劣，除了制造系统内设备（如机床、运输装置等）性能的优劣外，在很大程度上还取决于控制系统性能的优劣。控制系统是 FMS 的大脑，负责控制整个系统协调、优化、高效的运行。由于 FMS 是一个复杂的自动化集成体，其控制系统的体系结构和性能直接影响整个 FMS 的柔性、可靠性和自动化程度。

为实现 FMS 系统的优化控制以取得 FMS 运行和预期效果并考虑柔性制造系统将来的发展，其控制系统结构应当具有如下特征：易于适应不同的系统配置；最大限度地实行系统模块化设计；尽可能地独立于硬件要求；对于新的通信结构以及相应的局域网协议具有开放性；可在高效数据库的基础上实现整体数据维护；采用统一标准；具有友好的用户界面等。

6.5.2 控制系统的体系结构

FMS 系统的最小单元是柔性加工单元，因此研究加工单元的控制是研究 FMS 控制系统的基础，加工单元的基本要求是能够完全自动化及无人化运行，FMS 控制系统如图 6-42 所示。

对 FMS 控制体系结构来说，其各个模块应构成一个可灵活组合的控制系统，以适应将来各种要求，整个控制结构需按照一个分散、递阶的结构形式，分成明确的层次。

目前几乎所有的 FMS 都采用了多级递阶控制结构。多级分布式控制系统是对柔性制造自动化过程进行管理和控制的完备形式，计算机网络技术是其技术基础。

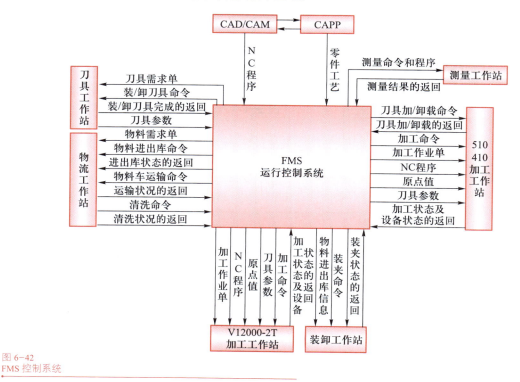

图 6-42
FMS 控制系统

FMS 的控制系统通常采用两级或三级递阶控制结构形式，其参考模型如图 6-43 所示。底层一级是设备层，它由加工机床、机器人、AGV、自动化仓库等设备的 CNC 装置和 PLC 逻辑控制装置组成。它直接控制各类加工设备和物料系统的自动工作循环，接受和执行上级系统的控制指令，并向上级系统反馈现场数据和控制信息。中间级是工作站级，它将来自中央计算机的数据和任务分送到底层的各个 CNC 装置和其他控制装置上去，并协调底层的工作，同时还对每台机床进行生产状态分析和判断，并随时给出指令，对控制参数进行修改。最上层为中央管理计算机，它是 FMS 全部生产活动的总体控制系统，全面管理、协调和控制 FMS 的各项制造活动，同时它还是承上启下、沟通与上级（车间级）控制系统联系的桥梁。

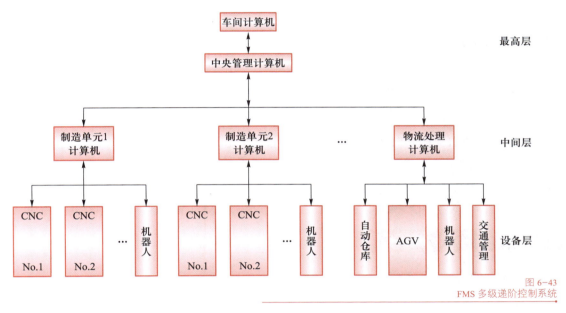

图 6-43
FMS 多级递阶控制系统

在上述三级递阶控制结构中，每层的信息流都是双向流动的：向下可下达控制指令，分配控制任务，监控下层的作业过程；向上可反馈控制状态，报告现场生产数据。然而，在控制的实时性和处理信息量方面，各层控制计算机是有所区别的：越往底层，其控制的实时性要求越高，而处理的信息量则越小；越到上层，其处理信息量越大，而对实时性要求则越低。

这种递阶的控制结构，各层的控制处理相对独立，易于实现模块化，使局部增、删、修改简单易行，从而增加了整个系统的柔性和开放性，充分利用了计算机的资源。在控制系统结构设计时，还需开发可灵活组合的图形操作界面，以根据用户要求为各种生产设备提供相匹配的操作界面。

6.5.3 控制系统任务

在 FMS 控制系统的递阶控制结构中，各层计算机相互通信、相互协同地工作，但又分担着各自不同的任务。

1. 中央管理计算机

中央管理计算机管理着整个系统的营运状态，在综合数据库的支持下，它负责全面的管理工作和支持 FMS 按计划的调度和控制，它通过如下的三个方面与下层系统进行连接：

（1）控制系统方面　主要用来向下层实时地发送控制命令和分配数据。为了支持控制系统的工作，FMS 的中央计算机能够接受它上层计算机所提供的工艺过程设计、NC 零件程序、工时标准以及生产计划和调度信息，及时合理地向它的下层系统分配任务、发送控制指令。

（2）系统方面　主要用来实时采集现场工况，把收集的信息看作系统的反馈信号，以它们为基础做出决策，控制被监控的过程。

（3）监测系统方面　主要用来观察系统的运行情况，将所收到信息登录备用，计算机将利用这些信息定期打印报告，供决策系统检索。例如，定期登录刀具寿命值作为刀具管理的基本信息；在线工况监测，有规律地连续收集和解释关键性元件和设备的运行状态，用这些信息预测故障的地点和原因。

2. 工作站层计算机

为了提高生产设备的运行效率和系统的运行效果，为了实现车间管理工作自动化，多级分布式控制系统让工作站层的单元计算机承担起制造单元的管理任务。单元计算机收到上层计算机编制的日作业计划，便完成如下工作：接纳并管理制造命令，编制作业调度计划，统计设备的运行业绩，与单元控制器一道监视并控制各设备的运行状态，制造完成后向上层计算机传送有关数据。

3. 设备层计算机

该层计算机的任务是执行各种操作。系统中的主要设备是由 CNC 系统控制的，只要下达的程序和命令没有差错，所有设备都能按照指令完成规定的操作。这一级控制系统要完成的主要操作任务有：接收程序和命令；接受调度命令，运输物料；各类工作站设备按程序执行操作；为下一步操作准备刀、夹具或更换掉已磨损的刀具；传感器信息采样，部分采样信息作为 CNC 系统的反馈信息，其他送往上层计算机。

6.6　FMS 的信息流支持系统

6.6.1　FMS 的信息流模型

信息流支持系统是指对加工和运输过程中所需各种信息收集、处理、反馈，并通过电子计算机或其他控制装置（液压、气压装置等），对机床或运输设备实行分级控制的系统。该系统用以实施对整个 FMS 的控制和监督管理。由一台中央计算机（主机）与各设备的控制装置组成分级控制网络，构成信息流。

柔性制造系统的基本特点是能以中小批量、高效率和高质量地同时加工多种零件。要保证 FMS 的各种设备装置与物料流能自动协调工作，并具有充分的柔性，能迅速响应系统内外部的变化，及时调整系统的运行状态，关键就是要准确地规划信息流，使各个子系统之间的信息有效、合理地保证系统的计划、管理、控制和监视功能有条不紊地运行。图 6-44 所示是柔性制造自动化生产系统的信息网络模型。从上到下，可以分为 5 层，其中底三层为 FMS 的信息网络模型：

1. 计划层

这是属于工厂一级，包括产品设计、工艺设计、生产计划、库存管理等。其规划的时间范围（指任何控制级完成任务的时间长度）可从几个月到几年。

2. 管理层

这是属于车间或系统管理级，包括作业计划、工具管理、在制品及毛坯管理、工艺系统分析等。其规划时间从几周到几个月。

3. 单元层

这是指系统控制级，包括各分布式数控、运输系统与加工系统的协调，工况和机床数据采集等。其规划时间可从几小时到几周。

4. 设备控制层

这是指设备控制级，包括各机床数控、机器人控制、运输和仓储控制等。其规划时间范围可从几分钟到几小时。

5. 动作执行层

这层通过伺服系统执行控制指令而产生机械运动，或通过传感器采集数据和监控工况等。就数量而言，从上到下的需求是逐级减少的，但就数据传送时的要求而言，是从以分钟计逐级缩短到以毫秒计。运行时间范围可以从几毫秒到几分钟。

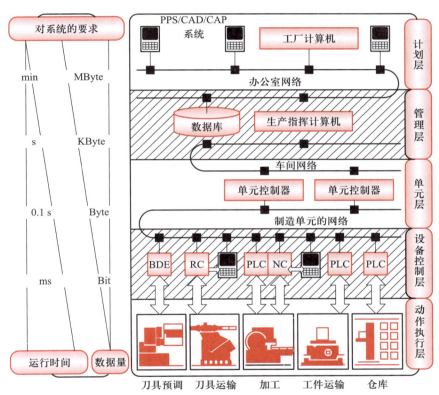

图 6-44
柔性制造自动化信息模型

对柔性制造系统而言，仅涉及管理层以下的几层。管理层和单元层可分别由高性能微型计算机或超级微型计算机作为硬件平台，而设备控制层大都由具有通信功能的数控系统和可编程序控制器来承担。

6.6.2　FMS 的信息流要素、联系和特征

要实现 FMS 的控制管理，首先必须明确了解在制造过程中有哪些信息和数据需要采集；这些信息和数据从哪里产生；它们流向何处；又是怎样进行处理、交换和利用的。

（1）归纳起来，FMS 系统中共有 3 种不同类型的数据：基本数据、控制数据和状态数据。

1）基本数据：这是在柔性制造系统开始运行时一次建立的，并在运行中逐渐补充，它包括系统配置数据和物料基本数据，系统配置数据有机床编号、类型、储存工位号、数量等。物料基本数据包括刀具几何

尺寸、类型、耐用度、托盘的基本规格，相匹配的夹具类型、尺寸等。

2）控制数据：它是有关加工零件的数据，包括：工艺规程、数控程序和刀具清单技术控制数据；加工任务单，指明加工任务种类、批量及完成期限（组织控制数据）。

3）状态数据：它描述了资源利用的工况，包括：设备的状态数据，如机床加工中心、清洗机和测量机、装卸系统、输送系统等装置的运行时间、停机时间及故障原因；物料的状态数据，表明 随行夹具、刀具等有关信息，如刀具寿命、破损断裂情况及地址识别；零件实际加工进度，如零件 实际加工工位、加工时间、存放时间、输送时间的记录以及成品数、废品数的统计等。

（2）在系统运行过程中，这些数据互相之间发生了各种联系，它们主要表现在以下 3 种形式：

1）数据联系：这是指系统中不同功能模块或不同任务需要同种数据或者有相同的数据产生时，就产生数据联系。例如编制作业计划、制定工艺规程及安装工件时，都需要工件的基本数据，这就要求把各种必需的数据文件存放在一个相关的数据库中，以共享数据资源，并保证各功能模块能及时迅速地交换信息。

2）决策联系：当各个功能模块对各自问题的决策相互有影响时，就产生决策联系，这不仅是数据联系，更重要的是逻辑和智能的联系。例如编制作业计划时，工件如何混合分批，不同的决策，就有不同的效果。利用仿真系统就有助于迅速地做出正确决定。

3）组织联系：系统运行的协调性对 FMS 来说是极其重要的。工件、刀具等物料流是在不同地点、不同时刻完成控制要求，这种组织上的联系不仅是一种决策联系，而且具有实时动态性和灵活性。因此，协调系统是否完善将成为 FMS 有效运行的前提。

（3）FMS 管理控制信息流程，是由加工作业计划、加工准备、过程控制与系统监控等功能模块组成的，如图 6-45 所示。其特点如下：

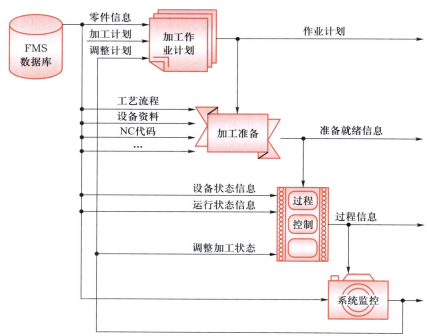

图 6-45
FMS 管理和控制信息流程

1）结构特征：按照计算机多级分布式控制系统的要求，FMS 控制系统可以划分为制订与评价管理、过程协调控制及设备控制三个层次，这种模块化的结构，在功能上和时间上既独立又相互联系。这样，尽管系统复杂，但对于每个子模块可分解成各个简单的、直观的控制程序来完成相应的控制任务，这无疑在可靠性、经济性等方面都提高了一大步。

2）时间特征：根据信息流不同层次，各模块对能通信数据量与时间的要求也并不相同，计划管理模块内的通信主要是文件传送和数据库查询、更新、存取、传送大量数据，因此往往需要较长时间。而在过程控制模块只是平行交换少量信息（如指令、命令响应等），但必须及时传递，要求实时性强。因此，过程控制模块的计算机运行环境就应是在实时操作系统支持下并发运行。

各部分的有机结合构成了一个制造系统的物流（工件流和刀具流）、信息流（制造过程的信息和数据处理）和能量流（通过制造工艺改变工件的形状和尺寸）。如果将各种功能模块标准化，就可以从标准化的功能模块中选出若干模块，组成适合不同用户要求的柔性制造系统和柔性制造单元。功能模块标准化的好处是非常显著的，它不仅可以保证柔性制造系统的可靠性和降低建造系统的费用，还可以缩短系统的调试周期，留有扩展余地，以便今后实现更大的系统集成。20 多年来发展柔性制造自动化技术的经验表明，集成化是建筑在单元化基础之上的，而系统的可靠性首先取决于单项技术的可靠性。功能模块的标准化就是为发展柔性制造系统提供高质量的"预制构件"，从而保证了整个系统的运行可靠性。

6.7　FMS 的应用与实施

6.7.1　FMS 的应用

FMS 可广泛用于汽车、船舶、航空、计算机和纺织机械等制造行业中。自动堆垛机作为高柔性化的物流技术在 FMS 生产系统的应用中具有很好的发展前景。一个简单的 FMS 生产系统构架可由物料输送系统、自动堆垛机、货架存储系统和相应的 CNC 加工中心组成，需要加工的物料在物料输送接驳台、加工装备接驳台和存储货架三个物流节点间通过自动堆垛机的柔性作业来实现流转。自动堆垛机是整个 FMS 生产系统的中间环节，维系着物料输送系统、CNC 加工单元和储存料架三个管理节点。由生产调度人员根据机床的加工能力形成产品生产计划单，如果需要的毛坯原料不在存储料架上，则及时通过物料输送系统向 FMS 生产系统补料，通过自动堆垛机把毛坯原料直接送入 CNC 加工单元，实现自动化生产。FMS 作为当今世界制造自动化技术发展的前沿科技，为未来工厂提供了一幅宏伟的蓝图，也将成为 21 世纪制造业的主要生产模式。图 6-46 所示为汽车制造车间中的 FMS 设备。

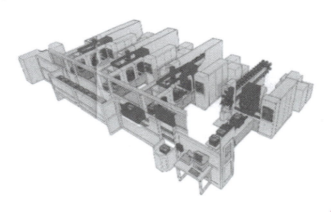

图 6-46
汽车制造车间中的 FMS 设备

（1）FH6800 平面 FMS 柔性系统　系统由 5 台 MAZAK 公司生产的 FH6800 型卧式加工中心、52 个交换托盘、1 台清洗机、1 台自动上下料机器人，通过 MAZAK 公司的 INTELLIGENT MAZATROL FMS 主控单元控制实现系统控制（目前实际配置 4 台机床）。最大工作直径 ϕ1 050 mm，最大工作高度 1 m，最大工件质量为 1 500 kg。主要担负中小零件的自动加工。具有刀具破损检测功能、红外线测头机内检测功能。5 台机床刀具配置相同，采用冗余控制原则进行控制，系统自动安排加工任务至空闲机床。可同时实现 72h 连续运转和 24h 无人运转。

（2）FH8800 立体 FMS 柔性系统　系统由 3 台 MAZAK 公司生产的 FH8800 型卧式加工中心、36 个交换托盘、1 台两位置自动上下料机器人、一台清洗机组成，通过 MAZAK 公司的 INTELLIGENT MAZATROL FMS 主控单元控制实现系统控制（目前实际配置 1 台机床）。最大工作直径 ϕ1 250 mm，最大工作高度 1 250 mm，最大工件质量为 2 200 kg。控制原理、特点与 FH6800 平面 FMS 柔性系统相同。主要担负中型箱体类零件的加工。此系统中交换托盘分上下两层立体放置，同样数量交换托盘的立体放置将大大节约柔性系统的占地面积。与传统的交换托盘平面放置系统相区别，此类 FMS 被称为立体 FMS。系统可实现 72 h 连续运转和 24 h 无人运转。

（3）OPTO-PATH 柔性加工线（钣金加工柔性系统）　钣金加工柔性系统是 FMS 从传统的金属切削加工柔性系统发展出来的新领域的应用。系统由 2 台 MAZAK 公司生产的 HG510 激光切割机、10 层料库、上下料机械手、系统控制计算机构成，是从原材料运送到成品分拣作业可全部自动化完成的钣金激光切割机 FMS 系统。机械手根据系统指令从料库将需要的钢板送到激光切割机，激光切割机按照上传到数控系统中的展开图及套裁图进行切割。激光头 X、Y 轴的移动均由直线电动机驱动。由高质量的 CCD 照相机对激光头现有的喷嘴进行圆度和激光束是否在喷嘴中心进行检测，保证切割精度和准确性。机床配有 4 个激光头的存放位置，可以实现加工过程中进行随时更换，和对需要维护的激光头进行机外维护、保养、调整功能，保证加工过程不中断。激光切割机配置双交换工作台，保证了工作效率。由 7 200 个单独配置的小吸盘组成的工件分拣装置，能够依据 CAD 信息，自动适应工件的形状，单个吸盘分别进行 ON/OFF 控制的智能分拣系统只对选中的工件进行吸附作业，将工件及边角料自动分离。

6.7.2　FMS 的实施步骤

工厂引进 FMS 一般会带来较大的投资风险，出现差错会影响整个工厂的良性发展。为防止风险出现，应该按照以下步骤来实施 FMS：

1. 选择零件和机床

1）从现在备选的零件和机床中预选出那些具有适合于 FMS 特性的零件和机床。

2）计算每个零件目前的制造费用。

3）估算每个零件采用 FMS 时的制造费用。

4）使用人工或计算机方法选择经济效益最好的那些零件和机床。

5）进行投资分析，以便确定 FMS 是否是经济有效的方法。

2. 设计不同的 FMS 总体方案

（1）估计选定零件的加工工作量

1）对选定零件提出装夹方案。

2）制订每种零件详细的加工计划，这个计划要受到 FMS 限定的刀具容量的限制。

3）估计每种零件的生产需求。

4）计算零件循环时间和刀具利用率。

（2）设计设备配置总体方案

1）对每种机床选择出售厂商的具体设备。

2）对每种机床估计最少的机床（主轴）数。

3）考虑车间和系统的效率、限定的刀具储存能力和所需的机床冗余度，对上述机床台数进行修正。

4）提出设备配置的几种设计方案。

3. 评审候选的 FMS 总体方案

设计 FMS 应提出几个方案，通过对比选优。判别一个方案是否可取，可以参照以下条件：

1）柔性。产品品种和批量变化后，系统能否迅捷地重新组织生产；

2）效率。能否以少量人员迅速地完成生产任务；

3）可靠性。故障率小，能支持长期无人运行；

4）开机率。辅助时间少，工序切换容易，基本制造设备停机时间短；

5）经济性。投资回收率高，产品单件制造成本低。

4. 编写招标书

1）编写表达公司对 FMS 的研究结果和要求的招标书。

2）避免过高的技术要求，允许出售厂商根据使用厂的情况在设计 FMS 过程中发挥创造性和竞争性。

5. 评审出售厂商的投标

1）采用模拟和经济分析来核定和评审出售厂商的投标。

2）评审每个投标在多大程度上能满足提出的如柔性程度、可扩充性等不能用数量表示的要求。

3）选择最能满足本公司要求的那个投标。

4）与出售厂共同研讨技术要求和价格。

5）发出订购单。

6. FMS 的准备、安装和调试

1）挑选和培训 FMS 的操作和维修人员。

2）在为 FMS 做准备中要包括质量管理和生产管理部门。

3）为 FMS 制订预防性维护计划和配件表。

4）准备 FMS 场地。

5）帮助出售厂进行安装和调试。

6）进行 FMS 验收试验。

7. FMS 运行

1）编制零件的生产进度计划。

2）如果需要，进行批量生产。

3）分配零件和刀具给机床。

4）平衡机床载荷。

5）采用一种决策支持系统，以便在面临机床发生故障和改变零件要求时仍能使日常运行优化。

思考题与习题

1. 说明 FMS 的概念及组成。

2. FMS 的特点是什么？ 它的效益主要体现在哪几个方面？

3. 说明 FMS 对加工设备的要求及机床配置形式。

4. 说明 FMS 物料运储系统的组成及其基本回路。

5. 简述 AGV 的特点以及按导向系统的分类形式。

6. 叙述自动化仓库的组成及自动化仓库计算机控制的任务。

7. 自动换刀有哪几种形式？

8. FMS 控制系统是一个多级递阶控制系统，叙述各级的作用。

9. 说明 FMS 的信息流要素、联系和特征。

10. 简述 FMS 的设计要点和实施步骤。

第7章　现代制造系统

随着市场以及科学技术的进一步发展，制造系统已经向着计算机集成化的方向发展，即所谓的"CIMS"。在 CIMS 的概念下，制造系统为一个广义上的可编程控制系统，它具有处理高层次分布数据的能力，具有自动的物流，从而实现小批量、高效率的制造，以适应不同产品生命周期的动态变化。现代制造系统正是基于这样一种模式下的一个制造系统的概念，它使 CIM 技术迅速向纵深发展，突出"以人为本"的思想，发挥人的主观能动性，强调人、技术、管理、环境等之间的有机集成。随着现代制造系统内涵的不断延伸，出现了"虚拟制造""敏捷制造""并行工程""智能制造""精益生产""反求设计""增材制造""网络化制造""绿色制造""生物制造"等涉及技术、管理的新理念。

7.1　计算机集成制造系统（CIMS）

7.1.1　CIMS 的概念

当今世界已步入信息时代，并迈向知识经济时代，以信息技术为主导的高新技术也为制造技术的发展提供了极大的支持，并推动制造业发生了深刻的变革，20 世纪 70 年代初，计算机集成制造系统（Computer Integrated Manufacturing Systems，CIMS）应运而生。

1998 年，结合国际上先进制造系统的发展，基于上万名人员十余年的实践，我国 863/CIMS 专家组提出了中国特色的"现代集成制造系统"（Contemporary Integrated Manufacturing Systems）的理念，在广度和深度上拓宽了传统的 CIMS 的内涵。

计算机集成制造系统（computer integrated manufacturing system，CIMS）是一种现代制造系统。在讨论 CIMS 的概念之前，要首先了解"CIM"的概念。

CIM（computer integrated manufacturing，计算机集成制造）是美国约瑟夫·哈林顿（Joseph Harrington）博士于 1974 年在其 *Computer Integrated Manufacturing* 一书中首先提出的。哈林顿提出的 CIM 概念中有两个基本观点：

1）企业生产的各个环节，即从市场分析、产品设计、加工制造、经营管理到售后服务的全部生产活动是一个不可分割的整体，要紧密连接，统一考虑。

2）整个生产过程实质上是一个数据的采集、传递和加工处理的过程。最终形成的产品可以看作是数据的物质表现。

CIM 不是一种具体的制造技术，只是组织、管理生产的一种新概念和新哲理。它借助于计算机软、硬件，综合运用制造技术、管理技术、信息技术、自动化技术等，将企业从市场分析、经营决策、产品设计、工艺设计、制造过程各环节直到销售和售后服务整个制造生产中的信息进行统一控制和管理，以优化企业生产经营活动。

CIMS（computer integrated manufacturing system，计算机集成制造系统）是基于 CIM 哲理而组成的现代制造系统，其包括 4 个观点：过程集成、信息采集、以人为本、动态发展。

CIMS 至今也没有统一公认的定义，其中一个主要原因就是 CIMS 本身总是处在不断发展之中。基于现状，可把 CIMS 理解为现代制造企业的一种生产、经营和管理模式。它包括了企业全部的生产经营活动，所以比传统的工厂自动化的范围大得多，是一个复杂的大系统；CIMS 所涉及的自动化不是工厂各个环节自动化的简单叠加，而是有机的集成，这里的集成不仅是有形物的集成，更是以信息集成为特征的技术集成，乃至与人的集成。

CIMS 是在自动化技术、信息技术及现代制造技术的基础上，通过计算机软、硬件将企业全部生产活动所需的各种分散的自动化系统有机地集成起来，适应多品种、小批量生产的总体高效率、高柔性的智能制造系统。

7.1.2　CIMS 的基本组成

从系统的功能角度考虑，一般认为 CIMS 由经营管理信息系统、工程设计自动化系统、制造自动化系统和质量保证系统 4 个功能性分系统，以及数据库和计算机网络两个支撑性分系统组成，如图 7-1 所示。然而，这并不意味着任何一个工厂企业在实施 CIMS 时都必须同时实现这 6 个分系统。由于每个企业的基础不同，各自所处的环境不同，因此应根据企业的具体需求和条件，在 CIMS 思想指导下进行局部实施或分步实施。下面就这 6 个分系统的功能做扼要的介绍。

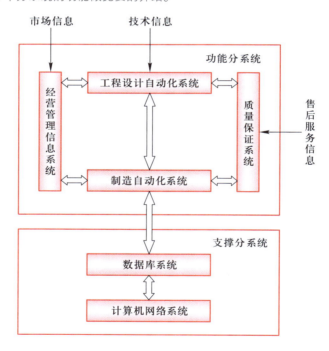

图 7-1
CIMS 的基本组成

1. 经营管理信息系统

经营管理信息系统是 CIMS 的神经中枢，指挥与控制着其他各个部分有条不紊地工作。经营管理信息系统通常是以 MRP Ⅱ 为核心，包括预测、经营决策、各级生产计划、生产技术准备、销售、供应、财务、成本、设备、工具、人力资源等各项管理信息功能。图 7-2 所示为 CIMS 经营管理信息系统的模型。从该模型可以看出，这是一个生产经营与管理的一体化系统。它把企业内的各个管理环节有机地结合起来，各个功能模块可在统一的数据环境下工作，以实现管理信息的集成，从而达到缩短产品生产周期、减少库存、降低流动资金、提高企业应变能力的目的。

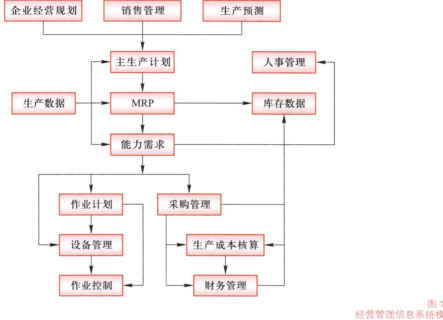

图 7-2
经营管理信息系统模型

2. 工程设计自动化系统

工程设计自动化系统实质上是指在产品开发过程中引用计算机技术，使产品开发活动更高效、更优质、更自动地进行。产品开发活动包括产品的概念设计、工程与结构分析、详细设计、工艺设计以及数控编程等设计和制造准备阶段的一系列工作，即通常所说的 CAD、CAPP、CAM 三大部分。

CAD 系统应该包括产品结构的设计、定型产品的变形设计以及模块化结构的产品设计。通常应具有计算机绘图、有限元分析、产品造型、图像分析处理、优化设计、动态分析与仿真、物料清单的生成等功能。

CAPP 系统是按照设计要求进行决策和规划将原材料加工成产品所需要资源的描述。CAPP 系统可进行毛坯设计、加工方法选择、工艺路线制定以及工时定额计算等工作，同时还具有加工余量分配、切削用量选择、工序图生成以及机床刀具和夹具的选择等功能。

CAM 系统通常指刀具路线的确定、刀位文件的生成、刀具轨迹仿真以及 NC 代码的生成等功能。

由于 CAD、CAPP、CAM 长期处于独立发展状态，相互间缺乏通信和联系。CIMS 概念的出现使得 CAD/CAPP/CAM 的集成化成为 CIMS 的重要性能指标。它意味着产品数据格式的标准化，可实现各自数据的交换和共享。从而可使基于产品模型的 CAD/CAPP/CAM 集成系统取代基于工程图样的 CAD、CAPP、CAM 一个个自动化"孤岛"。

3. 制造自动化系统

制造自动化系统是 CIMS 的信息流和物料流的交汇点，是 CIMS 最终产生经济效益的聚集地，通常由 CNC 机床、加工中心、FMC 或 FMS 等组成。其主要部分有：

（1）加工单元　由具有自动换刀装置（ATC）、自动更换托盘装置（APC）的加工中心或 CNC 机床组成。

（2）工件运送子系统　有自动引导小车（AGV）、装卸站、缓冲存储器和自动化仓库等。

（3）刀具运送子系统　有刀具预调站、中央刀具库、换刀装置、刀具识别系统等。

（4）计算机控制管理子系统　通过主控计算机或分级计算机系统的控制，实现对制造系统的控制和管理。

制造自动化系统是在计算机的控制与调度下，按照 NC 代码将一个个毛坯加工成合格的零件并装配成部件以至产品，完成设计和管理部门下达的任务；并将制造现场的各种信息实时地或经过初步处理后反馈到相应部门，以便及时地进行调度和控制。

制造自动化系统的目标可归纳为：实现多品种、小批量产品制造的柔性自动化；实现优质、低成本、短周期及高效率生产，提高企业的市场竞争能力；为作业人员创造舒适而安全的劳动环境。

必须指出，CIMS 不等于全盘自动化，其关键是信息的集成，制造系统并不要求去追求完全自动化。

4. 质量保证系统

在激烈的市场竞争中，质量是企业求得生存的关键。要赢得市场，必须以最经济的方式在产品性能、价格、交货期、售后服务等方面满足顾客要求。因此需要一套完整的质量保证体系，CIMS 中的质量保证系统覆盖产品生命周期的各个阶段，它可由以下四个子系统组成：

（1）质量计划子系统　用来确定改进质量目标，建立质量标准和技术标准，计划可能达到的途径和预计可能达到的改进效果，并根据生产计划及质量要求制订检测计划及检测规程和规范。

（2）质量检测子系统　采用自动或手动对零件进行检验，对产品进行试验，采集各项质量数据并进行校验和预处理。

（3）质量评价子系统　包括对产品设计质量评价、外购外协件质量评价、供货商能力评价、工序控制点质量评价、质量成本分析及企业质量综合指标分析评价。

（4）质量信息综合管理与反馈控制子系统　包括质量报表生成，质量综合查询，产品使用过程质量综合管理以及针对各类质量问题所采取的各种措施及信息反馈。

5. 数据库系统

数据库系统是一个支撑系统，它是 CIMS 信息集成的关键之一。CIMS 环境下的经营管理信息、工程技术、制造自动化、质量保证四个功能系统的信息数据都要在一个结构合理的数据库系统里进行存储和调用，以满足各系统信息的交换和共享。

CIMS 的数据库系统通常是采用集中与分布相结合的体系结构，以保证数据的安全性、一致性和易维护性。此外，CIMS 数据库系统往往还建立一个专用的工程数据库系统，用来处理大量的工程数据。工程数据类型复杂，它包含有图形、加工工艺规程、NC 代码等各种类型的数据。工程数据库系统中的数据与生产管理、经营管理等系统的数据均按统一规范进行交换，从而实现整个 CIMS 中数据的集成和共享。

6. 计算机网络系统

计算机网络系统是 CIMS 的又一基础支撑系统，是 CIMS 重要的信息集成工具。通过计算机通信网络将物理上分布的 CIMS 各个功能分系统的信息联系起来，以达到共享的目的。依照企业覆盖地理范围的大小，有两种计算机网络可供 CIMS 采用，一种为局域网，另一种为广域网。目前，CIMS 一般以互联的局域网为主，如果工厂厂区的地理范围相当大，局域网可能要通过远程网进行互联，从而使 CIMS 同时兼有局域网和广域网的特点。

CIMS 在数据库和计算机网络的支持下，可方便地实现各个功能分系统之间的通信，从而有效地完成全系统的集成，各分系统之间的信息交换如图 7-3 所示。图中，"FME"为柔性制造工程；"QIS"为质量信息系统；"EIS"为工程信息系统；"MIS"为管理信息系统。

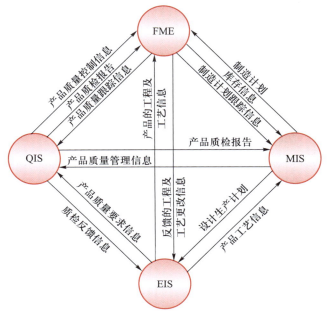

图 7-3
CIMS 分系统之间的信息交换

7.1.3 CIMS 的递阶控制模式

CIMS 是一个复杂的大系统，通常采用递阶控制的体系模式。所谓的递阶控制即为将一个复杂的控制系统按照其功能分解成若干层次，各层次进行独立的控制处理，完成各自的功能。层与层之间保持信息交换，上层对下层发出命令，下层对上层回送命令执行结果，通过信息联系构成完整的系统。这种控制模式减少了全局控制的难度以及系统开发的难度，已成为当今复杂系统的主流控制模式。

根据制造企业多级管理的结构层次，美国国家标准局的自动化制造研究实验基地（automated manufacturing research facility，AMRF）首次提出了 CIMS 的 5 层递阶控制结构，即工厂层、车间层、单元层、工作站层和设备层，如图 7-4 所示。这种结构形式已被国际社会广泛认可和引用。在这种递阶控制结构中，各层分别由独立的计算机进行控制处理，功能单一，易于实现；其层次越高，控制功能越强，计算机处理的任务越多；而层次越低，则实时处理要求越高，控制回路内部的信息流速度越快。

1. 工厂层控制系统

工厂层是企业最高的管理决策层，具有市场预测、制订长期生产计划、确定生产资源需求、制订资源计划、产品开发以及工艺过程规划的功能，同时还应具有成本核算、库存统计、用户订单处理等厂级经营管理的功能。工厂层的规划周期一般从几个月到几年时间。

2. 车间层控制系统

车间层是根据工厂层的生产计划协调车间作业和资源配置，包括从设计部门的 CAD/CAM 系统中接受

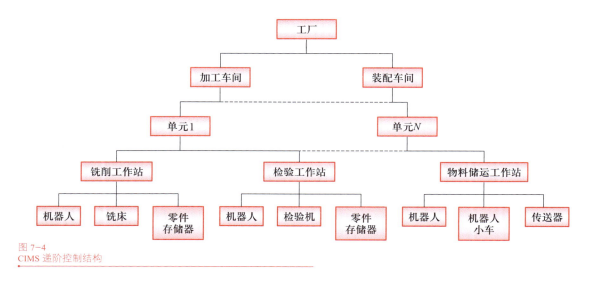

图 7-4
CIMS 递阶控制结构

产品物料清单，从 CAPP 系统接受工艺过程数据，并根据工厂层的生产计划和物料需求计划进行车间内各单元的作业管理和资源分配。其中作业管理包括作业订单的制定、发放和管理，安排加工设备、刀具、夹具、机器人、物料运输设备的预防性维修等工作；而资源分配是将设备、托盘、刀具、夹具等根据作业计划分配给相应的工作站。车间层的决策周期一般为几周到几个月。

3. 单元层控制系统

单元层控制系统主要完成本单元的作业调度，包括零件在各工作站的作业顺序、作业指令的发放和管理、协调工作站间的物料运输、进行机车和操作者的任务分配及调整。并将实际的质量数据与零件的技术规范进行比较，将实际的运行状态与允许的状态条件进行比较，以便在必要时采取措施以保证生产过程的正常进行。单元层的规划时间在几小时到几周的范围。

4. 工作站层控制系统

工作站层控制系统的任务是负责指挥和协调车间中一个设备小组的活动，它的规划时间可以从几分钟到几小时。制造系统中的工作站可分为加工工作站、检测工作站、刀具管理工作站、物料储运工作站等。加工工作站完成工件安装、夹紧、切削加工、检测、切屑清除、卸除工件等工作顺序的控制、协调与监控任务。

5. 设备层控制系统

此层控制系统包括各种设备（如加工机床、机器人、坐标测量机、无人小车等）的控制器。此层控制器向上与工作站控制系统用接口连接，向下与各设备控制器的接口相通。设备控制器的功能是将工作站控制器的命令转换成可操作的、有顺序的简单任务运行各种设备，并通过各种传感器监控这些任务的执行。

在上述 5 层的递阶控制结构中，工厂层和车间层控制系统主要完成计划方面的任务，确定企业生产什么，需要什么资源，确定企业长期目标和近期的任务；设备层控制系统是一个执行层，执行上层的控制命令；而企业生产监督管理任务则由车间层、单元层和工作站层控制系统完成，这里的车间层控制系统兼有计划和监督管理的双重功能。

7.1.4 CIMS 的体系结构

要实施高度集成的自动化系统，必须有一个合适的体系结构。一种好的体系结构应既能满足最终用户对 CIMS 性能的要求，又能满足 CIMS 供应商对 CIMS 产品通用性的要求。因此，世界各国比较重视对 CIMS 体系结构的研究，其中由欧盟 ESPRIT 计划中的 AMICE 专题所提出的 CIMS/OSA 体系结构具有一定的代表性。它是一个开放式的体系结构。CIMS/OSA 体系结构为制造工业的 CIMS 提供了一种参考模型，已作为对 CIMS 进行规划、设计实施和运行的系统工具。

欧盟 CIMS/OSA 体系结构的基本思想是：将复杂的 CIMS 系统的设计实施过程沿结构方向、建模方向和视图方向分别作为通用程度维、生命周期维和视图维三维坐标，对应于从一般到特殊（具体化）、推导求解和逐步生成的三个过程，以形成 CIMS 开放式体系结构总体框架。图 7-5 所示的结构模型，被称为 CIMS/OSA 立方体。

1. CIMS/OSA 的结构层

在 CIMS/OSA 的结构框架中的通用程度维包含有三个不同的结构层次，即通用层、部分通用层和专用层，其中的通用层和部分通用层组成了制造企业 CIMS/OSA 的结构层次的参考结构。

通用层包含各种 CIMS/OSA 的结构模块，包括组件、约束规划、服务功能和协议等系统的基本构成部分，包含各种企业的共同需求和处理方法；部分通用层有一整套适用于各类制造企业（如机械制造、航空、电子等）的部分通用结构模型，包括按照工业类型、不同行业、企业规模等不同分类的各类典型结构，是建立企业专用模型的工具；专用层的专用结构是在参考结构（由通用层和部分通用层组成）的基础上根据特定企业运行需求而选定和建立的系统和结构。专用层仅适用于一个特定企业，一个企业只能通过一种专用结构来描述。企业在部分通用层的帮助下，从通用层选择自己需要的部分，组成自己的 CIMS。从通用层到专用层的构成是一个逐步抽取或具体化的过程。

2. CIMS/OSA 的建模层

CIMS/OSA 的生命周期维用于说明 CIMS 生命周期的不同阶段，它包含有需求定义、设计说明和实施描述三个不同的建模层次。

需求定义层是按照用户的准则描述一个企业的需求定义模型；设计说明层是根据企业经营业务的需求和系统的有限能力，对用户的需求进行重构和优化；实施描述层在设计说明层的基础上，对企业生产活动实际过程及系统的物理元件进行描述。物理元件包括制造技术元件和信息技术元件两类。制造技术元件是转换、运输、储存和检验原材料、零部件和成品所需要的元件，包括 CAD、CAQ、MRP、CAM、DNC、FMC、机器人、包装机、传送机等。信息技术元件是用于转换、输送、储存和检验企业各类活动的有关数据文件，包括计算机硬件、通信网络、系统软件、数据库系统、系统服务器以及各类专门用途的应用软件。

3. CIMS/OSA 的视图层

CIMS/OSA 的视图层用于描述企业 CIMS 的不同方面，有功能视图、信息视图、资源视图和组织视图，各个视图的作用为：功能视图是用来获取企业用户对 CIMS 内部运行过程的需求，反映系统的基本活动规律，指导用户确定和选用相应的功能模块；信息视图是用来帮助企业用户确定其信息需求，建立基本的信息关系和确定数据库的结构；资源视图用于帮助企业用户确定其资源需求，建立优化的资源结构；组织视图用于确定 CIMS 内部的多级多维职责体系，建立 CIMS 的多级组织结构，从而可以改善企业的决策过程并提高企业的适应性和柔性。

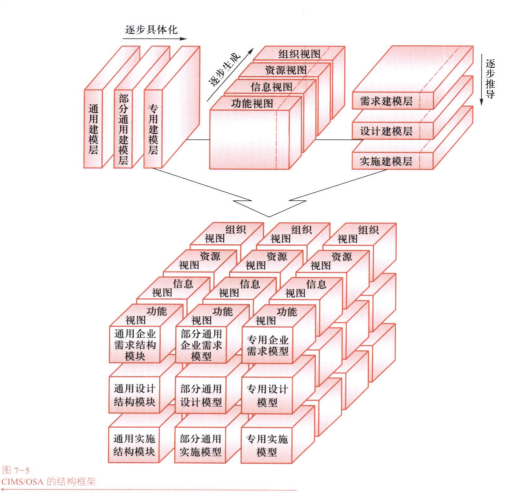

图 7-5
CIMS/OSA 的结构框架

由此可以看出，CIMS/OSA 是一种可供任何企业使用，可描述系统生命周期的各个阶段，包括企业各方面需求的通用完备的体系结构。

7.2　虚拟制造（VM）

7.2.1　虚拟制造的定义

20 世纪 90 年代中期，先进制造技术得到了更进一步的发展并出现了虚拟制造（Virtual Manufacturing，VM）等新概念。虚拟制造技术是在 CAD/CAM/CAE、CIMS（计算机集成制造技术）、CE（并行工程）等技术基础上发展起来的，它可以看作是 CAD/CAM/CAE 集成化发展的最高层次。虚拟制造技术是先进制造技术发展的必然结果，已成为先进制造技术领域的热点。但目前关于虚拟制造尚无统一的定义。国内外的学者和专家从不同的侧重点出发给出了众多描述。如我国已故著名的 863/CIMS 自动化领域首席科学家蒋新松院士曾将 VM 通俗地描述为：通过计算机应用虚拟模型，而不是通过真实的加工过程，来预估产品的功能、性能以及可加工性等各方面可能存在的问题。清华大学肖田元教授等给 VM 的定义为：虚拟制造是实际制造过程在计算机上的本质实现，即采用计算机仿真与虚拟现实技术，在计算机上群组协同工作，实现产品的设计、工艺规划、加工制造、性能分析、质量检验，以及企业各级过程的管理与控制等产品制造的本质过程，以增加制造过程各级的决策与控制能力。上海交通大学的严隽琪教授等认为：VM 是以信息技术、仿真技术、虚拟现实技术等为支持，在产品设计或制造系统的物理实现之前，就能使人体会或感受未来产品的性能或制造系统的状态，从而可以做出前瞻性的决策与优化的实施方案。佛罗里达大学有学者定义：虚拟制造是在计算机上执行与实际一样的制造过程，其中虚拟模型是在实际制造之前用于对产品的功能及可制造性的潜在问题进行预测。该定义强调结果。美国空军 Wright 实验室相关人员的定义：虚拟制造是仿真、建模和分析技术及工具的综合应用，以增强各层制造设计和生产决策与控制。该定义强调手段。马里兰大学有学者定义：虚拟制造是一个用于增强各级决策与控制的一体化的、综合性的制造环境。该定义强调环境。

尽管虚拟制造的定义不统一，但是不同的定义描述却从不同的角度揭示了其实质和内涵。虚拟制造本质上属于仿真技术，是各种制造仿真技术的系统集成。总之，虚拟制造技术是利用仿真与虚拟现实等技术，在高性能计算机及高速网络的支持下，采用群组协同工作，通过模型来模拟和预估产品功能、性能及可加工性等各方面可能存在的问题，实现产品制造的过程，包括产品的设计、工艺规划、加工制造、性能分析、质量检验、过程管理与控制等。

7.2.2　虚拟制造的分类

为了更细致地了解虚拟制造的含义，通常把 VM 分为三类，如表 7-1 所列。

表 7-1　VM 的分类

VM 分类	内容	目的
以设计为中心的虚拟制造	将制造信息应用到产品设计和工艺设计过程中，通过在计算机上进行数字化制造产生虚拟样机，来仿真多个制造方案，检验产品的可制造性、可装配性，并对产品性能和成本进行预测	优化产品和工艺设计
以生产为中心的虚拟制造	将仿真能力应用到生产制造模型当中，对多种不同的生产计划和工艺方案快速评价	检验工艺流程可行性、生产效率和资源需求
以控制为中心的虚拟制造	将仿真加到控制模型和实际处理的过程中，通过对实际过程的仿真，评估新的或改进的产品设计及与车间相关的工作	优化制造过程和再进制造系统

7.2.3　虚拟制造的关键技术

VM 的相关技术包括：虚拟现实技术、仿真技术、建模技术、可制造性评价、计算机图形学、可视化技术和多媒体技术等。这些技术早已被广泛应用，VM 是这些技术的综合应用和发展，其中前 4 项是虚拟制造的关键技术。

1. 虚拟现实技术（Virtual Reality Technology）

虚拟现实是利用电脑模拟产生一个三维空间的虚拟世界，提供使用者关于视觉、听觉、触觉等感官的模拟，让使用者如同身历其境一般，可以及时、没有限制地观察三度空间内的事物。

虚拟现实技术是在为改善人与计算机的交互方式，提高计算机操作的可靠性中产生的。它综合了计算机图形学技术、传感器技术、计算机仿真技术、可视化技术、多媒体技术和并行工程等多种科学技术，在计算机上生成一种虚拟的、可交互的、使人产生身临其境的沉浸感的环境。它不仅提高了人机交互的和谐程度和友好性，也为人们提供了一种有效的仿真工具。虚拟现实技术是以 "3I" 为基本特征，即：Immersion-Interaction-Imagination（沉浸 - 交互 - 构思），如图 7-6 所示。这 3 个特征充分反映了人的主导

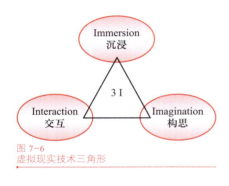

图 7-6
虚拟现实技术三角形

作用，Immersion（沉浸）使人在计算机产生的虚拟环境中有身临其境的感觉。Interaction（交互）使人成为主体且是多重感知的。Imagination（构思）使人从定量和定性两者的综合中得到感性和理性的认识，从而得到启发，使概念深化并萌发新意。

2. 仿真技术（Simulation Technology）

虚拟制造技术依靠仿真技术来模拟产品制造、生产和装配过程，使设计者可以在计算机中"制造"产品。仿真与虚拟制造并不相同，仿真就是利用计算机对复杂的现实系统经过抽象和简化形成系统模型，然后在分析的基础上运行此模型，从而得到一系列的统计性能。由于仿真是以系统模型为对象，不干扰实际生产系统，同时仿真可以利用计算机的快速运算能力，用很短的时间模拟实际生产中较长的生产周期，因此可以缩短决策时间，避免资金、人力和时间的浪费。计算机还可以重复仿真，优化实施方案。

仿真的基本步骤为：研究系统—收集数据—建立系统模型—确定仿真算法—建立仿真模型—运行仿真模型—输出结果并分析。

就仿真技术应用的对象来看，可将制造业中的仿真分为四类：面向产品的仿真；面向制造工艺和装备的仿真；面向生产管理的仿真；面向制造企业其他环节的仿真。

（1）面向产品的仿真　面向产品的仿真主要包括以下方面：产品的静态、动态性能的分析。产品的静态特性主要指应力、强度等力学特性。产品的动态特性主要指产品运动时机构之间的连接与碰撞。

产品的可制造性分析（DFM）：DFM 包括技术分析和经济分析。技术分析是指根据产品技术要求及实际的生产环境对可制造性进行全面分析；经济分析是指进行费用分析，根据反馈时间、成本等因素，对零件加工的经济性进行评价。

产品的可装配性分析（DFA）：DFA 分析装拆可能性，进行碰撞干涉检验，拟定出合理的装配工艺路线，并直观显示装配过程和装配到位后的碰撞干涉问题。

（2）面向制造工艺和装备的仿真　面向制造工艺和装备的仿真主要指对加工中心加工过程的仿真和机器人的仿真。加工过程的仿真（MPS）：由 NC 代码驱动，主要用于检验 NC 代码，并检验装配等因素引起的碰撞干涉现象。具体包括切削过程仿真、装配过程仿真、检验过程仿真，以及焊接、压力加工、铸造仿真等。机器人的仿真：由于机器人是一种综合电、液的复杂动态系统，使得只有通过计算机仿真来模拟系统的动态特性，才能得到机构的合理运动方案及有效的控制算法，从而解决在机器人设计、制造以及运行过程中的问题。

（3）面向生产管理的仿真　生产管理的基本功能是计划、调度和控制。仿真技术在生产管理中的应用大致有三个方面：确定生产管理控制策略；用于车间层的设计和调度；用于库存管理。

（4）面向制造企业其他环节的仿真　面向制造企业其他环节的仿真包括计算机仿真在开发过程中的应用和在供应链中的应用等。

3. 建模技术（Modeling Technology）

在软件方面虚拟制造系统实现的关键技术就是系统的建模，因为虚拟制造系统本身就是现实制造系统在虚拟环境下的映射，是现实制造系统的模型化、形式化和计算机化的抽象描述和表示。虚拟制造系统的建模主要包括：生产模型的建立、产品模型的建立和工艺模型的建立。

（1）**生产模型** 归纳为静态描述和动态描述两个方面。静态描述是指系统生产能力和生产特性的描述。动态描述是指在已知系统状态和需求特性的基础上预测产品生产的全过程。

（2）**产品模型** 是制造过程中各类实体对象模型的集合。对虚拟制造系统来说，要使产品实施过程中的全部活动集成，就必须具有完备的产品模型，所以虚拟制造下的产品模型不再是单一的静态特征模型，它能通过映射、抽象等方法提取产品实施中各项活动所需要的模型。

（3）**工艺模型** 将工艺参数与影响制造功能的产品设计属性联系起来，反映生产模型与产品模型之间的交互作用。工艺模型必须具备以下功能：计算机工艺仿真、制造数据表、制造规划、统计模型以及物理和数学模型。

4. 可制造性评价（Manufacturability Analysis）

VM 中可制造性评价的定义为：在给定的设计信息和制造资源等环境信息的计算机描述下，确定设计特性（如形状、尺寸、公差、表面质量等）是否是可制造的，若是可制造的，则确定可制造性等级；若是不可制造的，判断引起制造问题的设计原因，如果可能，给出修改方案。到目前为止，许多学者研究了多种可制造性的评价方法。现可将可制造性的评价方法分为两种：一是基于规则的方法（直接法），即直接根据评判规则，通过对设计属性的测评给可制造性定级；二是基于方案的方法（间接法），即对一个或多个制造方案，借助于成本和时间等标准来检验是否可行或寻求最佳。通过引用工艺模型和生产系统动态模型，成熟的虚拟制造系统应能精确地预测技术可行性、加工成本、工艺质量和生产周期等。

但现在可制造性的评价存在一定的局限性，如在现行的并行技术条件下，定级过程并没有和特定的设计属性紧密衔接，使设计者很难准确地找出引起制造问题的设计属性；系统中的重新设计也需设计者本人确定修改方案，使其满足功能需求和设计约束；大多数产品的生产需要多种工艺类型，但现行的可制造性评价方法仅对单工艺类型有效。所以未来的虚拟制造系统的评价需要能方便地定位和消除可能的制造瓶颈，即系统应能自动将定级依据反馈给设计者；虚拟制造系统也必须建立算法用以重新设计，而不是粗略的成本估计并给出定级标准；它应当是支持多工艺类型的、能区分其差异和优劣的、并能进行多工艺类型的综合评价。

7.2.4　虚拟制造技术的应用实例

目前在一些新产品的方案设计、工程分析、生产加工等应用领域均有 VM 系统成功应用的范例。例如，美国 DENEB 公司推出的数控加工过程仿真软件 VNC 利用 VM 技术，提供了一个真正的三维环境来模拟机床、CNC 控制器进行工艺与加工的过程。操作人员可以像操作实际机床一样与虚拟设备进行交互，评价刀具与参数的配置、预测功率、检查碰撞干涉等。波音 777 飞机的设计制造过程就是应用 VM 技术进行产品创新设计的一个成功的范例。它采用了全数字化设计，包括整机设计、部件测试和整机装配。所有的开发和测试都采用并行工程方法，实时地、远距离网络化和全集成地进行。利用虚拟现实技术进行各种条件下的模拟试飞。工程师们在工作站上实时采集和处理数据并及时解决设计问题。使得最终制造出来的飞机与设计方案误差小于 0.001 in（约 0.025 4 mm），保证了机身和机翼对接一次成功和飞机上天一次成功。整个设计制造周期从 8 年缩短到 5 年。在设计制造 RAH-66 直升机时，波音 - 西科斯基公司使用了全任务仿真的方法进行设计和验证，通过使用数字样机和多种仿真技术，花费 4 590 h 仿真测试时间，却省去了 11 590 h 的飞行时间，节约经费总计 6.73 亿美元，获得了巨大收益。

图 7-7 描述了飞行器虚拟制造的工作过程。

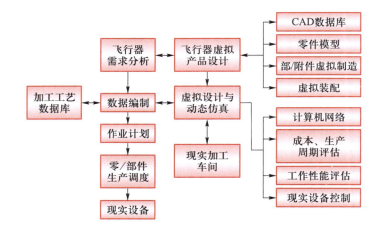

图 7-7
飞行器虚拟制造系统

　　整个飞行器虚拟制造开发组在主管设计师的领导下完成虚拟飞行器的概念设计，形成开发方案；设计人员完成虚拟飞行器的功能设计，构成产品的三维实体模型、二维工程图和装配模型，并完成性能分析工作；工艺人员完成产品的工艺设计；生产部工作人员完成加工动态模拟工作。整个设计过程在统一管理模式下进行，随时接受评估，并对评估结果做出相应的反应；每个部门之间相互关联而又各自独立，受工作权限的约束，并接受虚拟飞行器主管设计师的指令。在本系统所建立的虚拟设计环境下，其可视的、三维实体的与物理原型无异的计算机模型，使设计人员具有身临其境的感觉，便于设计人员考察、判断和验证设计的正确性；利用草图设计与基于特征尺寸驱动实现的参数化建模，以保证工程师传统工作方法的实现；三维实体建模能实现工程师的概念设计，将工程师丰富的空间想象变成事实；实时的设计与修改功能，便于将设计人员的设计与修改迅速地反映在计算机图形上；真实装配过程的模拟，以检验产品的可装配性；动态仿真可以检验构件间是否产生碰撞干涉等。

7.3　敏捷制造与并行工程

7.3.1　敏捷制造（AM）

　　敏捷制造与"CIMS"的概念一样，是一种哲理，其思想的出发点是基于对多元化和个性化发展趋势的分析。敏捷制造的目标是制造系统有高的柔性和快速响应能力（即敏捷性），能在尽可能短的时间内向市场提供适销对路的产品，使之能在变幻莫测、竞争激烈的市场中具有高的竞争能力。

1. 敏捷制造的基本原理和特点

　　敏捷制造是改变传统的大批量生产，利用先进制造技术和信息技术对市场需求的变化做出快速响应的一种生产方式；通过可重用、可重组的制造手段与动态的组织结构和高素质的工作人员的组成，获得企业的长期经济效益。

　　敏捷制造的基本原理为：采用标准化和专业化的计算机网络和信息集成基础结构，以分布式结构连接各类企业，构成虚拟制造环境；以竞争合作为原则在虚拟制造环境内动态选择成员，组成面向任务的虚拟公司进行快速生产；系统运行目标是最大限度满足客户的需求。

　　根据上述的基本原理，可将敏捷制造的特点归纳为以下几点：

　　1）敏捷制造企业不仅能迅速设计、试制全新的产品，而且还易于吸收实际经验和工艺改革建议，不断改进老产品。敏捷制造企业的这一特点在于敏捷制造对市场、对用户的快速响应能力，通过并行工作方式、快速原型制造、虚拟产品制造、动态联盟、创新的技术水平等措施来完成这一目标。

2）敏捷制造企业能在产品整个生命周期中满足用户要求。因为敏捷制造企业能够做到：快速响应用户的需求，及时生产出所需产品；产品出售前逐件检查保证无缺陷；不断改进老产品，使用户使用产品所需的总费用最低；通过信息技术迅速、不断地为用户提供有关产品的各种信息和服务，使用户在整个产品生命周期内对所购买的产品有信心。

3）敏捷制造企业的生产成本与生产批量无关。产品的多样化和个性化要求越来越高，而敏捷制造的一个突出表现就是可以灵活地满足产品多样化的需求。这一点可通过具有高度柔性、可重组、可扩充的设备和动态多变的组织方式来保证。所以，它可以使生产成本与批量无关，做到完全按订单生产。

4）敏捷制造企业采用多变的动态组织结构。敏捷制造的这一特点主要是由于今后衡量竞争优势的准则在于对市场反映的速度和满足用户的能力。要提高这种速度和能力，采用固定的组织结构是万万不行的，必须以最快的速度把企业内部的优势和企业外部不同公司的优势集合在一起，集成为一个单一的经营实体即虚拟公司。这种虚拟公司组织灵活，市场反应敏捷，自主独立完成项目任务，当所承接的产品或项目一旦完成，公司即行解体。这里所说的虚拟公司实质上就是高度灵活的动态组织结构。

5）敏捷制造企业通过所建立的基础结构，以实现企业经营目标。敏捷制造企业要赢得竞争就必须充分利用分布在各地的各种资源，把生产技术、管理和起决定作用的人全面地集成到一个相互依赖、相互协调的系统中。要做到全面集成，就必须建立新的基础结构，包括各种物理基础结构、信息基础结构和社会基础结构等。这就像汽车和公路网的道理一样，要想让汽车能很快地跑到各地，就必须重视高速公路的基础结构。通过充分利用所建立的基础结构，充分利用先进的柔性可重组制造技术，实现企业的综合目标。

6）敏捷制造企业把最大限度地调动、发挥人的作用作为强大的竞争武器。有关研究表明，影响敏捷制造企业竞争力的最重要因素是工作人员的技能和创造能力，而不是设备。所以，敏捷制造企业极为注意充分发挥人的主动性与创造性，积极鼓励工作人员自己定向、自己组织和管理；并且还通过不断进行职工培训和教育来提高工作人员的素质和创新能力，从而赢得竞争的胜利。

综上所述，一个敏捷制造企业就是由敏捷的员工用敏捷的工具，通过敏捷的生产过程制造敏捷的产品。

2. 敏捷制造的组成

敏捷制造是在全球范围内企业和市场的集成，目标是将企业、商业、学校、行政部门、金融等行业都用网络进行连通，形成一个与生活、制造、服务等密切相关的网络，实现面向网络的设计，面向网络的制造，面向网络的销售，面向网络的服务。在这个网络上，有制造资源目录、产品目录、网上 CAD/CAM 等，一切可以上网的系统都将上网。在这种环境下的制造企业，将不再拘泥于固定的形式，集中的办公地点，固定的组织机构，而是一种以高度灵活方式组织的企业。当出现某种机遇时，以若干个具有核心资格的组织者，迅速联合可能的参加者形成一个新型的公司，从中获得最大的利润，当市场消失后，能够迅速解散，参加新的重组，迎接新的机遇。在这种意义下敏捷制造应有两个方面的重要组成，即：敏捷制造的基础结构和敏捷的虚拟公司。敏捷制造的基础结构为形成虚拟公司提供环境和条件。敏捷的虚拟公司是实现对市场不可预期变化的响应。

（1）敏捷制造的基础结构　虚拟公司生成和运行所需要的必要条件决定了敏捷制造基础结构的构成。一个虚拟公司存在的必要环境包括四个方面：物理基础、法律保障、社会环境和信息支持技术，它们构成了敏捷制造的 4 个基础结构：

1）物理基础结构：它是指虚拟公司运行所必需的厂房、设备、实施、运输、资源等必要的条件，是指一个国家乃至全球范围内的物理设施。

2）法律基础结构：它是指有关国家关于虚拟公司的法律和政策条文。具体来说，它应规定出如何组织一个法律上承认的虚拟公司，如何交易，利益如何分享，资本如何流动和获得，如何纳税，虚拟公司破产后如何还债，虚拟公司解散后如何善后，人员如何流动等问题。

3）社会基础结构：虚拟公司要能够生存和发展，还必须有社会环境的支持。虚拟公司的解散和重组、人员的流动是非常自然的事，这些都需要社会来提供职业培训、职业介绍的服务环境。

4）信息基础结构：这是指敏捷制造的信息支持环境，包括能提供各种服务网点、中介机构等一切为虚拟公司服务的信息手段。

（2）敏捷的虚拟公司　敏捷制造的核心是虚拟公司，而虚拟公司也即为把不同企业不同地点的工厂或车间重新组织、协调工作的一个临时的团体。

虚拟公司有 4 种类型，分别为：对一个机会做出反应而形成的聚集体；为寻求计划而形成的聚集体；供货链形式；投标财团。

通常以计划为聚集原因的虚拟公司是敏捷制造的主要类型。这种虚拟公司的生命周期包括：从变化中把握机遇，选择伙伴，经营过程设计和仿真，签订合同，形成虚拟公司，运行，解散和 重构。

与现有的企业组织方式相比较，敏捷的虚拟公司具有下面几个明显的优点：

1）小企业可以通过分享其他合作者的资源完成过去只有大企业才能完成的工作，而大企业也能通过转包生产的方式在不需要大量投资的情况下迅速扩大它的生产能力和市场占有率。

2）由于合作者有着不同的专长，虚拟公司可以在经济和技术实力上很方便地超过它的所有竞争对手而赢得竞争。这也从另一角度降低了失败的风险。

3）跨地区、跨国界的国际合作使每一个合作者都有机会进入更广阔的市场。它们各自的资源也可以得到更充分的利用，取得局部最优基础上的全局最优。

3. 敏捷制造企业的系统框架

敏捷制造提出的时间很短，尚未形成一个公认的系统框架。这里介绍我国学者汪应洛教授提出的系统框架结构。该框架结构如图 7-8 所示。

7.3.2　并行工程（CE）

1. 并行工程的定义

长期以来，人们一直采用串行工程的方法从事产品的研制和开发，即在前一个工作环节完成之后才开始后一个工作环节的工作，各个工作环节的作业在时序上没有重叠和反馈，即使有反馈，也是事后的反馈。这种作业方式不能在产品设计阶段就及早地考虑后续的工艺设计、制造、装配和质量保证等问题，致使各个生产环节前后脱节，设计改动量大，产品的开发周期长、成本高。

为了提高市场竞争力，以最快的速度设计生产出高质量的产品，20 世纪 80 年代末美国和西方的一些工业国家出现了一种称为并行工程的生产方式。

并行工程是英文 concurrent engineering 一词的译文。关于并行工程的定义目前国际上有多种提法，其基本意思都是指：对产品开发生命周期中的一切过程和活动，借助信息技术的支持、在集成的基础上实行并行交叉方式的作业，从而缩短产品开发周期，加快产品投入市场的时间。串、并行工程时序的比较如图7-9所示。

并行工程是一种哲理，是一种系统集成化的现代生产方式。

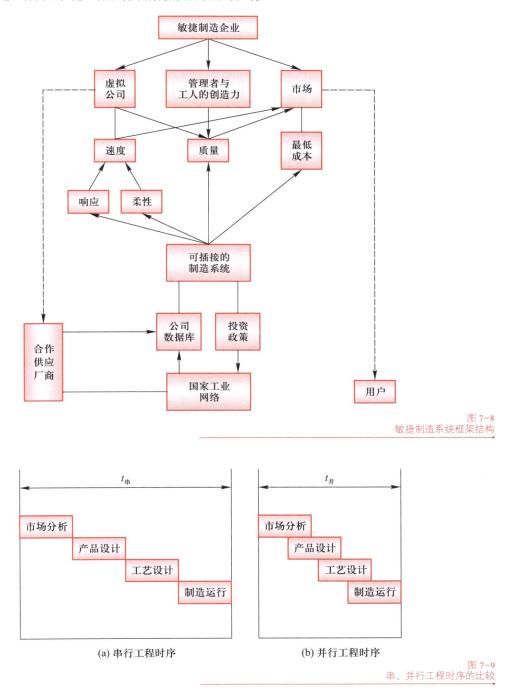

图 7-8
敏捷制造系统框架结构

(a) 串行工程时序　　　　　(b) 并行工程时序

图 7-9
串、并行工程时序的比较

2. 并行工程的运行模式

并行工程采用并行的方式，在产品设计阶段就集中产品研制周期中的各有关工程技术人员，同步地设计或考虑整个产品生命周期中的所有因素，对产品设计、工艺设计、装配设计、检验方式、售后服务方案等进行统筹考虑、协同进行（图 7-10）。经系统的仿真和评估，对设计对象进行反复修改和完善，力争后续的制造过程一次成功。这样，设计阶段完成后一般能保证后面阶段如制造、装配、检验、销售和维护等活动顺利进行，但也要不断地进行信息反馈（如图 7-10 中的虚线所示）。特殊情况下，也需要对设计方案甚至产品模型进行修改。

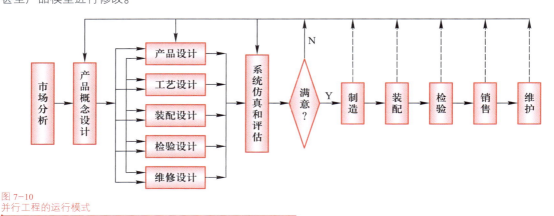

图 7-10
并行工程的运行模式

在上述并行工程运行模式下，每一个设计者可以像在传统的 CAD 工作站上一样进行自己的设计工作。借助于适当的通信工具，在公共数据库、知识库的支持下，设计者之间可以相互进行通信，根据目标要求既可随时应其他设计人员要求修改自己的设计，也可要求其他的设计人员响应自己的要求。通过协调机制，群体设计小组的多种设计工作可以并行协调地进行（图 7-11）。

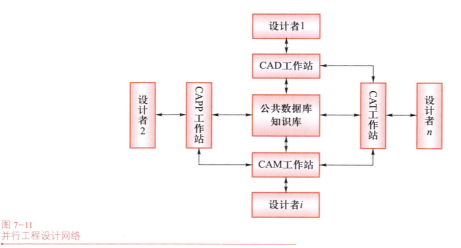

图 7-11
并行工程设计网络

3. 并行工程与 CIMS 的关系

CIMS 作为一种先进的制造系统，以信息集成为基本手段，以全企业的优化运行为目标，大大增强了企业的市场竞争力。但是，CIMS 的产品开发过程仍然采用的是按专业划分部门和递阶控制的传统方式。因此，尽管 CIMS 实现了信息的连续传递和共享，减少了数据，使 CAD/CAPP/CAM 信息畅通并提高了产品设计效率，但未从根本上改变串行的产品开发流程和产品开发的组织结构，所以在缩短产品开发周期，提高一次性设计成功率上的效果并不显著。因此，将并行工程应用于 CIMS 的环境，以 CIMS 的信息集成为基础，在 CAD/CAPP/CAM 的 3C 的集成框架下引入并行工程的理论和方法，将会使 CIMS 进一步完善，能够更好地解决 CIMS 中产品串行开发过程中的问题。

此外，并行工程作为产品开发活动的集成化方法，若以 CIMS 的信息集成为基础，它将能发挥更大的作用。因为，并行工程是以多功能小组形式开展活动的，小组的协同工作要求产品设计与开发的各环节应能实现信息共享，并能充分利用制造、质量等系统的信息，CIMS 环境正好为并行工程提供所要求的条件。

并行工程运行于 CIMS 需要有下述技术的支撑。

（1）并行设计技术　将现有的产品开发过程转化成并行化过程模型，并对该模型进行优化和仿真，以此获得最短周期的产品开发过程。此外对具体产品开发活动所用资源进行协调、管理和冲突裁决，消除无效的等待时间，提高总体工作效率。

（2）综合工作组（team work）的工作方式　为了使并行工程有效地运行，CIMS 必须建立适合综合工作组的工作方法和组织形式。通过综合工作组的优化组合，将各部门的人员从某种程度上集成起来，使 CIMS 的组织形式更加紧凑与合理。

（3）面向 X 的设计技术（DFX）　这里 X 可代表产品生命周期的各种因素，目前应用较为广泛的有面向制造设计（DFM），面向装配设计（DFA），面向价格设计（DFC），面向用户设计（DFU）等技术，这些技术为 CIMS 运用并行工程思想提供了物质基础。

综上所述，CIMS 作为制造系统为并行工程的应用提供了理想的集成环境，并行工程作为 CIMS 的一种补充，从而能更好地解决 CIMS 产品串行开发过程中的问题。

7.4　智能制造与精益生产

7.4.1　智能制造系统（IMS）

1. 智能制造的含义

智能制造系统（intelligent manufacturing system，IMS）是将人工智能融合进制造系统各个环节中，通过模拟专家的智能活动，取代或延伸制造环境中应由专家来完成的那部分活动。在智能制造系统中，系统具有部分专家的"智能"：系统有能力自动监视自身的运动状态；能够随时发现错误或预测错误的发生并改正或预防之；系统具有应付外界突发事件的能力，能够自动调整自身参数来适应外部环境，使自己始终运行在最佳状态下。总之，与常规制造系统不同，智能制造系统具有自适应能力、自学习能力和自组织能力。

智能制造系统的研究计划是 1989 年由日本东京大学 Yoshikawa 教授倡导，由日本工业和国际贸易部发起组织的一个国际合作研究计划，旨在建立一个智能制造系统研究中心。该计划已于 1990 年开始实施。其研究主要集中在以下 5 个方面：① IMS 结构系统化、标准化的原理和方法；② IMS 信息的通信网络；③ 用于 IMS 的最佳智能生产和控制设备；④ IMS 的社会、环境和人的因素；⑤ 提高 IMS 设备质量及性能的新材料应用与研究。

智能制造技术是为适应以下几方面的需求而兴起的：

1）制造信息的爆炸性增长以及处理信息的工作量猛增，这要求制造系统表现出更大的智能。

2）专门人才的缺乏和专门知识的短缺，严重制约了制造工业的发展。在发展中国家是如此，在工业发达国家由于工业中空化（hollowing out），即制造企业向第三世界转移，以追求廉价劳动力的关系，同样也造成本国技术力量的空虚。

3）动荡不定的市场和激烈的竞争，要求制造企业在生产活动中表现出更高的机敏性和智能。

4）CIMS 的实施和制造业的全球化发展，遇到两个重大的障碍，即目前已形成的自动化"孤岛"的连接和全局优化问题，以及各国、各地区的标准、数据和人机接口统一的问题，而这些问题的解决也有赖于智能制造的发展。

2. 智能制造系统的特征

与传统制造系统相比，智能制造系统具有如下的特征：

（1）**自律能力**　IMS 中的各种设备和各个环节具有自律能力，即具有搜集与理解环境信息和自身信息，并进行分析判断和规划自身行为的能力。这种能力的基础一方面是高超的信息技术，包括对于信息的获取和理解；另一方面是一个强有力的知识库和基于知识的模型。具有自律能力的设备叫作"智能机器"。智能机器表现出一定程度的独立性、自主性和个性。

（2）**人机一体化**　IMS 不是"人工智能系统"，而是人机一体化智能系统。今天"人工智能"的研究尚处于初级的阶段，进展相对缓慢，其根本原因是由于至今我们对人类思维活动的实质尚知之甚少，基于人工智能的智能机器在智能水平上，还远远不能和专家的智能相比拟。因此，今天如果想要以人工智能全面取代制造过程中专家的智能，独立承担分析、判断和决策等任务是不现实的。

在人机一体化 IMS 中，一方面人的核心地位必须确定，另一方面人和机器之间又表现出一定程度的平等共事，相互"理解"和相互协作的关系。与传统的制造系统不同，在 IMS 中由于智能机器具有一定程度的自律能力，因此它们与人的关系不再简单地是一种操作与被操作的工具之间的关系，而表现出一种类似合作共事的关系。然而，和这种机器打交道，要求专家或操作人员具有更高的制造水准和智能。

（3）**灵境（virtual reality）技术**　也称为幻真技术、虚拟现实或虚拟制造技术，是 IMS 中新一代的人机界面技术。灵境技术以计算机为基础，采用各种音像和传感装置，将信号处理、信息的动态操作、智能推理、预测、仿真和现代多媒体技术融为一体，虚拟出一个"看得见、摸得着"的"制造过程"和它的"产品"，甚至还虚拟出该产品的"消费"和"消耗"过程。这个虚拟的制造过程是对于真实的制造过程的模拟和预测，它与真实制造过程的贴近程度反映了灵境技术的水平。

灵境技术所虚拟的制造过程，通过多媒体技术和人的感官与人脑中的构想过程相沟通和比较，成为人机结合的新一代智能界面，成为人机结合操作实际制造过程的基础，其关系如图 7-12 所示。

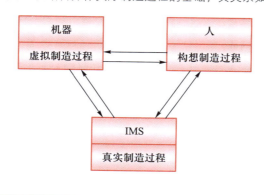

图 7-12
灵境技术与人机界面

（4）**自组织能力**　IMS 中各种设备或组成单元，能够按照工作任务的需要，自行集结成一种最合适的结构，并按照最优的方式运行。任务完成以后，该结构即自行解散，并准备在执行下一项任务中结成新的结构，即具有一种自组织能力。

智能制造的发展必将把集成制造技术推向更高的阶段，即智能集成阶段，有关专家预言：在新的世纪里，制造工业将由两个"I"来标识，即由 integration（集成）和 intelligence（智能）来标识。

　　（5）学习能力与自我优化能力　IMS 中智能机器能在实践中不断学习，不断充实其知识库。其工作性能随时间推移而优化。如同专家系统一样，IMS 自身有着开放式的知识结构，能不断地从工作经历中优化自身的工作能力，这点是 IMS 的显著特点。

　　（6）自我修复能力与强大的适应性　作为一个复杂系统，IMS 自身具有容错冗余，故障自我诊断、自我排除、自我修复的功能，在动荡的需求环境中，IMS 具有适应变革、忍受冲击的坚韧性、鲁棒性与适应性。

3. 智能制造系统的主要研究领域

　　理论上，人工智能技术可以应用到制造系统中所有与专家有关，需要有专家做出决策的部分。

　　（1）智能设计　设计，特别是概念设计和工艺设计需要大量专家的创造、判断和决策，将人工智能，特别是专家系统技术引入设计领域就变得格外迫切。目前，在概念设计领域和 CAPP 领域应用专家系统技术均取得一些进展，但距实际应用还有很大距离。

　　（2）智能机器人　制造系统中的机器人可分为两类：一类为固定位置不动的机械手，完成焊接、装配、上下料等工作；另一类为可以自由移动的运动机器人，这类机器人在智能方面的要求更高一些。智能机器人应具有下列"智能"特性：视觉功能，即能够借助于机器人的"眼"看东西，这个"眼"可以采用工业摄像机；听觉功能，即能够借助于机器人的"耳"去接受声波信号，机器人的"耳"可以是个听筒；触觉功能，即能够借助于机器人的手或其他触觉器官去接受（或获取）"触觉"信息；语音能力，能够借助于机器人的"口"与操作者或其他人对话；理解能力，即机器人有根据接收到的信息进行分析推理并做出正确决策的能力。

　　（3）智能调度　与工艺设计类似，生产和调度往往无法用严格的数学模型来描述，常依靠调度员的知识和经验，往往效率很低。在多品种、小批量模式占优势的今天，生产调度任务繁重、难度也大，必须开发智能调度管理系统。

　　（4）智能办公系统　智能办公系统应具有良好的用户界面，"善解人意"，能够根据人的意志自动完成一定的工作。一个智能办公系统应具有"听觉"功能和语音理解能力，工作人员只需口述命令，办公系统就可根据命令去完成相应的工作。

　　（5）智能诊断　系统能够自动检测本身的运行状态，如发现故障正在或已经形成，则自动查找原因，并进行故障消除的作业，以保证系统始终运行在最佳状态下。

　　（6）智能控制　能够根据外界环境的变化，自动调整自身的参数，使系统迅速适应外界环境。对于可以用数学模型表示的控制问题，常可用最优化方法去求解。对于无法用数学模型表示的控制问题，就必须采用人工智能的方法去求解。

　　总之，人工智能在制造系统中有着广阔的应用前景。由于整个制造系统的智能化实现起来难度很大，目前应从单元技术做起，一步一步向智能制造系统方向迈进。

7.4.2　精益生产（LP）

1. 概述

　　精益生产（Lean Production，LP）是美国麻省理工学院（MIT）根据其在题为《国际汽车计划》（IMVP）

的研究中总结日本企业成功经验后提出的一个概念。在我国也称为精良生产、精益制造（LeanManufacturing，LM）。之所以称为"精益"，是因为它与传统生产方式相比，一切投入都大为减少，所需的库存可以节省，废品也大大减少，产品品种不仅多而且不断变化。

精益生产源于日本丰田公司。1950 年，丰田公司常务董事丰田英二和该公司机械厂厂长大野耐一到美国底特律的福特公司德鲁奇轿车厂考察了 3 个月。他们根据自身的特点，在分析总结福特公司大量流水生产方式利弊的基础上，受到美国超市运行模式（缺货后及时补货）的启发，萌发了"准时化生产（Just In Time，JIT）"的想法。1953 年，丰田英二和大野耐一正式提出了丰田生产方式，这是一种全新的生产方式，既不同于欧洲的单件生产方式，也不同于美国的大批量生产方式，它综合了单件生产与大批量生产方式的优点，使工厂的工人、设备投资、厂房以及开发新产品的时间等一切投入都大为减少，而生产出的产品和质量却更多更好。1980 年，日本的汽车产量达到 1 300 万辆，占世界汽车总量的 30% 以上，日本成为当时世界汽车制造第一大国。1985 年初由麻省理工学院筹资 500 万美元，确立研究项目"IMVP"，53 名专家参与，历时 5 年，对美、日以及西欧 14 个国家的近 90 家汽车制造厂进行了实地调研，对比分析了西方的大量生产方式与日本的丰田生产方式，于 1990 年出版了《改变世界的机器》。

美国麻省理工学院的教授们虽然在《改变世界的机器》一书中提出了精益生产，但并未给出精益生产的确切定义。1998 年美国运营管理协会（APICS）在《APICS 辞典》（第九版）中定义：精益生产是"一种在整个企业范围内以降低在所有生产活动中各种资源（包括时间）的消耗，并使之最小化的生产哲学。它要求在设计、生产、供应链管理及客户关系等各个方面，发现并消除所有的非增值行为。

下面引用我国杨光薰教授给精益生产下的定义：

"精益生产是通过系统结构、人员组织、运行方式和市场供求等方面的变革，使生产系统能很快适应用户需求不断变化，并能使生产过程中一切无用、多余的东西被精简，最终达到包括市场销售在内的生产的各方面最好的结果"。

2. 精益生产方式的特点

在《改变世界的机器》一书中，作者们把精益生产的特点归纳为五个方面：工厂组织、产品设计、供货环节、顾客和企业管理。

（1）强调以"人"为中心的人机系统

1）企业把员工看作是比机器更为重要的固定资产，所有工作人员都是企业的终身雇员，不能随意淘汰。这说明精益生产最强调人的作用。

2）工人是企业的主人，生产线上的每一个工人在生产出现故障时都有权拉铃让一个工区的生产停下来，并立即与小组人员一起查找故障原因，做出决策，解决问题，消除故障。生产工人在生产中享有充分的自主权。

3）职工是多面手，其创造性得到充分发挥。企业不仅将任务和责任最大限度地托付给工人，而且还通过培训等努力提高他们的技能，职工在工厂里受到重视，他们以主人翁的态度积极地、创造性地对待自己的工作。

（2）以用户为"上帝"　产品面向用户，以多变的产品，尽可能短的交货期来满足用户的需求。不仅要向用户提供周到的服务，而且要洞悉用户的思想和要求，才能生产出适销对路的产品。产品的适销性、适宜的价格、优良的质量、快捷的交货速度、优质的服务是面向用户的基本要求。

（3）组织机构上以"精简"为手段　在组织机构方面实行精简化，去掉一切多余的环节和人员。此外，精良不仅仅是指减少生产过程的复杂性，还包括在减少产品复杂性的同时，提供多样化的产品。

（4）综合工作组（team work）和并行设计　精益生产强调综合工作组工作方式进行产品的并行设计。综合工作组是指由企业各部门专业人员组成的多功能设计组，对产品的开发和生产具有很强的指导和集成能力。综合工作组全面负责一个产品型号的开发和生产，包括产品设计、工艺设计、编制预算、材料购置、生产准备及投产等工作，并根据实际情况调整原有的设计和计划。综合工作组是企业集成各方面人才的一种组织形式。

（5）JIT 供货方式　JIT 工作方式可以保证最小的库存和最少的在制品数。为了实现这种供货方式，应与供货商建立起良好的合作关系，相互信任，相互支持，利益共享。

（6）"零缺陷"工作目标　精益生产所追求的目标不是"尽可能好一些"，而是"零缺陷"。即最低的成本、最好的质量、无废品、零库存与产品的多样性。尽管这样的境界难以实现，但应无止境地去追求这一目标，才会使企业永远保持进步，永远走在他人的前头。

3. 精益生产的体系构成

精益生产体系（图 7-13）就是在计算机网络支持下的、以小组方式工作的并行工作方式。如果把精益生产体系比作一幢大楼，它的三根支柱就是：

1）全面质量管理，它是保证产品质量，达到零缺陷目标的主要措施；

2）准时生产和零库存，它是缩短生产周期和降低生产成本的主要方法；

3）成组技术，这是实现多品种、按顾客订单组织生产、扩大批量、降低成本的技术基础。

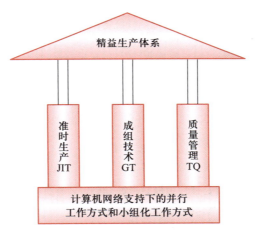

图 7-13
精益生产的体系构成

7.5 反求设计与增材制造

7.5.1 反求设计

1. 概述

反求设计（Reverse Design）是以先进的产品或技术为对象，进行深入的分析研究，探索并掌握其关键技术，在消化、吸收的基础上，开发出同类型创新产品的设计。

在 20 世纪中后期，世界各国基于引进技术的反求工程的应用已非常广泛，并且总结了许多应用反求工程进行技术创新的经验，其中以日本的技术引进与创新最为突出。在二战结束后，日本在经济上落后于欧美国家二三十年。为了恢复和振兴经济，日本在 20 世纪 60 年代初提出："一代引进，二代国产化，三代改进出口，四代占领国际市场"的科技立国方针。于是日本在消化、吸收、引进技术的基础上，采用移植、组合、改造等方法开发出许多创新产品，其中在汽车、电子、光学设备和家电等行业上最突出。反求工程的大量采用为日本的经济振兴奠定了良好基础，同时也节省了大量的研究费用和研究时间。

进入 21 世纪，数字化浪潮推动社会飞速发展，世界范围内工业领域的竞争日趋激烈，企业必须降低成本、缩短设计和生产周期、提高产品质量并充分吸收和利用现代高新技术成果以增强它们的竞争能力。这就导致了反求设计方法的广泛应用。

传统设计是通过工程师的创造性劳动，将一个事先并不知道的事物变为人类需求和喜爱的产品。概括地说，传统设计是由未知到已知、由想象到现实的过程。

反求设计则是从已知事物的有关信息（包括实物、技术资料文件、照片、广告、情报等）出发，去寻求这些信息的科学性、技术性、先进性、经济性、合理性等，并且充分消化和吸收，而更重要的是在此基础上改进、挖潜、再创造。

反求设计方法在新阶段的基本设计思想是：分析已有的产品或设计方案，明确产品的各个组成部分并作适当的分解，明确产品不同部件之间的内在联系，包括功能联系、组装联系等；然后在与传统设计方法相结合的同时，与计算机辅助测量技术、CAD 技术等紧密地联系在一起，在更高的设计层次上获取产品模型的表示方法；最后从功能、原理、布局等不同的需求角度对产品模型进行修改和再设计。在遇到一些复杂的零部件时，一般不能直接建立 CAD 模型，而是借助于先进的计算机辅助测量技术来获取零部件的数据，并经过计算机处理之后，进行 CAD 建模，然后在此基础上进行创新设计。

2. 反求设计程序及对象分析

反求设计分为两个阶段：反求对象分析阶段与反求设计阶段。

反求对象分析阶段：通过对原有产品的剖析、寻找原产品的技术缺陷、吸取其技术精华、关键技术，为改进或创新设计提出方向。

反求工程的设计程序如图 7-14 所示。

反求设计阶段：在对原产品进行反求分析的基础上，可进行测绘仿制、开发设计和变异设计，研制出符合市场需求的新产品。开发设计就是在分析原有产品基础上，抓住功能的本质，从原理方案开始进行创新设计。变异设计就是在现有的产品基础上对参数、机构、结构、材料等改进设计，或对产品进行系列化设计。反求对象分析可在产品设计、加工、寿命周期等方面逐项深入进行，它包括以下四个方面。

（1）对反求对象设计指导思想的分析　该思想决定了产品的设计方案，不同时期的产品在设计指导思想方面是不同的。比如在早期人们往往是从完善功能、扩展功能、降低成本方面开发产品。而现在在保证功能的前提下，产品的精美造型、工作和生活的舒适性等方面更为注重，如计算机键盘、鼠标必须使操作人员手感舒适；汽车座椅能够缓解驾驶员的疲劳等。

（2）对反求对象功能和原理的分析　充分了解反求对象的功能有助于对产品原理的分析、理解和掌握，才有可能在进行反求设计时得到基于原产品而又高于原产品的设计方案，这才是反求设计技术的精髓所在。

（3）对反求对象材料的分析　机械零件材料及热处理方法的选择将直接影响零件的强度、寿命、可靠性等性能指标。材料的分析包括了材料成分、材料组织结构和材料的性能检测三大部分。通过材料分析来

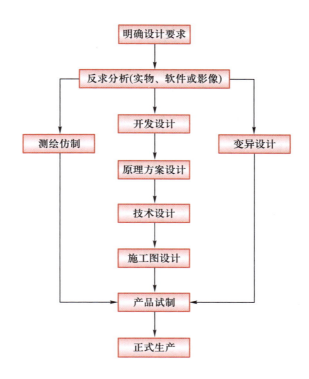

图 7-14
反求工程设计程序

确定材料牌号及热处理方式。有时需通过材料分析进行材料的替代，如用合适的国产材料代替进口材料。

（4）对反求对象工艺的分析　反求设计和工艺是相互联系、缺一不可的。分析产品的加工过程和关键工艺十分必要。在此基础上改进工艺方案或选择合理工艺参数，确定新产品的制造工艺方法。通常采用的方法有如下五种：

1）反判法编制工艺规程：以表面质量等为依据，找出设计基准，分析关键工艺，优选加工工艺方案，并依次由后向前递推加工工序，编制工艺规程。

2）改进工艺方案，保证原设计的要求。在保证引进技术的设计要求和功能的前提条件下，局部地改进某些实现困难的工艺方案。如对反求对象进行装配分析主要是考虑用怎样的装配工艺来保证装配性能要求及如何提高装配速度等。

3）反求对象精度的分析。反求对象精度的分析包括反求对象形体尺寸的确定、精度分配等内容。

4）反求对象造型的分析。在市场经济条件下，产品的外观造型在商品竞争中起着重要的作用。对产品外观造型分析时，应从产品美学原则、用户的需求心理及商品价值等角度来分析。比如，美学原理包括合理的尺度、比例，造型上的对称与均衡、稳定与轻巧、统一与变化、节奏与韵律和色彩等。

5）其他方面的分析：先进的产品应具有良好的使用性能和维护性能，因此对使用、维护、包装技术等的分析尤为重要，如润滑剂和润滑方式就大有讲究。

3. 设计应用

现以意大利生产的炼油厂脱蜡用的转鼓式真空过滤机为例介绍。对这一产品进行了变异设计，按照以上的过程进行反求对象的功能、材料、工艺和精度分析，对其中的一些部件进行了大胆的改进，如把机械式无级变速器变为变频调速器，降低了整机噪声，对材料进行了国产化替换，尤其对整机尺寸进行变动，满足了铁路运输要求。但是，在进行反求设计的过程中，对局部结构的工艺分析不够，致使工艺过程不能完全满足设计要求，在试制的过程中遇到了许多相关的问题。而在对矿山回填设备———风力充填机的反求设计过程中，对反求对象的功能、工艺和精度分析的过程都很成功，使其功能完全能满足设计要求。但是，在反求对象的材料分析过程中，对材料热处理工艺的错误分析影响了关键件的材料和热处理方法的选用，降低了整机的寿命。从以上可以看出，反求对象分析的每一个阶段都会对产品的性能指标产生影响，反求对象的分析过程是反求设计的关键。

反求设计方法与传统设计方法相结合的同时，还与计算机辅助测量技术、CAD 技术等紧密地联系在一起。增材制造技术的发展，同样也使反求设计方法的应用前景更加广阔。快速成型、快速模具、反求设计在互联网支持下，形成了一套快速响应的制造系统，增强企业的产品开发速度和市场响应能力。

7.5.2　增材制造

1. 增材制造的概念

增材制造（Additive Manufacturing，AM），俗称 3D 打印，是指基于离散－堆积原理，依据三维 CAD 设计数据，由计算机控制将材料逐层累加制造实体零件的技术。

增材制造的概念有"广义"和"狭义"之分，"广义"的增材制造是以材料累加为基本特征，以直接制造零件为目标的大范畴技术群，而"狭义"的增材制造是指不同的能量源与 CAD/CAM 技术结合，分层累加材料的技术体系。基于不同的分类原则和理解方式，增材制造技术还有快速成型、快速制造、3D 打印等多种称谓，其内涵仍在不断深化，外延也在不断扩展。

相对于传统制造来说，增材制造无需模具，成形过程自由度高、工序简便，可实现复杂结构件的快速制造，因此特别适用于原型零件的快速试制，以及定制化产品和高价值产品的批量生产。同时，增材制造还具有数字化库存（替代实物库存）、按需制造、即刻制造、分布式制造、大批定制、提升资源利用效率等优势和特点。

随着增材制造技术的不断成熟，增材制造产业蓬勃发展，特别是在金属增材制造领域，难加工的金属材料通过增材制造可以实现极为精致和复杂的结构，而产品的制造成本几乎并不因为复杂性的提高而增加，为产品的设计带来了极大的优化空间，成为极具潜力的制造技术。

2. 增材制造分类

增材制造可根据制造材料种类、制造材料形态、制造热源、工艺原理及应用场合等进行分类。

（1）按照制造材料种类划分

① 金属材料增材制造就是以金属材料为原料，包括金属粉末、丝材等形式，在高温热源下完成增材制造。适用于此类方法的材料包括钛合金、镍合金、钢、铝合金和硬质合金等材料。目前工业应用较为广泛的就是金属材料增材制造，主要应用于航空、航天、医学等领域。

② 有机高分子增材制造是以有机高分子材料为原料，包括专用树脂、超高分子量聚合物等材料，通过特定的热源形式完成的增材制造。适用于此类方法的原料包括专用光敏树脂、黏结剂、催化剂、蜡材以及高性能工程塑料与弹性体等。

③ 无机非金属材料增材制造是以无机非金属材料为原料来完成的增材制造。作为三大材料之一的无机非金属材料也是增材制造的主要原料，包括氧化铝、氧化锆、碳化硅、氮化铝、氮化硅等，形态主要有粉末和片材等。

④ 生物材料增材制造是以当今新型可植入生物材料为原料来完成的增材制造。生物材料增材制造大大拓展了生物医学视野，完善了个性化医疗器械的开发，不同软硬程度的器官、组织模拟材料，促进生物学的发展。

（2）按照制造材料形态划分

① 粉末／颗粒材料增材制造是以粉末／颗粒材料为原料，在一定热源条件下完成的增材制造。可用于该方法的材料包括金属、有机高分子材料、无机非金属材料等。

② 丝材增材制造是以丝材为原料，在一定热源条件下完成的增材制造。可用于该方法的材料包括金属、有机高分子材料等。

③ 带材／片材增材制造是以带材／片材为原料，在一定热源条件下完成的增材制造。可用于该方法的材料包括金属材料、有机高分子材料、无机非金属材料等。

④ 液体增材制造是以液态材料为原料，在一定固化条件下完成的增材制造。可用于该方法的材料包括有机高分子材料、无机非金属材料等，例如光敏液体树脂等材料。

（3）按照制造热源划分

① 激光增材制造是利用高密度、高能量激光束为热源，在惰性气体保护环境中，在三维 CAD 模型分层的二维平面内，按照预定的加工路径，将同步送进的粉末或丝材逐层熔化，从而分层成型的一种制造技术。激光增材制造分为激光选区增材制造和激光熔丝增材制造。激光增材制造主要适用于小尺寸、形状复杂的金属构件的精密快速成型。具有尺寸精度高、表面质量好、致密度高和材料浪费少的优势，已经成为金属零件 3D 打印成型领域中的重要技术之一。

② 电子束增材制造是以高能电子束为热源，对金属材料连续扫描熔融，逐层熔化生成致密零件。其工艺原理同激光增材制造类似，分为电子束选区熔化增材制造和电子束熔丝增材制造。

③ 等离子或等离子束增材制造　利用等离子弧或等离子束作为热源，微束等离子弧稳定性好，电流密度高，焊接热影响区小，适用于小零件的增材制造。相较于电弧作为热源，等离子束能量更加集中，成型精度好、能成形较大零件，成形速率高，适合大型机构件的直接成形和现场修复。

（4）按工艺原理及应用场合划分

① 基本型增材制造。

② 工业型增材制造。

③ 消费型增材制造。

下面将按照这一分法介绍增材制造的工艺原理。

3. 增材制造工艺原理

（1）基本型增材制造工艺原理　基本型增材制造的工艺是指广泛应用的早期快速成型的 4 种方法：光固化成形法、叠层实体制造法、选择性激光烧结法、熔融沉积成形法。

① 光固化成形法（Stereo Lithography Apparatus，SLA）。SLA 方法是采用各类树脂为成型材料，以氦－镉激光器发出的激光为能源。当由 CAD 设计出零件的三维模型后进行切片分层，从三维实体的最底层开始成型。如图 7-15 所示，在一容器中装有一定液面高度的光敏树脂溶液，内有支撑升降台，升降台上平面比液面低一个分层高度。当激光发生器发出的光经万向反射镜扫描照射到支撑台上面的液面上时，被照射到的这一层光敏树脂溶液便立即固化，从而生成与该横截面层形状一致的固化薄片，它是固化在支撑台上

的。当一层生成完毕，支撑台再上升一个层面高度，进行下一层扫描成型，这样一层一层直至整个零件加工完毕。

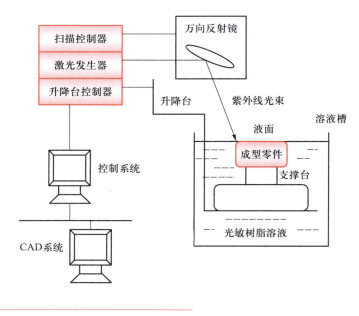

图 7-15
SLA 的工艺原理

② 叠层实体制造法（Laminated Object Manufacturing，LOM）。LOM 方法是利用片状材料（如纸片、塑料薄膜或复合材料），用 CO_2 激光器发出的激光为能源，激光束切割片材的边界线形成某一轮廓，各层间加热、加压成型制成零件的一种快速成型方法。

③ 选择性激光烧结法（Selective Laser Sintering，SLS）。SLS 方法是采用各种粉末（金属、陶瓷、蜡粉、塑料）为材料，利用滚子铺粉，用 CO_2 高功率激光器对粉末进行加热，直至烧结成块的一种成型方法。

④ 熔融沉积成形法（Fused Deposition Modeling，FDM）。FDM 方法是用蜡丝为原料，利用电加热方式将蜡丝熔化为蜡液，蜡液由喷嘴喷到固定位置固化的一种快速成型方法。

（2）工业型增材制造工艺原理　这里的工业型增材制造主要讨论金属增材制造。目前，真正能够制造精密金属零件的增材制造技术主要有：选择性激光熔化成形技术、激光工程化净成形技术。

① 选择性激光熔化技术（Selective Laser Melting，SLM）。SLM 是在 SLS 基础上发展起来的。SLM 技术是利用金属粉末在激光束的热作用下完全熔化、经冷却凝固而成型的一种技术。

SLM 的工艺原理如图 7-16 所示。根据 CAD 得出工件 3D 模型的分层切片数据，随后通过铺粉装置将粉末均匀地铺平在成形缸活塞的工作台上，铺粉完成后，扫描系统控制激光束聚焦在工作台上，按照当前层的二维轮廓数据选择性地熔化底板上的粉末，当该层轮廓熔化扫描完成后，成形缸活塞下降一个切片层厚的距离，供粉缸活塞上升一定高度，铺粉装置重新将粉末铺平。计算机调入下一层的二维轮廓数据，并进行加工。如此层层加工，直至零件加工成形。最后，成形缸上升，回收粉末，取出零件。

② 激光工程化净成形技术（Laser Engineered Net Shaping，LENS）。LENS 也译为激光近型制造技术或激光近净成形技术。它将选择性激光烧结技术 SLS 和激光熔覆技术（Laser Cladding）相结合，快速获得致密度和强度均较高的金属零件。

激光熔覆技术是材料表面改性技术的一种重要方法，它利用高能密度激光束将具有不同成分、性能的合金与基材表面快速熔化，之后再快速凝固在基材表面形成与基材具有完全不同成分和性能的合金层。激光熔覆可以通过两种方法完成：一种是预先放置松散粉末涂层，然后用激光重熔；另一种是在激光处理时，采用气动喷注法把粉末注入熔池中。激光熔覆技术的本质是利用高功率激光将金属粉末直接加热至熔化，从而形成材料间的冶金结合。激光熔覆形成的材料组织致密、性能优良。

激光工程化净成形技术既保持了选择性激光烧结技术成形零件的优点，又克服了其成形零件密度低、性能差的缺点。它最大的特点是制作的零件密度高、性能好，可作为结构零件使用。该技术的缺点是需使用高功率激光器，设备造价昂贵，成形时热应力较大，成形精度不高。

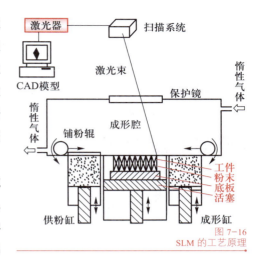

图 7-16
SLM 的工艺原理

（3）消费型增材制造工艺原理　目前消费型的增材制造设备主要是三维打印（3DP）技术。目前消费型三维打印机主要有黏接剂喷射和材料喷射两种，两种工艺的共同特征是采用喷头而非激光来逐层成形，其实质都是采用液滴喷射成形，单层打印成形类似于喷墨打印过程。

① 黏接剂喷射（Binder Jetting，BJ）。黏接剂喷射的工艺原理就是最初的三维打印技术，如图 7-17 所示。该工艺是以粉末和黏接剂为原材料，由计算机控制喷头按照零件的二维截面轮廓喷射黏接剂，每个截面数据相当于医学上的一张 CT 相片，形成截面轮廓后，供粉缸活塞上升一个截面厚度的距离，成形缸活塞下降一个截面厚度的距离，铺粉辊将粉铺平，再进行下一层的打印，如此重复形成三维产品。其核心原理就是："分层制造，逐层叠加"，类似于高等数学里柱面坐标三重积分的过程。

黏接剂喷射工艺与选择性激光烧结技术工艺也有类似之处，采用的都是粉末材料，如陶瓷、金属、塑料，但与其不同的是黏接剂喷射工艺使用的粉末并不是通过激光烧结黏合在一起的，而是通过喷头喷射黏结剂将零件的截面"粘结"成形的。

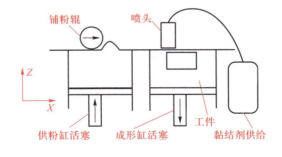

图 7-17
BJ 的工艺原理

② 材料喷射（Material Jetting，MJ）。材料喷射工艺与黏接剂喷射工艺原理的区别是：材料喷射工艺喷射的不是黏接剂而是成形材料，即聚合物。材料喷射技术的重点在于需要支撑结构，支撑由可以在后期制作中融化或移除的特殊材料制成。材料喷射工艺至少要设置两个喷头，一个打印实体材料，一个打印支撑材料。为了提高成形效率，材料喷射工艺可同时采用多个喷头，喷头上又有许多能同时喷射的喷嘴。

材料喷射工艺的优点是工件精度高、清洁、支持多色彩及多材料一次打印成形。该技术的缺点是强度较低、耗材成本相对高、对于工件有悬臂的地方需要制作制成结构。

利用多喷嘴打印头，材料喷射目前是较快的增材制造方法之一。材料喷射系统可以打印多材料和分级材料部件，使用每种材料的不同比例生产部件，从而产生各种颜色和多种材料性能。通常，这些系统使用光聚合物、蜡和数字材料，其中多个光聚合物体同时进行混合和喷射。多喷射建模和喷射等技术可被用于创建快速原型、概念模型、投资铸造图案和解剖现实医学模型等。

7.6　网络化制造技术

随着信息技术和计算机网络技术的迅速发展，世界经济正经历着一场深刻的革命。这场革命极大地改变着世界经济面貌，塑造一种新经济———网络经济。通过因特网企业将与顾客直接接触，顾客将参与产品设计，或直接下订单给企业进行定制生产，企业将产品直接销售给顾客。由于在因特网上信息传递的快捷性，制造环境的巨大变化，企业间的合作越来越频繁，企业的资源将得到更加充分和合理的利用。企业内的信息和知识将高度集成和共享，企业的管理模式将发生很大变化。因此，网络化制造将成为制造企业在 21 世纪的重要战略。

网络化制造技术不是一项具体技术，是一个不断发展的动态技术群和动态技术系统，是在计算机网络，特别是因特网和数据库基础上的所有先进制造技术的总称。网络化制造技术涉及制造业的各种制造活动和产品生产周期全过程，因此其技术构成涉及内容多，学科交叉范围大，但一般说来，"基于网络"是它相对其他制造技术的主要特征，该特征表明了网络的基础作用和支撑作用。

当前网络化制造涉及的有关技术在发达国家发展很快，我国制造业也应充分认识面临的严峻形势和潜在的后发优势，即挑战与机遇共存的局面。通过发展网络化制造技术，可以提高我国企业的管理水平以及国际、国内市场的开拓能力，并提升产品的开发能力；可以加快我国产业结构的调整；提高我国制造资源利用率，降低制造成本，提高我国企业的制造能力和制造水平；有利于我国企业的整体优化，提高其整体水平和综合效益。因此必须抓住机遇，发展网络化制造关键技术，用网络化制造技术来改造和提升我国传统制造业，用信息技术带动制造业。

7.6.1　网络化制造的内涵

网络化制造指的是：面对市场机遇，针对某一市场需要，利用以因特网为标志的信息高速公路，灵活而迅速地组织社会制造类资源，把分散在不同地区的生产设备资源、智力资源和各种核心能力，按资源优势互补的原则，迅速地组合成一种没有围墙的、超越空间约束的、靠通信手段联系的、统一指挥的经营实体———网络联盟企业，以便快速推出高质量、低成本的新产品。其实质是通过计算机网络进行生产经营活动各个环节的合作，以实现企业间的资源共享、优化组合和异地制造。

网络化制造与传统制造不是对立的，网络化制造不是对传统制造的取代。网络只是使信息的传递更快、更准确，使传递的信息更多。网络化制造并不能代替传统制造业中的许多功能，如产品的创新设计需要人的创造性劳动，零件的加工和装配需要相应的设备和人员，产品的销售需要物流系统等。具体来讲，网络化制造具有以下 3 种能力：① 快速地、并行地组织不同的部门或集团成员将新产品从设计转入生产；② 快速地将产品制造厂家和零部件供应厂家组合成虚拟企业，形成高效、经济的供应链；③ 在产品实现过程中各参与单位能够就用户需求、计划、设计、模型、生产进度、质量以及其他数据进行实时交换和通信。

7.6.2 网络化制造的关键技术分析

1. 分布式网络通信技术

网络化制造的基础是信息的处理、交换、传送和通信。快速、有效和灵活的通信是实现网络化制造的必要条件。Internet、Web 等网络技术的发展使异地的网络信息传输、数据访问成为可能。特别是 Web 技术的实现，可以提供一种支持成本低、用户界面友好的网络访问介质，解决制造过程中用户访问困难的问题。

2. 网络数据的存取、交换技术

各种制造企业存在着大量不同的应用系统，企业在实施网络化制造过程中，要求这些不同应用系统之间的信息能够准确交换和集成。随着技术不断发展，企业也要求新建立的应用系统与原有的信息系统之间能够进行信息交换和集成。因此，通过建立一个信息交换标准相关协议模型，利用各种相应的标准来完成不同应用系统之间的信息交换。网络按集成分布的框架体系存储数据信息，根据数据的地域分布，分别存储各地的数据备份信息，有关产品开发、设计、制造的集成信息存储在公共数据中心中，由数据中心统一协调管理，通过数据中心对各职能小组的授权实现对数据的存取。

3. 工作流管理

工作流管理与产品数据管理（PDM）是产品生命周期中的两个组成部分，是从面向任务与面向信息两个不同的角度提出的管理方法。应用工作流管理集成 PDM，是产品开发过程发展的趋势，只有这样才能把数据信息融入到生产的统一流程中，提高生产的效率。工作流管理系统的主要组件是工作流应用规划接口和工作流的制订服务。前者进行工作流、工作流行为与行为资源的标准化；后者包含执行接口和工作流引擎的执行服务。建立好的工作流管理，就是研究有效的从设计到生产的映射关系，实现产品分目结构（product break downstructure，PBS）、装配分目结构（ABS）、作业分目结构（WBS）与工作流模型、工作流的制订。

4. 网络安全性

由于网络化制造中各种信息交流是通过网络实现的，必须建立一个值得信赖的网络环境，确保制造企业中以及各制造企业间的各种制造信息和数据的安全交换和在网上安全可靠的传输，确保远程通信的保密性和完整性，确保各制造企业的技术、知识和专利不被非法窃取。因此，网络化制造通常根据实际情况进行有针对性的开放。根据网络化制造的功能作用和保密级不同，而采取相应的措施。就目前来看，网络信息的机密性、认证和授权、完整性、抗抵赖性是网络化制造的信息安全面临的四个问题。

5. 网络化制造的有效管理模式

网络化制造的服务系统涉及不同的企业单位。因此，如何在一定的时间（如产品生命周期中一个阶段）、一定的空间（如产品设计师和制造工程师并行解决问题这一集合形成的空间）内，根据各方所能提供的人力与物力，利用计算机网络，进行合理的利益分配，使小组成员共享知识与信息，形成良性循环，同时建立有效的管理机制，避免潜在的不相容性引起的矛盾，是保证系统成功运行的关键所在。

7.6.3 网络化制造对制造业的影响

网络化制造对制造业的影响是极其深刻。随着网络技术的迅速发展和信息高速公路的建立，使得知识的共享和传播变得容易，使得全球集成制造有实现的可能。这样可以使资源得到更充分的利用，原料和产品的运输得到更显著的缩短，交货期也能进一步地得到缩短。具体来说，以因特网为代表的网络技术的发展给制造业带来了一系列影响，这些影响构成网络化制造的基础。

网络化制造的全球化、直接化和客户化———企业与客户和供应商关系的变化。海尔集团总裁认为：因特网把世界缩小了。每个企业面临的都是两个全球：一个是全球的网络供应链，一个是全球的消费者。这对企业来讲，是更大的挑战。

随着计算机和网络技术的发展，企业集成范围逐渐向供应商和客户扩展，或者说向企业的上游和下游扩展。企业通过网络可以立即获得客户的信息反馈，有助于迅速地了解情况并及时地采取相应的措施，这样争取到的客户就越多；客户越多，企业了解情况和采取措施的速度就越快。随着制造业的知识化和网络化，又提出了一个比企业重组更新的概念———企业转型。与重组相比，企业转型是将对企业内部过程的关注转向对企业本身价值的重新审视。这样使企业内垂直管理层次减少；企业内的异地协同工作能力提高；企业内信息和知识得到广泛交流和共享。通过因特网容易使企业内信息和知识得到广泛交流和共享，从而提高了企业的创新能力。

7.6.4　网络化制造的发展趋势

网络化制造的发展在很大程度上依赖于硬件技术的发展，主要包括制造装备、围绕制造装备的相关监控与检测装置、计算机与网络设备、所形成的制造执行系统等。实施网络化制造必须获得工艺设计理论及其应用系统的支持，新的制造环境给 CAPP（计算机辅助工艺设计）系统提出了新的要求。因此，研究和开发适用于网络化制造环境下的 CAPP 系统是网络化制造的重要发展方向之一。目前与网络化制造相关的信息交换协议已经出现，但是整个网络化制造标准相关的协议和规范还远远不够，还需要深入研究、开发和发展。

此外，资源的物流规划与集成、企业的模式、信息的共享技术、数据传输和交换的信息安全等方面的研究也会越来越受到重视。

对网络化制造技术研究的目的是，要找到企业与企业、企业与顾客通过有效集成的途径。未来制造业的发展趋势必然是网络化、全球化、虚拟化，总体目标则是要达到快速设计、快速制造、快速检测、快速响应和快速重组。使我国的制造企业特别是中小型制造企业，能够利用网络制造技术，提高企业的新产品开发能力；提高企业员工的创新能力；提高企业的经济效益。使网络化制造技术的发展能为我国经济发展带来新的机遇，使我国与发达国家的差距缩小，从而使我国人民的生活达到小康水平。

7.7　绿色制造

7.7.1　绿色制造的基本概念

一直以来工业经济的高速发展在给人类带来高度发达的物质文明的同时也带来了许多严重的环境问题，这些问题制约了人类社会的可持续发展。在对环境影响方面，造成全球环境污染的排放物中的 70% 以上来自制造业，它们每年产生约数十亿吨无害废物和数亿吨有害废物，报废的产品数量则更是惊人。

传统的制造业一般采用"末端治理"的方法来解决产品生产过程中产生的废气、废水和固体废弃物的环境污染问题。但这种"末端治理"的方法无法从根本上解决制造业及其产品生产带来的环境污染，而且投资大、运行成本高、资源和能源消耗多。经验证明，消除或减少工业生产对环境污染的根本出路在于实施绿色制造战略，这是一种无污染、低消耗的新型制造模式。从 20 世纪 90 年代以来，绿色制造技术在许多发达国家得到了广泛的应用。

绿色制造（Green Manufacturing，GM）又称为环境意识制造（Environmentally Conscious Manufacturing，ECM）和面向环境的制造（Manufacturing for Environment，MFE)，是指在保证产品的功能、质量及成本的前提下，综合考虑环境影响和资源效率的现代制造模式，其目标是使得产品从设计、制造、包装、运输、使用到报废处理的整个产品生命周期中，对环境的负面影响最小，资源效率最高，并使企业经济效益和社会效益协调优化。

7.7.2 绿色制造的研究内容

绿色制造的研究内容体系如图 7-18 所示。

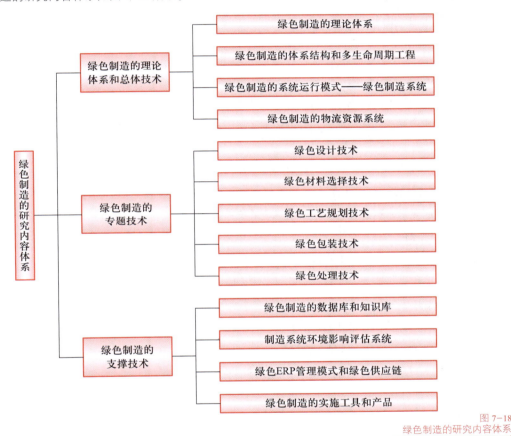

图 7-18
绿色制造的研究内容体系

1. 绿色制造的理论体系和总体技术

绿色制造的理论体系和总体技术是从系统的角度，从全局和集成的角度，研究绿色制造的理论体系、共性关键技术和系统集成技术。

（1）绿色制造的理论体系　包括绿色制造的资源属性、建模理论、运行特性、可持续发展战略，以及绿色制造的系统特性和集成特性等。

（2）绿色制造的体系结构和多生命周期工程　包括绿色制造的目标体系、功能体系、过程体系、信息结构及运行模式等。绿色制造涉及产品整个生命周期中的绿色性问题，其中大量资源如何循环使用或再生，又涉及产品多生命周期工程这一新概念。

（3）**绿色制造的系统运行模式——绿色制造系统**　只有从系统集成的角度，才可能真正有效地实施绿色制造。为此需要考虑绿色制造的系统运行模式——绿色制造系统。绿色制造系统将企业各项活动中的人、技术、经营管理、物能资源、生态环境，以及信息流、物料流、能量流和资金流有机集成，并实现企业和生态环境的整体优化，达到产品上市快、质量高、成本低、服务好、有利于环境，并赢得竞争的目的。绿色制造系统的集成运行模式主要涉及绿色设计、产品生命周期及其物流过程、产品生命周期的外延及其相关环境等。

（4）**绿色制造的物能资源系统**　鉴于资源消耗问题在绿色制造中的特殊地位，且涉及绿色制造全过程，因此应建立绿色制造的物能资源系统，并研究制造系统的物能资源消耗规律、面向环境的产品材料选择、物能资源的优化利用技术、面向产品生命周期和多生命周期的物流和能源的管理与控制等问题。有关专家综合考虑绿色制造的内涵和制造系统中资源消耗状态的影响因素，构造了一种绿色制造系统的物能资源流模型。

2. 绿色制造的专题技术

（1）**绿色设计技术**　绿色设计是指在产品及其生命周期全过程的设计中，充分考虑对资源和环境的影响，在充分考虑产品的功能、质量、开发周期和成本的同时，优化各有关设计因素，使得产品及其制造过程对环境的总体影响和资源消耗减到最小。

（2）**绿色材料选择技术**　绿色材料选择技术是一个系统性和综合性很强的复杂问题。一是绿色材料尚无明确界限，实际中选用很难处理；二是选用材料，不能仅考虑其绿色性，还必须考虑产品的功能、质量、成本等多方面的要求，这些更增添了面向环境的产品材料选择的复杂性。美国卡内基梅隆大学有人提出了基于成本分析的绿色产品材料选择方法，它将环境因素融入材料的选择过程中，要求在满足工程（包括功能、几何、材料特性等方面的要求）和环境等需求的基础上，使零件的成本最低。

（3）**绿色工艺规划技术**　大量的研究和实践表明，产品制造过程的工艺方案不一样，物料和能源的消耗将不一样，对环境的影响也不一样。绿色工艺规划就是要根据制造系统的实际，尽量研究和采用物料和能源消耗少、废弃物少、对环境污染小的工艺方案和工艺路线。加州大学伯克利分校有人提出了一种环境友好型的零件工艺规划方法，这种工艺规划方法分为两个层次：① 基于单个特征的微规划，包括环境微规划和制造微规划；② 基于零件的宏规划，包括环境宏规划和制造宏规划。应用基于互联网的平台对从零件设计到生成工艺文件中的规划问题进行集成。在这种工艺规划方法中，对环境规划模块和传统制造模块进行同等考虑，通过两者之间的平衡协调，得出优化的加工参数。

（4）**绿色包装技术**　绿色包装技术主要是从环境保护的角度，优化产品包装方案，使得资源消耗和废弃物产生最少。目前这方面的研究很广泛，但大致可以分为包装材料、包装结构和包装废弃物回收处理三个方面。当今世界主要工业国要求包装应做到"3R，1D"（Reduce 减量化、Reuse 回收重用、Recycle 循环再生和 Degradable 可降解）原则。

产品的包装应摒弃求新、求异的消费理念，简化包装，这样既可减少资源的浪费，又可减少环境的污染和废弃物的处置费用。另外，产品包装应尽量选择无毒、无公害、可回收或易于降解的材料，如纸、可复用产品及可回收材料（如 EPS、聚苯乙烯产品）等。

（5）**绿色处理技术**　产品生命周期终结后，若不进行合理的回收处理，将造成资源浪费并导致环境污染。目前的研究认为面向环境的产品回收处理是个系统工程，从产品设计开始就要充分考虑这个问题，并进行系统的分类处理。产品寿命终结后，可以有多种不同的处理方案，如再使用、再利用、废弃等，各种方案的处理成本和回收价值都不一样，需要对各种方案进行分析与评估，确定出最佳的回收处理方案，从而以最小的成本代价，获得最高的回收价值，即进行绿色产品回收处理方案设计。评价产品回收处理方案设计主要考察三方面：效益最大化、重新利用的零部件尽可能多、废弃部分尽可能少。

3. 绿色制造的支撑技术

（1）绿色制造的数据库和知识库　研究绿色制造的数据库和知识库，为绿色设计、绿色材料选择、绿色工艺规划和回收处理方案设计提供数据支撑和知识支撑。绿色设计的目标就是如何将环境需求与其他需求有机地结合在一起。比较理想的方法是将 CAD 和环境信息集成起来，以便设计人员在设计过程中，像在传统设计中获得有关技术信息与成本信息一样，能够获得所有有关的环境数据，这是绿色设计的前提条件。只有这样，设计人员才能根据环境需求设计开发产品，获取设计决策所造成的环境影响的具体情况，并可将设计结果与给定的需求比较对设计方案进行评价。由此可见，为了满足绿色设计需求，必须建立相应的绿色设计数据库与知识库，并对其进行管理和维护。

（2）制造系统环境影响评估系统　环境影响评估系统要对产品生命周期中的资源消耗和环境影响的情况进行评估，评估的主要内容包括：制造过程中物料的消耗状况、制造过程中能源的消耗状况、制造过程中对环境的污染状况、产品使用过程中对环境的污染状况、产品寿命终结后对环境的污染状况等。

制造系统中资源种类繁多，消耗情况复杂，因此制造过程对环境的污染状况多样、程度不一、极其复杂。如何测算和评估这些状况，如何评估绿色制造实施的状况和程度是一个十分复杂的问题。因此，研究绿色制造的评估体系和评估系统是当前绿色制造研究和实施急需解决的问题。当然此问题涉及面广，又非常复杂，有待于作专门的系统研究。

（3）绿色 ERP 管理模式和绿色供应链　在绿色制造的企业中，企业的经营和生产管理必须考虑资源消耗和环境影响及其相应的资源成本和环境处理成本，以提高企业的经济效益和环境效益。其中，面向绿色制造的整个（多个）产品生命周期的绿色 MRP II / ERP 管理模式及其绿色供应链是重要研究内容。

（4）绿色制造的实施工具和产品　研究绿色制造的支撑软件，包括计算机辅助绿色设计、绿色工艺规划系统、绿色制造的决策支持系统，ISO 14001 国际认证的支撑系统等。

7.8　生物制造技术

7.8.1　生物制造的概念

宽泛的生物制造定义为：包括仿生制造、生物质和生物体制造，涉及生物学和医学的制造科学和技术均可视为生物制造，用 BMoBio-manufacturing 表示。狭义的生物制造，主要指生物体制造，是运用现代制造科学和生命科学的原理和方法，通过单个细胞或细胞团簇的直接和间接受控组装，完成具有新陈代谢特征的生命体的成形和制造，再经过培养和训练，完成用以修复或替代人体病损组织和器官。

生物制造的概念很早便有人提及，但由于概念的定义和内涵不够清晰，对于制造业的发展没有起到太多的指导作用。真正意义上的生物制造工程的概念是随着制造业尤其是快速原型技术在生物医学中应用的日渐深入，而逐渐明确起来。

从生命的机械观这样一个朴素、明确而简单的概念出发，生物制造可以描述为"所有生命现象均可用物理和化学的词汇来解释"。而其哲学理念上可以从"生命完全只是物理化学的产物"这个角度出发，描述为：任何复杂的生命现象都可以用物理、化学的理论和方法在人工条件下再现，组织和器官是可以人工制造的。但是需要明确的是生物体制造不是制造生命，它并不涉及生命起源的问题，而是用有活性的单元和有生命的单元去"组装"成具有实用功能的组织、器官和仿生产品。

作为一门新兴的交叉学科，生物制造工程有别于传统的制造，它融合了众多的相关技术，因此生物制造的方法也是一个极其复杂的过程。可以用图 7-19 来描述整个生物制造的过程：从生物制造过程流程图可以看到，整个生物制造过程是以快速成形技术为制造框架，以曲面建模和微细结构 CAD 仿生建模为基础，最后利用生物生长及基因调控等生物技术来实现的，最终制造出我们器官的替代品。

图 7-19
生物制造过程的流程图

7.8.2　生物制造研究的主要内容

生物制造工程是制造科学和生命科学相结合的新兴学科，以研究各类人工器官和组织的制造为最终目标，它集成了快速成形技术、生物材料学、细胞分子生物学和发育生物学研究的最新进展，是制造科学与生命科学的新发展。生物制造工程的主要研究内容包括以下几个方面：

1. 仿生 CAD 建模的研究

CAD 建模是制造一个复杂零件的基础，同样在生物制造中仿生建模也是核心内容。

生物制造涉及的优化设计和建模问题主要有：人体器官建模理论及方法学，生物建模的数据处理和传输的研究，以及相应软件的开发，人体器官及组织解剖学数据的压缩、处理和重构等。具体地说生物建模主要是指：利用医用 CT 进行断面扫描，以获取骨骼外腔数据，用特征数据点重构骨骼外形的三维 CAD，然后利用 CT 断面资料直接重构骨髓腔 CAD，最后进行骨骼骨质组织的 CAD 建模，通过电子显微镜观察骨骼微孔的尺寸以及分布规律，建立骨质组织微结构数学模型。

2. 材料学的研究

新材料既是当前高技术的重要组成部分，又是高技术得以发展和应用的物质基础。生物制造中加工的对象是各类生物材料，一方面需要通过合成和改性获得具有所需性能的生物材料；另一方面还要研究成形过程对于生物材料性能的影响。具体的有：人工骨、人工软骨、抗生素缓释人工骨、带软骨半关节面的人工骨、软骨细胞活体构型和肝细胞活体构型的生物材料合成、成形性能和表面化学性能的改进、生物材料的组成、微观结构与其可成形性和生物学性能的关系、快速成型工艺对材料的生物学性能和力学性能的影响等。

3. 生物制造工艺的研究

目前，用于生物制造的主要方法是快速成形技术（RP 技术）。利用医用 CT 机获取骨骼断层数据，根据所得数据建立精确的生物实体模型，以改性乳化糖作为成形材料，采用 RP 中熔融沉积造型（fused deposition modeling，FDM）的方法制造人工骨的外腔模具负型以及具有模拟真实骨骼内部组织的微孔结构，再将含有骨生长因子和成骨细胞的溶剂涂附在网架上，用自凝固羟基磷酸钙骨水泥填充到空腔中，并使其凝固成形，最后溶解掉外面的乳化糖，内部网状结构乳化糖待人造骨植入人体后被自行降解掉，这样就形成了具有骨髓腔和骨组织微细结构的人工生物活性骨，成骨细胞和骨生长因子细胞从网状的乳化糖上转移到羟基磷灰石替代骨上，便形成了具有生物活性的组织器官。

4. 生物技术的运用

传统成形是金属和非金属等无生命特征的材料，而在生物制造所生产的"零件"必须具有生物学性能，因此生物制造工程必须要融入一定的生物技术，特别是细胞组装技术，这是生物制造工程的核心技术。主要是指在体外大量培养具有各种生物活性细胞，然后在计算机的直接操作和间接控制下，将各种细胞按照特定的结构，根据设计进行装配，从而使"零件"具有活性。

从生物制造工程研究的主要内容可容易看出，生物制造的主要技术包括类生物体、组织细胞、快速成型、生物材料技术、微细结构仿生建模技术、复杂曲面的三维重建技术、CT 医学图的轮廓信息获取等技术。生物制造的核心技术依然是现代制造技术中的基本知识和理论，其中最底层的技术是根据 CT 医学图像的数据进行三维生物模型的重建。

思考题与习题

1. 什么叫 CIM 和 CIMS？

2. 试描述 CIMS 的控制模式。

3. 什么叫虚拟制造？

4. 试说明敏捷制造的基本原理和特点。

5. 为什么实行并行工程技术可提高制造效率？

6. 试论述智能制造的基本含义。

7. 说明精益生产方式的特点。

8. 阐述增材制造的概念及其分类方法。

9. 生物制造的主要研究内容是什么？

参考文献

[1] 周济，李培根，周艳红，等．走向新一代智能制造 [J]．Engineering，2018，4（1）：1-10．

[2] 戴庆辉，等．先进制造技术 [M]．北京：机械工业出版社，2019．

[3] 卢秉恒．增材制造技术——现状与未来 [J]．中国机械工程，2020，31（1）：19-23．

[4] 李昂，刘雪峰，俞波，尹宝强．金属增材制造技术的关键因素及发展方向 [J]．工程科学学报，2019，41（2）：159-173．

[5] 高崖苒．机械设计制造中绿色制造技术的应用 [J]．中国设备工程，2019（1）：138-139．

[6] 叶晖，管小清．工业机器人实操与应用技巧 [M]．北京：机械工业出版社，2010．

[7] 王隆太．先进制造技术 [M]．北京：机械工业出版社，2012．

[8] 肖南峰，等．工业机器人 [M]．北京：机械工业出版社，2011．

[9] 芮延年．机器人技术及其应用 [M]．北京：化学工业出版社，2008．

[10] 蒋志强，施进发，王金凤．先进制造系统导论 [M]．北京：科学出版社，2006．

[11] 盛晓敏，邓朝辉．先进制造技术 [M]．北京：机械工业出版社，2011．

[12] 宾鸿赞，王润孝．先进制造技术 [M]．北京：高等教育出版社，2009．

[13] 戴庆辉．先进制造系统 [M]．北京：机械工业出版社，2008．

[14] 郁鼎文，陈恳．现代制造技术 [M]．北京：清华大学出版社，2006．

[15] 王细洋．现代制造技术 [M]．北京：国防工业出版社，2010．

[16] 刘平．机械制造技术 [M]．北京：机械工业出版社，2011．

[17] 杨叔子．特种加工 [M]．北京：机械工业出版社，2012．

[18] Sarang Pande, Santosh Kumar. Computer Aided Process Planning for Rapid Prototyping [M]. Sarbrücken: LAP Lambert Academic Publishing A G & Co KG，2010．

[19] 张建华．精密与特种加工技术 [M]．北京：机械工业出版社，2011．

[20] 黄毅宏，李明辉．模具制造工艺 [M]．北京：机械工业出版社，2011．

[21] 王先逵．机械制造工艺学 [M]．北京：机械工业出版社，2009．

[22] 王凤平．机械制造工艺学 [M]．北京：机械工业出版社，2011．

[23] 周春华．机械制造技术 [M]．北京：北京理工大学出版社，2012．

[24] 熊鹰，肖世德，王小强．机械工程 CAD 基础．2 版 [M]．北京：机械工业出版社，2010．

[25] 仲梁维，张国全．计算机辅助设计与制造 [M]．北京：北京大学出版社，2006．

[26] 肖刚，李俊源，李学志．机械 CAD 原理与实践．3 版 [M]．北京：清华大学出版社，2011．

[27] 王隆太，朱灯，戴国洪，等．机械 CAD/CAM 技术．3 版 [M]．北京：机械工业出版社，2010．

[28] 刘德平，刘武发．计算机辅助设计与制造 [M]．北京：化学工业出版社，2007．

[29] 殷国富，刀燕，蔡长韬 [M]．机械 CAD/CAM 技术基础．武汉：华中科技大学出版社，2010．

[30] 于洋，袁锋．CAD/CAM 技术及应用 [M]．北京：北京师范大学出版社，2006．

［31］唐承统，阎艳．计算机辅助设计与制造［M］．北京：北京理工大学出版社，2008．

［32］朱照红．机电控制技术［M］．北京：机械工业出版社，2010．

［33］Schlechtendahl J．Encarnacao Computer Alded Design［M］．Berlin And Heidelberg．Springer-Verlag，2012．

［34］何法江．机械 CAD/CAM 技术［M］．北京：清华大学出版社，2012．

［35］吴黎明．数字控制技术［M］．北京：科学出版社，2009．

［36］葛江华，吕民，王亚萍．先进制造技术与应用前沿：集成化产品数据管理技术［M］．上海：上海科学技术出版社，2012．

［37］马履中，等．机器人与柔性制造系统［M］．北京：化学工业出版社，2007．

［38］吉卫喜．现代制造技术与装备．2 版［M］．北京：高等教育出版社，2010．

［39］刘延林，陈心昭．柔性制造自动化概论．2 版［M］．武汉：华中科技大学出版社，2010．

［40］周凯，刘成颖．现代制造系统［M］．北京：清华大学出版社，2005．

［41］肖南峰，等．工业机器人［M］．北京：机械工业出版社，2011．

［42］蔡自兴．机器人学．2 版［M］．北京：清华大学出版社，2009．

［43］雷格，科瑞博．计算机集成制造．3 版［M］．夏链，韩江，译．北京：机械工业出版社，2007．

［44］但斌，刘飞．先进制造与管理［M］．北京：高等教育出版社，2008．

［45］Raymond A，Alexander Zelinsky．Robotics Research［M］．Berlin And Heidelberg Alexander Springer-Verlag，2010．

［46］舒朝濂．现代光学制造技术［M］．北京：国际工业出版社，2012．

［47］郑相周，唐国元．机械系统虚拟样机技术［M］．北京：高等教育出版社，2010．

［48］杜宝江．虚拟制造［M］．上海：上海科学技术出版社，2011．

［49］刘飞，曹华军，张华．绿色制造的理论与技术［M］．北京：科学出版社，2005．

［50］余天荣．工业机器人关键技术综述［J］．科学与信息化，2019，（6）：81-83．

［51］杨正泽．中国制造 2025 高档数控机床和机器人［M］．济南：山东科学技术出版社，2018．

郑重声明

　高等教育出版社依法对本书享有专有出版权。任何未经许可的复制、销售行为均违反《中华人民共和国著作权法》，其行为人将承担相应的民事责任和行政责任；构成犯罪的，将被依法追究刑事责任。为了维护市场秩序，保护读者的合法权益，避免读者误用盗版书造成不良后果，我社将配合行政执法部门和司法机关对违法犯罪的单位和个人进行严厉打击。社会各界人士如发现上述侵权行为，希望及时举报，本社将奖励举报有功人员。

反盗版举报电话　（010）58581999　58582371　58582488

反盗版举报传真　（010）82086060

反盗版举报邮箱　dd@hep.com.cn

通信地址　北京市西城区德外大街 4 号

　　　　　　高等教育出版社法律事务与版权管理部

邮政编码　100120